面向对象软件建模

赵　丽　主　编
牛　倩　副主编

北京理工大学出版社
BEIJING INSTITUTE OF TECHNOLOGY PRESS

内 容 简 介

本书从实用的角度出发，介绍了软件建模应具备的基础知识，包括面向对象方法、面向对象的基本概念、软件建模的基础原则与方法、UML 中的视图、软件建模工具等；详细介绍了使用 UML 进行软件统一建模的各种模型，包括用例图、类图和对象图、顺序图、通信图、状态机图、活动图、组件图、部署图、包图，以及 UML 的其他图形，并以一个具体的实例——在线商城系统为例，介绍了各种模型的具体分析及建立过程。每章配有习题，可以为学习者提供练习。

本书既可作为高等学校计算机与软件相关专业的教材，也可作为软件从业人员的学习指导用书。

图书在版编目（CIP）数据

面向对象软件建模 / 赵丽主编. -- 北京 ：北京理工大学出版社，2025. 6.

ISBN 978-7-5763-5550-5

Ⅰ. TP312. 8

中国国家版本馆 CIP 数据核字第 2025W74409 号

责任编辑：刘亚男　　**文案编辑**：马一博

责任校对：刘亚男　　**责任印制**：李志强

出版发行 / 北京理工大学出版社有限责任公司

社　　址 / 北京市丰台区四合庄路 6 号

邮　　编 / 100070

电　　话 / （010）68914026（教材售后服务热线）

（010）63726648（课件资源服务热线）

网　　址 / http://www.bitpress.com.cn

版 印 次 / 2025 年 6 月第 1 版第 1 次印刷

印　　刷 / 唐山富达印务有限公司

开　　本 / 787 mm×1092 mm　1/16

印　　张 / 15. 5

字　　数 / 364 千字

定　　价 / 95. 00 元

图书出现印装质量问题，请拨打售后服务热线，负责调换

前 言

FOREWORD

20世纪90年代初，随着面向对象语言的蓬勃发展，相继出现了多种面向对象方法体系，这些不同的面向对象方法之间存在着差异。因此，建立一个标准的、统一的建模语言势在必行。统一建模语言（Unified Modeling Language，UML）将不同方法中使用的各种概念进行统一，并被对象管理组织（Object Management Group，OMG）采纳为规范。UML的最新版本是2015年6月发布的UML 2.5，它在UML 1.x的基础上做了很多修改。

UML是由一系列标准的图形符号组成的建模语言，它可以用来描述软件系统分析、设计和实施中的各种模型。它不仅可以用于软件系统的建模，还可以用于业务的建模及其他非软件系统的建模，获得了工业界、科技界及应用界的广泛支持。

本书在写作模式上以应用为目的，详细介绍了面向对象方法及其核心概念、软件建模及UML模型等内容。全书共分为12章，包括绪论、用例图、类图和对象图、顺序图、通信图、状态机图、活动图、组件图、部署图、包图、UML的其他图形、数据建模（实体联系图）。本书努力将知识传授、能力培养和素质教育融为一体，采用面向对象思想分析和理解问题，实现理论教学与实践教学相结合，激发读者的思考及创新意识。本书在某些章节中加入了拓展阅读内容，包括软件工程职业道德规范和实践要求，需求分析阶段的任务、原则和步骤，软件项目中的角色，面向对象设计的原则，团队合作的基本原则，软件建模的主要内容，面向对象建模，希望对未来有志从事软件开发和设计工作的读者具有指导意义。

本书内容通俗易懂、简明扼要，这样更有利于教师的教学和读者的自学。为了让读者能够在较短的时间内掌握本书的内容，及时检查自己的学习效果，巩固和加深对所学知识的理解，每章后面均附有习题，并在附录中给出了相应的习题参考答案。

本书中的图均使用StarUML绘制。

本书最大的特点是结合丰富的实例介绍UML基础知识，对理论的讲解通俗易懂。在读者完成基础知识的学习后，通过书中的具体实例——在线商城系统，进一步将学到的面向对象技术应用到软件系统的分析与设计中。

为了帮助教师使用本书开展教学工作，也便于读者自学，编者准备了教学辅导资源，包括各章的电子教案（PPT文档）等，需要者可联系北京理工大学出版社获取。

本书由赵丽统稿，内容均由经验丰富的一线教师编写完成，其中第1、3、7、9、10、12章由牛倩编写，其余章节由赵丽编写，附录由赵丽和牛倩共同完成。在本书的编写过程中借鉴了大量的参考书，在此对相关作者一并表示感谢。另外，还要感谢北京理工大学出版社有限责任公司编辑的悉心策划和指导。

由于编者水平有限，书中难免存在疏漏和不足之处，恳请读者批评指正，以便于本书的修改和完善。如有问题，可以通过 E-mail：zhaoli@ sxu.edu.cn 与编者联系。

编　者

目录 CONTENTS

第1章　绪　　论

本章导读

本章主要介绍软件建模相关的背景知识和基础理论，从面向对象方法、软件建模与UML、软件工程、软件建模工具、在线商城系统、本书的组织结构6个方面进行介绍。其中，“面向对象方法”和“软件建模与UML”是面向对象软件建模的两大基础理论，软件建模工具是建模时使用的软件，本书以应用最广泛的开源软件StarUML为例进行介绍；在线商城系统是贯穿后续章节的一个完整例子，本章先对该系统的主要功能进行简单介绍；“本书的组织结构”是为了帮助读者更好地理解本书各章节之间的关系，方便读者在学习之前对本书有一个整体的认识。

本章学习目标

能力目标	知识要点	权重
熟悉面向对象方法	什么是面向对象方法；为什么要使用面向对象方法；面向对象方法的核心技术	20%
理解软件建模的基本概念	软件建模的概念、原则、方法	20%
理解UML的基本概念	UML的概念、发展史、视图、图	20%
熟悉软件建模工具	StarUML的基本使用方法	20%
熟悉在线商城系统的基本功能	订单管理、用户管理、商品管理、购物车管理、评价管理等	10%
了解本书的结构	章节关系及每章主要内容	10%

1.1 面向对象方法概述

1.1.1 什么是面向对象方法

面向对象（Object Oriented）是一种对现实世界理解和抽象的方法，是计算机编程技术发展到一定阶段后的产物。面向对象方法就是以对象为核心进行软件分析和设计，它把数据及对数据的操作作为一个整体——对象进行分析，把具有相同数据和操作的对象封装起来作为类。

在进行软件分析和设计的过程中，我们通常会依次思考下面的问题：

（1）软件中有哪些对象？可以将这个问题分为两个子问题：第 1 个是软件中有哪些数据？第 2 个是每一个数据都有哪些操作？

（2）对（1）中的对象进行分类，每一类都是具有相同结构的数据，以及在这个数据上的操作。

（3）对于（2）中的类别，每一个类别可以被视为一个类，“具有相同结构的数据”就是类的数据成员，即类的属性；“在这个数据上的操作”就是类的函数成员，即类的方法。

因此，通过上面 3 个问题可以体会到，面向对象方法的核心就是在进行类设计。

现在，面向对象的思想已经涉及软件开发的各个方面，如面向对象分析（Object Oriented Analysis，OOA），面向对象设计（Object Oriented Design，OOD），以及我们经常说的面向对象编程（Object Oriented Programming，OOP）。

1.1.2 面向对象方法的发展史

软件行业早期，人们对软件的需求非常简单，只采用简单的软件技术就可以实现简单需求的软件，我们把这一时期的软件称为“单功能的软件”，例如，设计一个计算器软件，替代人工的笔算、珠算；设计一个计时器软件，替代机械的手表等。实现这种软件所需的代码量也非常小，通常由少量的人在短期内就可以开发完成。因此，这个时期多采用的是面向过程方法。面向过程方法是以步骤为核心，把问题划分为几个步骤来实现。这个时期的软件往往比较简单，通常都是解决一个问题，或者是实现一个功能。

随着软件技术的崛起，人们对软件的需求也变得越来越复杂。我们希望软件可以帮助我们解决更多更复杂的问题。我们可以把这一时期的软件称为“复杂功能需求的软件”，即“复杂软件”，例如，设计一个文本编辑器，甚至一个操作系统等。随着软件需求复杂性的增加，整个软件项目各个方面都变得复杂起来，这个复杂性体现在以下几个方面：

（1）软件包含的功能数量，以及功能之间的关系变得复杂。

（2）实现软件所需的代码量增加，代码之间的依赖关系也变得复杂。

（3）实现代码的人变得复杂，这体现在项目组人员数量的增加，人和人之间的沟通成本增加。

（4）软件项目持续时间更长，这会带来更多的需求变更或人员变动。

由上面 4 个方面可以看出，“复杂软件”的复杂性，不是简单的增加需求那么简单，而是整个软件项目各个方面都变得复杂，而且这个复杂性是急剧上升的。这将导致在“复杂软件”出现的初期，软件行业直接出现软件危机，很多软件项目都以失败告终，前述的 4 个方面的复杂性都变得不能承受了。因此，软件行业必须进行技术改革，面向对象方法、软件工程方法等一系列新技术应运而生了。这些新技术的根本目的都是控制软件项目的复杂性，面向对象方法也不例外。

1.1.3 面向对象的基本概念

1. 对象

由 1.1.1 和 1.1.2 小节可知，在对复杂软件进行分析设计时，宜使用面向对象方法，它可以很好地控制软件项目的复杂性。那么什么是对象？面向对象到底面向的是什么？常见的对象的定义有以下两个：

（1）在软件系统中，对象具有唯一的标识符，对象包括属性和方法，属性就是需要记忆的信息，方法就是对象能够提供的服务。

（2）对象既表示客观世界中的某个具体的事物，又表示软件系统解空间中的基本元素。

简单来说，对象是软件实现功能所需要操作的数据，它可以是输入数据、输出数据，也可以是计算的中间数据。但是这个数据和面向过程中的数据是有本质区别的。

在面向过程的软件中，数据有两个层次，即基本数据类型和结构体。基本数据类型，如整型、浮点型等，这种没有被封装的数据（如图 1-1（a）所示）被分散存储在内存中，对它的操作也是分散存储的。当多个变量总是同时被处理时，那么可以定义为结构体，结构体会把这些数据在存储时放在连续的存储单元（如图 1-1（b）所示）。可以理解为结构体只是简单地对数据的存储进行了封装，但是对数据的操作没有进行封装。在面向对象的软件中，除了基本数据类型和结构体，还可以进一步封装（如图 1-1（c）所示），不仅把数据存储封装在集中的存储空间，而且将在这些数据上的操作封装起来集中存储。因此，面向过程方法、数据和操作数据的方法是分开的，而面向对象方法把数据和对数据的操作作为一个整体来考虑。

2. 类

类是具有相同属性和行为的一组对象的集合，对象是类的实例。类是用户自定义类型的简称，我们可以把具有相同属性和行为的一组对象封装成一个类型，它的存储就像图 1-1（c）中的存储。我们把数据的结构和在这个结构上的操作封装起来集中存储（类声明），然后创建类的实例——对象，通常对象中只包含数据，而在整个类型下共享一份操作的代码（因为一个类型中不同对象的操作是相同的），这也是为什么在图 1-1（c）中数据和操作并没有作为一个整体连续存储。和操作存放在一起的是数据结构的声明（类的数据成员）。

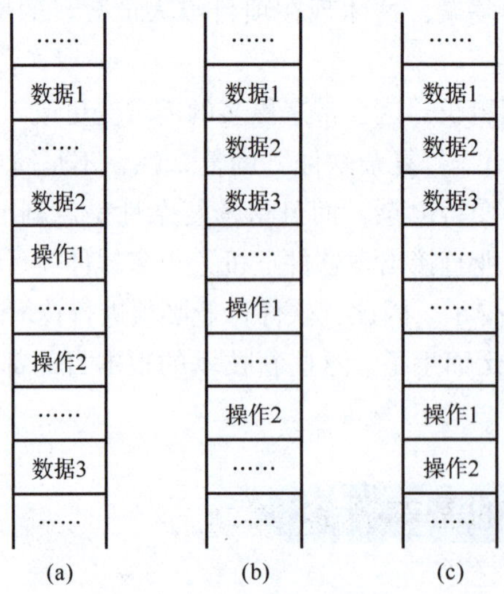

图 1-1　不同层次的封装示意

（a）基本数据类型；（b）结构体；（c）对象

3. 封装与共享

前文提到了封装，但是面向过程的封装和面向对象的封装是完全不同的。面向过程的封装称为“简单封装”，如结构体，它只是把多个变量存储在连续的存储单元中，对数据的使用（访问、共享、可见性）并没有进行限制。但是面向对象的封装完全不同，在面向对象方法中多了访问限定的概念。我们常说的封装，实际上是面向对象的封装，是带有访问限定的封装，它在“简单封装”的基础上，根据不同的访问限定级别，可以最小程度地共享类的数据和操作。从类内的角度看，越小的共享，类内的数据越安全；从类外的角度看，越小的共享，对类的使用越简单。

4. 继承与泛化

面向对象方法支持在已存在的类的基础上建立新类，这种技术称为继承。“已存在的类”称为基类、父类或超类；“新类”称为派生类或子类。那么这里的继承和软件建模中的泛化有什么区别和联系呢？

（1）应用的软件生命周期阶段不同。软件设计阶段是一个抽象的建模过程，先有子类的概念，然后在多个子类中找它们的共同之处，把它们的共同之处抽象出来形成父类的概念，这个过程称为泛化，子类可以泛化到父类。在软件实现阶段，例如，C++通过类派生机制来支持继承，先定义父类，然后在父类的基础上定义子类，这种技术称为派生，父类可以派生出子类。而继承通常是在面向对象领域，抛开软件生命周期来说的。

（2）视角或方向性不同。派生是站在父类的角度，即父类派生出子类；继承是站在子类的角度，即子类继承自父类；泛化是站在子类的角度，即子类泛化到父类。

例如，在学生管理系统中有用户类 User，在 User 类的基础上定义新类——学生类 Student。User 类是父类，Student 类是子类。User 类派生出 Student 类，Student 类继承自 User 类，Student 类泛化为 User 类。

总的来说，它们底层的技术是一致的，都是在已有类的基础上定义新的类。这种目的是实现代码重用和代码扩充。

5. 多态

多态是指通过相同的函数名调用不同的函数体的机制，分为静态多态和动态多态两种。静态多态通过函数重载机制实现，在编译时根据函数调用的参数表决定调用的函数体。动态多态通过继承和虚函数实现，使不同类型（不同类型之间是同类族）的对象对同一函数作出响应，运行时，根据对象的类型决定调用的函数体。

那么为什么要使用多态技术呢？使用了多态技术，应用程序不必为每一个派生类编写功能调用，只需要对抽象基类进行处理即可，大大提高了程序的可复用性。派生类的功能可以被基类的方法或引用变量调用，这称为向后兼容，可以提高程序的可扩充性和可维护性。

1.1.4 为什么要使用面向对象方法

软件的复杂性会随着软件规模的增加而增加。但是在面向过程的时代，随着软件规模的增加，软件复杂性变得不可接受了，最直接的表现就是大量的软件项目以失败告终，软件行业出现了软件危机。面向对象方法的出现（见 1.1.2 小节）就是是为了解决软件危机，它的根本目的是控制软件的复杂性。面向对象方法是怎么控制软件的复杂性的呢？换个角度，面向对象方法引进了很多技术（见 1.1.3 小节），代码关系变得更复杂了，为什么还要使用这些技术呢？虽然这些技术看起来不同，但是其引进本质上都是为了解决软件的复杂性问题的。

有了“类”的机制，软件就可以很好地进行模块化开发，把软件分解为关系相对简单的几个模块，每个模块内部有相对独立的数据和方法（高内聚），模块之间的关系通过接口访问（低耦合）。这是面向对象方法最基本的技术，也是控制软件的复杂性的核心技术，称为模块化。封装与共享（访问限定级别机制）是为了获得更好的模块独立性，封装得越多，共享得越少（或者说越简单），模块之间的关系越独立，就可以更细粒度的管理代码。继承机制通过已有类定义新的类，让代码编写起来更简单，提高了代码重用度，减少了代码量。多态机制通过相同的函数名来调用不同的函数体，让代码调用变得更简单，调用者不必区别功能、名称相似的函数。因此，面向对象的 3 个特性：封装、继承、多态，本质上都是让软件实现变得更加简单，达到控制代码复杂性的目的。

1.1.5 面向对象方法和面向过程方法的比较

面向对象方法是当今软件开发方法的主流方法之一，它是把数据及对数据的操作放在一起，作为一个相互依存的整体进行处理，这就是我们所说的对象。对具有相同属性和方法的对象抽象出其共性，就是类，类中的大部分数据只能被本类的方法处理。类通过一个简单的外部接口与外界发生关系，对象与对象之间通过消息进行通信。程序流程由用户在使用中决定。例如，从抽象的角度看，人类具有身高、体重、年龄、血型等属性，具有劳动、行走、吃饭等方法，人类仅仅是一个抽象的概念，是不存在的实体，但是所有具备人类这个群体的属性与方法的对象都是人类的一个实体，每个人都是人类这个群体的一个对象。

面向过程方法是一种以事件为中心的开发方法，也就是自顶向下顺序执行，逐步求精。将程序按照功能划分为若干个基本模块，这些模块形成一个树状结构，各模块之间的关系比较简单，在功能上相对独立，每一个模块内部一般都是由顺序、选择和循环 3 种基本结构组成，其模块化实现的具体方法是使用子程序，而程序流程在编写程序的时候就已经决定了。

面向对象方法的优点是模块化更好、高内聚、灵活度高、低耦合、易扩展、易维护，它的缺点是性能比面向过程方法低。

以某公司员工订餐系统为例，分别使用面向过程方法和面向对象方法进行分析设计。该系统主要解决的问题是“谁什么时间想吃什么”，例如，“张三明天中午吃西红柿鸡蛋米饭”，记录订餐数据，后厨根据订餐数据备餐。

无论是面向过程方法还是面向对象方法，都需要先进行需求分解，把大需求拆分为更为明确的小需求。该订餐系统的大需求“谁什么时间想吃什么”具体包括以下 6 个小功能：

（1）员工登录系统（用来记录员工信息，明确谁订的餐）。

（2）选择时间（用来记录什么时间用餐）。

（3）显示可选菜谱。

（4）选择菜品。

（5）提交记录。

（6）后厨查看所有员工数据，进行备餐。

如果使用面向过程方法，以事件为中心，按照事件的先后顺序进行组织，就是把上面的 6 个小功能按照先后顺序进行排序，每个小功能就是系统的一个步骤。6 个小功能的顺序恰好是编号 1~6。

如果使用面向对象方法，把大的软件按照功能操作的数据分为规模更小的小软件进行实现。和“按照先后顺序”分步骤的方法的本质区别是，“按照功能进行分组”后的小软件之间的关系更独立，耦合度更低。因为一组内的几个小功能操作相同的数据，大部分的操作可以在组内完成计算，那么可以把每个组抽象为一个类，类的属性就是本组内这些小功能操作的数据，类的方法就是本组内这些小功能。这就是前面说的把数据和操作作为一个整体考虑的含义。下面小功能名称后面标记出了每个小功能操作的数据。

（1）员工登录系统（用来记录员工信息，明确谁订的餐）——员工数据，即订餐记录里的员工数据。

（2）选择时间（用来记录什么时间用餐）——订餐记录里的时间。

（3）显示可选菜谱——菜谱数据。

（4）选择菜品——订餐记录里的菜谱。

（5）提交记录——订餐记录。

（6）后厨查看所有员工数据，进行备餐——订餐记录。

根据每个小功能操作的数据，可以将订餐系统的 6 个小功能划分为员工、订餐记录、菜谱 3 个组，对应员工类、订餐记录类、菜谱类。以订餐记录类为例，这个类的属性包括员工编号、时间、菜品编号列表，方法包括创建新记录、修改记录、删除记录、查看记录等。

采用面向过程方法分析后，所有的功能还是在一个大组中，并没有划分出独立的模块。这样的软件低内聚，高耦合。而采用面向对象方法分析后，软件被划分为员工、订餐记录、菜谱 3 个相对独立的模块，模块之间通过接口访问，这样的软件低耦合、高内聚。本例的订餐系统是一个规模很小的软件，只有 6 个子功能，当软件变复杂时，子功能数量可能会成倍增长，这时，采用面向过程方法就很难实现这样的软件，这就是软件危机。但是采用面向对象方法可以很好地控制软件的复杂性。无论系统多复杂，有多少个子功能，都能被划分为规模适中的 N 个小软件，虽然 N 值增加了，但是每个小软件并没有变复杂，N 个小软件之间的关系也没有变复杂（通过接口访问，传递简单的数据），所以软件复杂性得到了很好的控制。这就是为什么面向对象方法更适用于大型软件。

当软件很简单时，面向对象方法与面向过程方法相比没有明显优势。因为采用面向对象方法获得的结果可能也是一个模块。但即使是这样，面向对象方法仍然是可接受的，因为它有更好的可维护性和可修改性。这就是为什么现在大部分的软件都采用面向对象方法。

1.2 软件建模与 UML 概述

1.2.1 软件建模概述

1. 什么是软件建模

建模，就是建立模型，也就是为了理解事物而对事物作出的一种抽象，是对事物的一种无歧义的书面描述。建模是人们解决复杂问题时常用的工具，通过模型可视化地表达出来，方便人们记忆和进一步分析，方便团队/同事交流。生活中常见的模型有地图模型、建筑模型、数学模型等。

在家庭装修（简称家装）时，设计师会绘制原始平面图、平面布置图、水路施工图、电路施工图、吊顶图、铺地图、立面图、效果图等。设计师通过这些图可以方便地和客户沟通施工方案、和施工人员沟通施工细节、更合理地预估时间进度、更准确地估算所需材料。

软件产品在设计实现时也需要建立软件模型。软件建模体现了软件设计的思想，在需求和实现之间架起了一座桥梁，可以通过模型指导软件系统的具体实现。软件模型并不是软件系统的一个完备表示，而是所研究系统的一种抽象。

2. 软件建模的原则

软件建模需要遵循以下原则。

（1）选择正确的模型，模型要与现实相联系。

对某个问题进行建模时，可以选择的模型有很多种，应该选择合适的模型进行建模。例如，在家装时，效果图侧重于表达最终的施工效果，但是不能体现施工的内部细节，所以多用于设计师和客户沟通装修的风格样式。而更为专业的水路施工图、电路施工图等侧重于展现施工的某个特定阶段的施工细节，所以这些图多用于设计师和施工人员沟通施工细节和施工工艺等专业问题。软件建模也是一样，根据要建模的问题的特点选择合适的模型。

（2）从不同的视角，使用不同的模型表示一个系统。

对某个问题进行建模时，可以选择多个模型从不同的视角同时进行建模，这样可以更全面准确地理解问题。例如，对加工零件进行建模，可以建模正视图、俯视图、剖面图等。有时通过其中的一个图没有办法建模零件的各个细节，往往需要综合多个图来理解问题。软件建模也是一样，需要综合使用多个模型。

(3) 模型是抽象的，如果要选取系统中某个最显著的特征并进行简化表示，则需要通过不同的视角采用不同模型表示。

①外部视角：对系统上下文或环境进行建模。

②交互视角：对系统及其环境或系统的构件之间的交互进行建模，例如建立用例模型。

③结构化视角：对系统的组织或系统所处理的数据的结构进行建模，例如建立静态模型。

④行为视角：对系统的动态行为及系统如何响应事件进行建模，例如建立动态模型。

3. 软件建模方法

在不同的领域和场景下有不同的软件建模方法，如结构化方法（Structured Method）、面向对象方法（Object Oriented Method）、基于构件方法（Component Based Method）、面向服务方法（Service Oriented Method）、面向切面方法（Aspect Oriented Method）、模型驱动方法（Model Driven Method）等，其各自的建模思想和采用的建模工具不尽相同。

结构化方法是以过程为核心的技术，可用于分析一个现有系统及定义新系统的业务需求。它按照系统观点，从最高、最抽象层次出发，自顶向下分解，逐步求精，分层次、分模块进行分析和设计，将系统设计成层次化的模块结构，从而实现由一般到具体的建模。结构化建模工具有数据流程图、数据字典、功能结构图等。该方法适用于流程较为稳定的，或者说需求较为稳定的中小型系统的建模。

面向对象方法是把面向对象技术应用到软件建模领域，把数据和过程作为一个整体——对象，从而对软件进行建模的方法。因此，该方法创建的模型也称为对象模型。相较于结构化方法，面向对象方法更适用于大型软件的建模，并且可以适应需求的变化。随着面向对象技术的不断发展和普及，逐渐形成了面向对象建模标准，即 UML。

基于构件方法、面向服务方法、面向切面方法、模型驱动方法都是在面向对象方法的基础上发展起来的，继承自面向对象方法的软件建模方法。

本书仅介绍最常用且对开发人员普遍适用的面向对象方法，使用 UML 进行建模，建模工具使用开源软件 StarUML。

1.2.2 UML

1. UML 概述

UML 是一种通用的可视化建模语言，可以用来描述、可视化、构造和文档化软件密集型系统的各种工件。

20 世纪 80 年代，随着面向对象技术成为研究的热点，先后出现了几十种面向对象的软件开发方法。其中，Booch、OMT（Object Modeling Technique）和 OOSE（Object-Oriented Software Engineering）等方法得到了广泛的认可。然而，采用不同方法进行建模不利于开发者之间的交流。而 UML 统一了 Booch、OMT 和 OOSE 的表示方法，而且对其作了进一步的发展。1997 年，UML 被 OMG 采纳为面向对象的建模语言的国际标准，它融入了软件工程领域的新思想、新方法和新技术。

UML 的目标是为系统架构师、软件工程师和软件开发人员提供工具，用于分析、设计和实现基于软件的系统，以及建模业务和类似的流程。它具有以下特点：

（1）面向对象：支持面向对象的主要概念，提供了一批基本的模型元素的表示图形和方法，能简洁明了地表达面向对象的各种概念。

（2）可视化、表示能力强：UML 的模型图能够清晰地表示系统的逻辑模型和实现模型，可用于各种复杂系统的建模。

（3）独立于过程：UML 是系统建模语言，独立于开发过程；UML 不限于支持面向对象的分析与设计，还支持从需求分析开始的软件开发的全过程。

（4）独立于程序语言：用 UML 建立的软件系统模型可以用 Java、C++、Smalltalk 等任何一种面向对象的程序设计来实现。

（5）易于掌握使用：UML 图形结构清晰，建模简洁明了，容易掌握使用。

2. UML 的发展史

20 世纪 60 年代，随着高级语言的兴起，软件开发需求急剧增长，规模越来越大，复杂度越来越高，软件的可靠性问题突出，软件的设计不能满足需求，有待提高软件生产率。

随着上述问题的暴露，软件工程学诞生了，提出了软件生命周期的概念。软件工程学中包含了诸多对于软件的分析和设计方法论。其中面向对象方法在这段时间兴起，并且在编程领域崭露头角。早期面向对象方法在系统设计中延伸而出现 OOD，随着面向对象方法的发展又演变成 OOA，后来两者结合形成 OOA&D，在这个领域中出现了繁多的方法论，但是也产生了各自差异化不全面的问题。

在这种形式下，UML 诞生了。UML 是在多种面向对象方法的基础上发展起来的建模语言，主要用于软件密集型系统的建模。它汲取各家之所长，演变成了规范。

它的演化可以按性质划分为以下几个阶段：

（1）第 1 个阶段是专家的联合行动，由 3 位 OO（面向对象）方法学家将他们各自的方法结合在一起，形成 UML 0.9。

（2）第 2 个阶段是公司的联合行动，由十几家公司组成的“UML 伙伴组织”将各自的意见加入 UML，形成 UML 1.0 和 UML 1.1，并作为向 OMG 申请成为建模语言规范的提案。

（3）第 3 个阶段是在 OMG 控制下的修订与改进，OMG 于 1997 年 11 月正式采纳 UML 1.1 作为建模语言规范，然后成立任务组对其进行不断修订，并产生了 UML 1.2、UML 1.3 和 UML 1.4 版本，其中 UML 1.3 是较为重要的修订版。

（4）第 4 个阶段，OMG 对 UML 进行一次重大修订，推出 UML 2.0，并作为提交到国际标准化组织（International Organization for Standardization，ISO）的提案。

UML 是工业标准，是应用在面向对象领域建模的语言，为建模中的概念提供可视化的表达，将面向对象建模概念和表示法统一。如今 UML 的最新版本是 UML 2.5，本书将以 UML 2.5 版本为例进行讲解。

总的来说，UML 由视图、图、模型元素、通用机制 4 个部分构成。

3. UML 中的视图

能够正确反映物体长、宽、高的正投影工程图（包括主视图、俯视图、左视图 3 个基本视图）为三视图，这是工程界中一种对物体几何形状约定俗成的抽象表达方式，如图 1-2 所示。一个视图只能反映物体一个方位的形状，不能完整反映物体的结构形状。三视图是从 3 个不同方向对同一个物体进行投射的结果，只有将不同的视图结合起来看，才能对目标工件进行准确的理解。

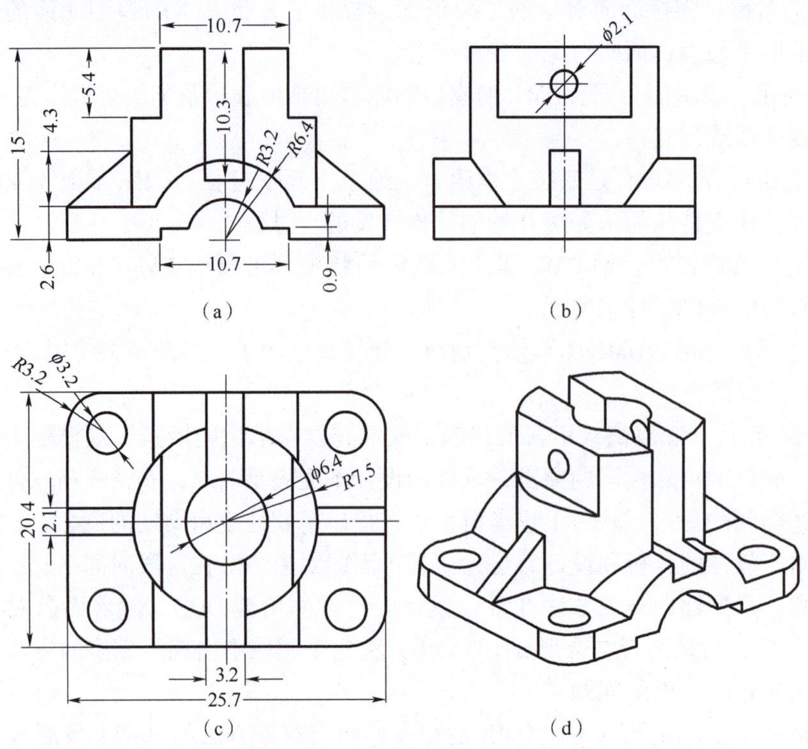

图 1-2　工程制图中的三视图

(a) 主视图；(b) 左视图；(c) 俯视图；(d) 3D 图

在软件建模过程中也会用到视图的概念。因为软件不是实物，所以它不是一般工程领域的三视图，而是人们从不同“视角”建模软件形成的不同图集，这里的“视角”也是抽象的。

UML 中的视图大致分为用例视图、逻辑视图、过程视图、开发视图、物理视图。这 5 种视图分别描述系统的一个方面，5 种视图组合构成 UML 完整模型，称为 4+1 视图，如图 1-3 所示。

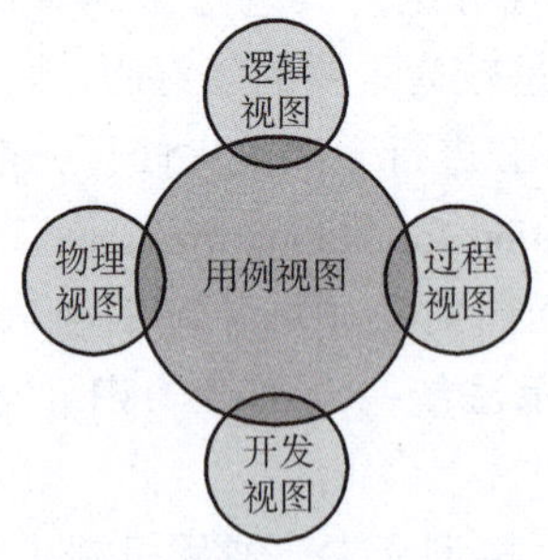

图 1-3　UML 中的 4+1 视图

(1) 用例视图。

用例视图（User Case View）也称场景视图（Scenario View）。用例视图是对从参与者视角或外部用户视角所能观察到的系统功能进行的建模。用例是系统中的一个功能单元，可以被描述为参与者与系统之间的一次交互作用。参与者可以是一个用户或一个系统。客户期望系统实现的功能，即系统需求，被划分为多个用例在用例视图中进行建模，其中一个用例就是对系统的一个用法的通用描述。用例模型的用途是列出系统中的用例和参与者，并显示哪个参与者参与了哪个用例的执行。用例视图是其他视图的核心，它的内容直接驱动其他视图的开发。系统要提供的功能都是在用例视图中描述的，用例视图的修改会对其他所有的视图产生影响。此外，通过测试用例视图，还可以检验和最终校验系统。因此，4+1 视图中的"1"就是用例视图。

（2）逻辑视图。

逻辑视图（Logical View）用来描述用例视图中提出的系统功能的实现。与用例视图相比，逻辑视图主要关注系统内部，它既描述系统的静态结构（类、对象及它们之间的关系），又描述系统内部的动态协作关系。系统的静态结构在类图和对象图中进行描述，而动态协作关系在顺序图、协作图、状态机图及活动图中进行描述。逻辑视图的使用者主要是设计人员和开发人员。

（3）过程视图。

过程视图（Process View）主要描述系统的动态行为，包括系统的并发性和同步性，关注的是系统运行时的行为。过程视图通常包含一系列的进程及它们之间的交互，这些进程可能是并发执行的，也可能需要进行同步。过程视图展现了系统的动态行为，如进程的创建、销毁、调度，以及进程之间的同步和通信等。过程视图的使用者是开发人员和系统集成人员。过程视图由状态机图、协作图及活动图组成。

（4）开发视图。

开发视图（Development View）也称组件视图，描述了在开发环境中软件的静态组织结构。组件是不同类型的代码模块，是构造应用的软件单元。开发视图用来描述系统的实现模块及它们之间的依赖关系。开发视图中也可以添加组件的其他附加的信息，如资源分配或其他管理信息。开发视图主要由组件图构成，它的使用者主要是开发人员。

（5）物理视图。

物理视图（Physical View）用来显示系统的物理部署，描述位于节点上的运行实例的部署情况。例如，一个程序或对象在哪台计算机上执行，执行程序的各节点设备之间是如何连接的。物理视图主要由部署图表示，它的使用者是开发人员、系统集成人员和测试人员。物理视图还允许评估分配结果和资源分配。

4. UML 中的图

UML 规范定义了两大类图，分别是结构图和行为图，如图 1-4 所示（图的顺序按照官方文档顺序列出）。

结构图（Structure Diagram）建模了软件的静态结构。静态结构是指软件中和时间无关的元素，如类、对象、包、组件等，这些是软件不启动时也存在的元素。结构图包括了 7 种图形，分别是外廓图（Profile Diagram）、类图（Class Diagram）、复合结构图（Composite Structure Diagram）、组件图（Component Diagram）、部署图（Deployment diagram）、对象图（Object Diagram）、包图（Package Diagram）。

行为图（Behavior Diagram）建模了软件的动态行为。动态行为是指软件随时间变化而发生的一系列变化，如方法、协作、交互等，这些是软件运行时不断变化的元素。行为图包括了 7 种图形，分别是活动图（Activity Diagram）、顺序图（Sequence Diagram）。通信图（Communication Diagram）、交互概览图（Interaction Overview Diagram）、时间图（Timing Diagram）、用例图（Use Case Diagram）、状态机图（State Machine Diagram）。其中，顺序图、通信图、交互概览图、时间图4种图属于交互图（Interaction Diagram）的子集。

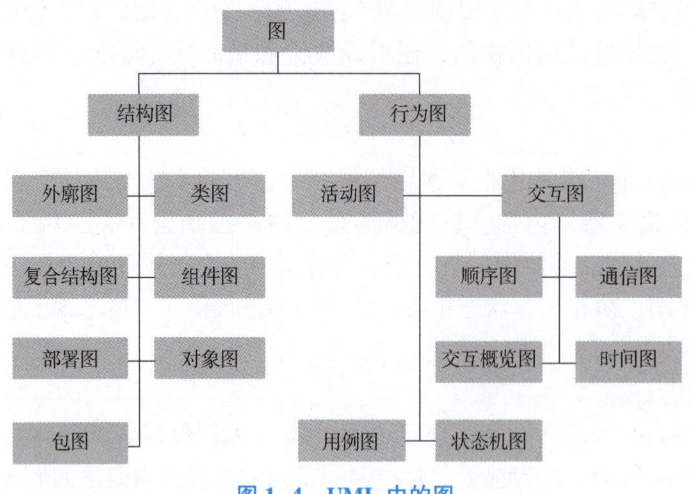

图 1-4　UML 中的图

下面对 UML 中的图进行简要介绍。

（1）外廓图：用于可视化描述外廓，以及构造型、标记值、约束等。

（2）类图：描述系统、子系统或组件，有哪些类（或接口）、类成员有哪些、类之间有什么关系。

（3）复合结构图：用来显示组合结构或部分系统的内部构造，包括类、接口、包、组件、端口和连接器等元素。复合结构图侧重使用复合元素的方式展示系统内部结构，包括与其他系统的交互接口和通信端口、各部分的配置和协作、组件相关的服务，以及各服务之间的通信和调用。

（4）组件图：组件是封装了可执行特定功能的单位，组件的类型包括可执行文件、文档、数据库表格、文件和库文件等，组件图表示组件是如何互相组织以构建更大的组件或软件系统的。

（5）部署图：用于显示系统中的硬件和软件的物理结构。部署图不仅可以显示实际的计算机和设备（节点），以及它们之间的连接和连接的类型，还可以显示可执行软件（制品）哪个节点上运行。

（6）对象图：对象图是类图的实例，使用与类图相似的符号描述，不同之处在于对象图显示的是类的多个对象实例而非实际的类。

（7）包图：用于显示包和包之间的关系。

（8）活动图：用来描述执行算法的工作流程中涉及的活动。动作状态代表了一个活动，即一个工作步骤或一个操作的执行。活动图由多个动作状态组成，当一个动作完成后，动作状态将会改变，转换为一个新的状态（在状态机图内，状态在进行转换之前需要标明显式事件）。这样，控制就在这些互相连接的动作状态之间流动。此外，活动图中还可以显示决策和条件，以及动作状态的并发执行。

（9）顺序图：用于显示多个对象之间的动态协作，重点是显示对象之间发送消息的先后顺序。顺序图的一个用途是用来表示用例中的行为顺序，当执行一个用例行为时，顺序图中的每条消息对应了一个类操作或状态机中引起转换的触发事件。因此，通过顺序图可以观察到系统在执行某个功能（用例）时有哪些类的哪些对象参与其中，并且调用了哪些函数（也就是消息），以及这些函数调用的先后顺序。

（10）通信图：对在一次交互中有意义的对象和对象间的链建模。除了显示消息的交互，通信图也显示对象及对象之间的关系。因此，通信图既包含了对象图中链的关系，也包含了顺序图中消息的先后顺序。

（11）交互概览图：活动图的一种形式，它的节点代表交互图。大多数交互概览图的标注与活动图一样。

（12）时间图：描述不同对象在时间尺度内的行为。它提供了对象随时间变化的状态和交互的可视化表示。

（13）用例图：描述谁可以使用系统——参与者、系统包括什么功能——用例、每个参与者可以使用什么功能，以及用例之间有什么关系。需要注意的是，用例仅仅描述系统参与者从外部观察到的系统功能，并不能描述这些功能在系统内部的具体实现。

（14）状态机图：对类描述的补充，用于显示类的对象可能具备的所有状态，以及引起状态改变的事件。状态的变化称为转换。状态机图由对象的各个状态和连接这些状态的转换组成。每个状态对一个对象在其生命期中满足某种条件的一个时间段建模。事件的发生会触发状态间的转换，导致对象从一种状态转换到另一新的状态。实际建模时，并不需要为所有的类都绘制状态机图，仅对那些具有多个明确状态且这些状态会影响和改变其行为的类绘制状态机图。此外，还可以为系统绘制整体状态机图。

UML 2. x 共支持 14 种图，其中外廓图、复合结构图、对象图、包图、交互概览图、时间图是 UML 2. 0 后新增加的图。通信图在 UML 2. 0 前称为协作图。

5. UML 图的组成和扩展机制

UML 中的图包括元素和元素之间的关系。元素指的是图中的节点，元素之间的关系就是节点之间的连线。不同的图中可以使用的元素和元素之间的关系不同。UML 提供的通用机制可以为模型元素提供额外的注释、信息或语义。这些通用机制同时提供扩展机制，扩展机制允许用户对 UML 进行扩展，以便适应一个特定的方法/过程、组织或用户。

这里不再展开介绍具体的元素和关系，而是在后序章节中介绍图时，详细介绍在某个图中可以使用的元素和关系，以及具体的含义。

1.3　软件工程概述

1.3.1　什么是软件工程

软件工程是研究和应用如何以系统性的、规范化的、可定量的过程化方法去开发和维护软件，以及如何把经过时间考验而证明是正确的管理技术和当前能够得到的最好的技术方法结合起来。

1.3.2 为什么要从软件到软件工程

随着软件的需求变得越来越复杂，很多软件项目都开始失败，失败的原因主要是项目管理出现了问题，具体表现在以下几个方面：

(1) 时间管理失控：项目的进度估计得不准确。

(2) 成本管理失控：无法正确评估软件开发的成本；软件成本在计算机系统总成本中的占比逐年上升。

(3) 质量管理失控：开发出的软件产品质量差、不可维护、没有适当的文档资料。

(4) 需求管理失控：用户对已完成的软件系统不满意的现象经常发生。

总之，随着软件项目需求复杂性的增加，软件项目持续的时间变长了、参与的人员变多了（人员变动也较大）、实现项目的技术也变复杂了，导致软件项目失败了。因此，要引入工程管理的概念来科学管理软件项目。

软件工程的核心课题就是控制软件项目的复杂性。

1.3.3 模块化

模块是具有输入输出、逻辑功能、运行程序和内部数据这 4 种属性的一个程序。它是单独命名的，并且可以通过名称来访问。例如，函数、类、组件、子程序等都可以作为模块。

模块化就是把程序划分成若干个模块，每个模块完成一个子功能，把这些模块集总起来组成一个整体，可以完成制定的功能，满足问题的要求。

一个大型程序如果仅有一个模块完成，它将很难被人理解。但是如果把复杂问题分解成许多容易解决的小问题，那么原来的问题也就容易解决了，这是模块化的根据。但是，随着模块数量的增加，设计模块间接口的工作量也将增加。因此，模块规模和数量适中的模块化是最优的。

模块化可以从功能（需求）的角度控制软件项目的复杂性，把功能复杂的软件分解为功能相对简单的小软件，以达到控制软件项目复杂性的目的。但是前提是模块之间的关系应该尽量简单，否则把小软件集成为大软件的成本会增加，不能达到控制软件项目的复杂性的目的。

衡量模块间关系的两个定性标准是耦合和内聚，耦合用来衡量不同模块彼此间互相依赖（连接）的紧密程度；内聚用来衡量一个模块内各个元素彼此结合的紧密程度。耦合与内聚都是模块独立性的定性标准，都反映模块独立性的良好程度。但耦合是直接的主导因素，内聚则辅助耦合共同对模块独立性进行衡量。好的模块化应该是低耦合，高内聚。

7 种耦合类型（耦合性从左至右由低到高，模块独立性由强到弱）关系如下：

非直接耦合<数据耦合<控制耦合<特征耦合<外部耦合<公共耦合<内容耦合

7 种内聚类型（内聚性从左至右由高到低，模块独立性由强到弱）关系如下：

功能内聚>顺序内聚>通信内聚>过程内聚>时间内聚>逻辑内聚>偶然内聚

关于耦合类型和内聚类型本书不再赘述。

1.4　软件建模工具

UML 的建模工具有很多，常见的建模工具有 StarUML、Visio、Enterprise Architect（EA）、Rational Rose 等。近年来也涌现了一部分在线建模的网站，如 Visual Paradigm、Draw.io 等。其中，StarUML 是使用广泛的、功能完善的、开源的 UML 建模工具。本节将对 StarUML 进行简单介绍，StarUML 的详细使用说明可以查阅 StarUML 的官方文档（https://docs.staruml.io）。

1.4.1　StarUML 简介

StarUML 是一款非常著名的支持 UML 框架的开源建模软件，可免费下载和使用，其官网如图 1-5 所示。它由 MKLabs 公司研发，提供了几种类型的图表，并允许用户生成多种语言的代码。在它的帮助下，开发人员可以创建设计方案、概念模型和编码解决方案。StarUML 旨在帮助用户在解决方案完成之前对其进行概览。也就是说，StarUML 是在软件开发完成之前，对软件进行建模的工具（但是，StarUML 不局限于应用在软件工程领域）。StarUML还支持通过模型驱动架构（Model Driven Architecture，MDA）和第三方插件进行复杂建模。StarUML 提供代码生成器，支持插件，并在模型完成之前提供模型概述。此外，StarUML 允许用户创建多种不同的图表和多种格式。

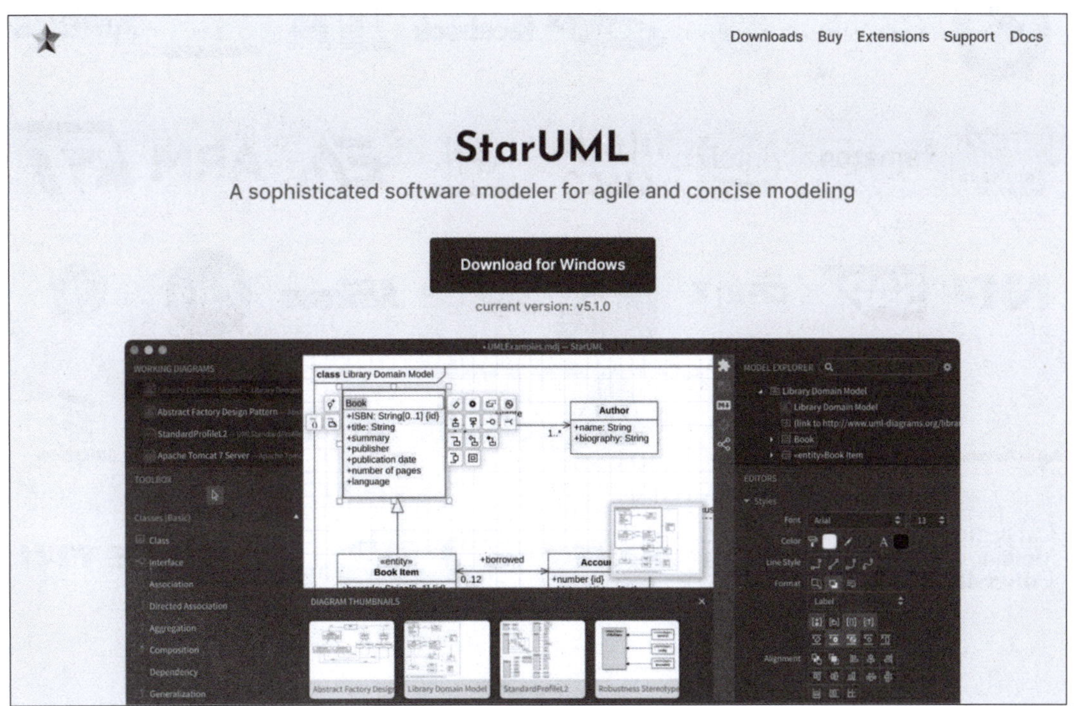

图 1-5　StarUML 官网

StarUML 具有以下特性：

（1）支持多平台，如 MacOS、Windows、Linux。

（2）兼容 UML 2. x 标准元模型和图表。

（3）支持 SysML，支持实体联系图（Entity-Relationship Diagram，ERD）、数据流图（Data-Flow Diagram，DFD）、流程图（Flowchart Diagram）。

（4）支持自定义 UML 配置文件，可以使用构造型定义用户自身的 UML 配置文件。每个原型都可以有自定义图标。

（5）所有图表、文本和图标都非常清晰，可以导出为高 DPI 图像（PNG 和 JPEG）。

（6）可安装第三方插件。许多插件都是开源的，并且托管在 GitHub 上。

（7）模型驱动开发：建模数据以非常简单的 JSON 格式存储，因此可以通过命令行界面（Command-Line Interface，CLI）轻松使用它来生成自定义代码。

（8）快速建模：支持快速编辑中的许多简写，可以一次创建元素和关系，如子类、支持接口等。

（9）代码生成：通过开源扩展支持各种编程语言的代码生成，包括 Java、C#、C++ 和 Python。

虽然 StarUML 可能不适合初学者，但它在 ArgoUML、CASE Studio 和 Rationale 等竞争对手中脱颖而出。如图 1-6（该图来自 StarUML 官网）所示，已经有很多公司在使用 StarUML 来建模自己的项目。

图 1-6　使用 StarUML 的公司

1.4.2　StarUML 的下载和安装

StarUML 的下载地址为 https://staruml. io/download/，下载界面如图 1-7 所示，界面中列出了不同操作系统下的下载链接，大家根据自己的系统选择其中一个进行下载即可。本书将以 Windows 操作系统下 v 5. 1. 0 的未注册版本（2023 年 1 月 12 日发布）为例进行介绍。

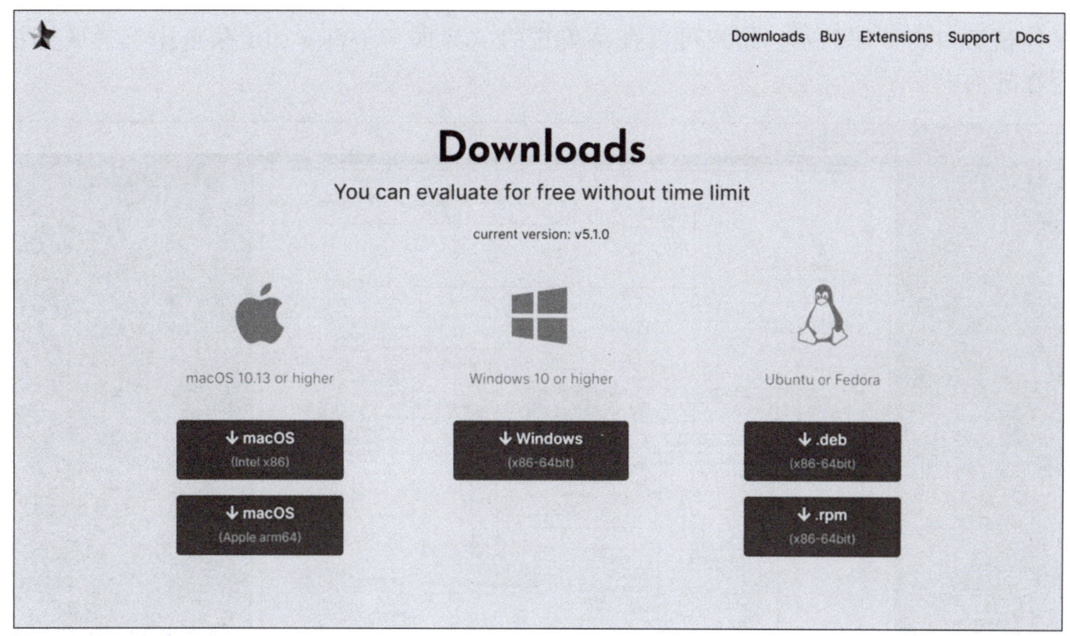

图 1-7　StarUML 的下载页面

StarUML 的安装比较简单，下载好安装文件后双击即可自动安装，不需要手动配置任何信息。StarUML 安装完成后，自动进入软件首页。进入首页后，在 Unregistered Version（未注册版本）对话框（如图 1-8 所示）中单击 Evaluate（评测）按钮进入软件主界面，即可免费使用 StarUML 了。

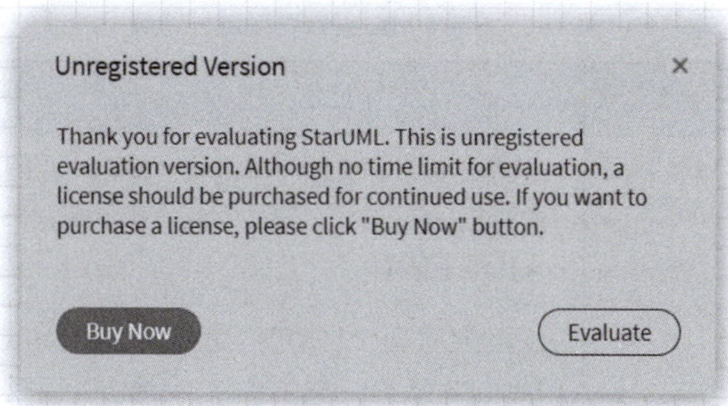

图 1-8　Unregistered Version 对话框

1.4.3 StarUML 的主界面

StarUML 的主界面是英文界面，如图 1-9 所示。为了方便读者使用，本书对软件中的功能使用中英文双语名称，即包括中文名称和软件中对应的英文名称（软件中没有出现的则不备注英文名称）。StarUML 的主界面可分为七大区域，分别是菜单栏、侧边栏、绘图区、底部面板、工具栏、导航栏、状态栏（顺序按照由上至下，由左至右），具体信息如表 1-1 所示。用户可以在菜单栏的“界面”（View）子菜单中选择区域是否在界面中显示。

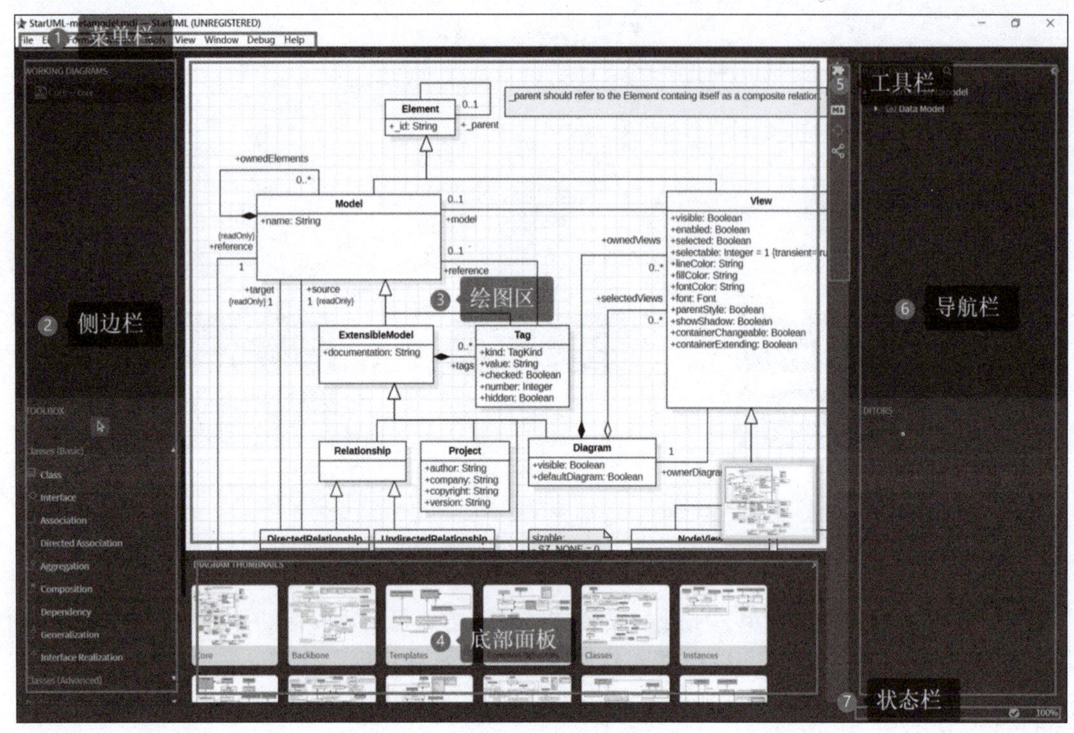

图 1-9 StarUML 的主界面

表 1-1 StarUML 主界面区域一览表

序号	区域名称	软件中的英文名称	简介
1	菜单栏	—	菜单栏包含“文件”（File）、“编辑”（Edit）、“格式”（Format）、“模型”（Model）、“工具”（Tools）、“界面”（View）、“窗口”（Window）等子菜单
2	侧边栏	Sidebar	侧边栏包含“启动图”（WORKING DIAGRAMS）面板和工具箱（TOOLBOX）的左侧区域。“启动图”面板中显示打开的工作图列表。所选图表显示在绘图区中。工具箱显示可以在所选图表中创建的元素
3	绘图区	Diagram Area	显示当前选择的图，并可以对图进行编辑

续表

序号	区域名称	软件中的英文名称	简介
4	底部面板	Bottom Panel	通常由默认或安装的第三方扩展提供，包括查找结果、图表缩略图、验证结果、Markdown 编辑器等
5	工具栏	Toolbox	显示通常由默认或安装的第三方扩展提供的工具按钮
6	导航栏	Navigator	导航栏包含模型资源管理器（MODEL EXPLORER）和编辑器（EDITORS）两个子区域。模型资源管理器显示模型元素的树结构；编辑器包含用于编辑模型和视图元素属性的编辑器，它包括样式编辑器、属性编辑器和文档编辑器
7	状态栏	Statusbar	显示缩放比例等信息

七大区域中，比较常用的是菜单栏、侧边栏中的工具箱、绘图区、导航栏中的编辑器 4 个区域。其中，侧边栏中的工具箱会列出指定图形下可以使用的元素和关系；导航栏中的编辑器内可以设置选中某个元素或关系的详细属性。

1.4.4 用 StarUML 管理项目

项目（Project）是 StarUML 的最顶层元素，被存储为单个文件，以扩展名 .mdj 命名。一个项目可以包括多个包（Package），包可以理解为一个分组工具。一个包可以包括多个图。

StarUML 支持 5 种模版，如图 1-10 所示，分别是 UML Minimal、UML Conventional、4+1 View Model、Rational、Data Model，不同模版的主要区别是项目结构的差异。用户也可以自己添加项目的相关模型。其中，UML Minimal 是一个带有 UML 标准配置文件的单个模型；UML Conventional 使用 UML 标准概要文件的用例模型、分析模型、设计模型、实现模型和部署模型；4+1 View Model 包括场景视图、逻辑视图、开发视图、过程视图、物理视图；Rational 是 Rational Rose Tool 方式；Data Model 是简单数据模型项目。

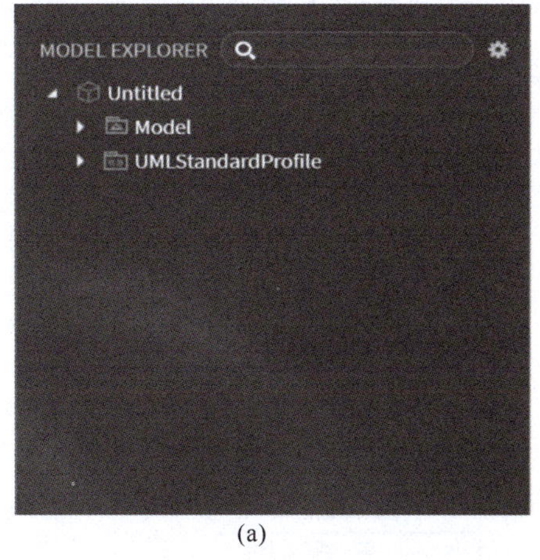

(a)

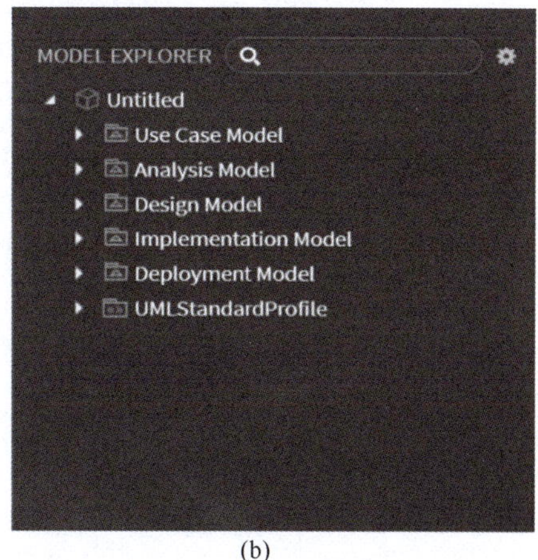

(b)

图 1-10 StarUML 的 5 种模版

（a）UML Minimal；（b）UML Conventional

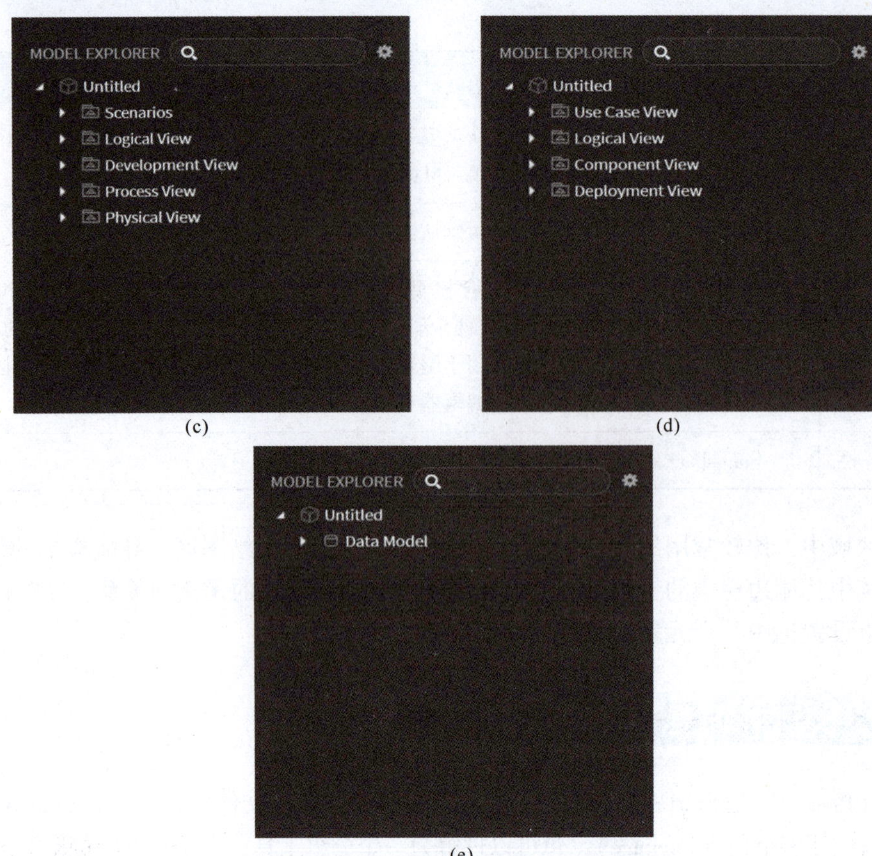

图 1-10　StarUML 的 5 种模版（续）

（c）4+1 View Model；（d）Rational；（e）Data Model

（1）使用 UML 的 4+1 视图模版创建一个新的项目：执行菜单中的栏 File→New From Template→4+1 View Model 命令，如图 1-11 所示。本书将以 UML 的 4+1 视图为例来讲解。

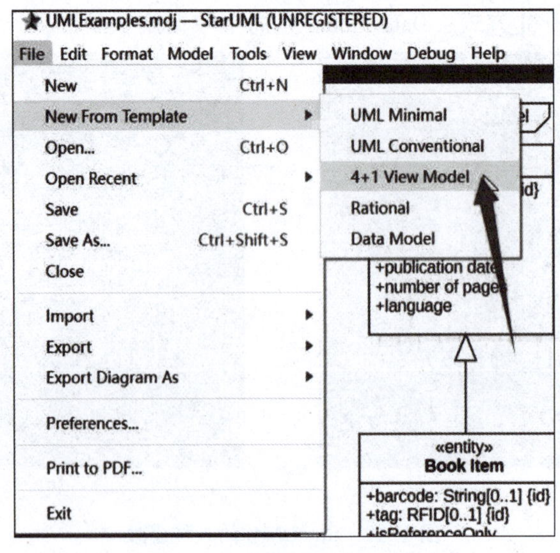

图 1-11　用模版创建项目

（2）保存项目并为项目命名：按〈Ctrl+S〉快捷键保存项目，在弹出的对话框中为.mdj 项目文件命名，如图 1-12 所示。

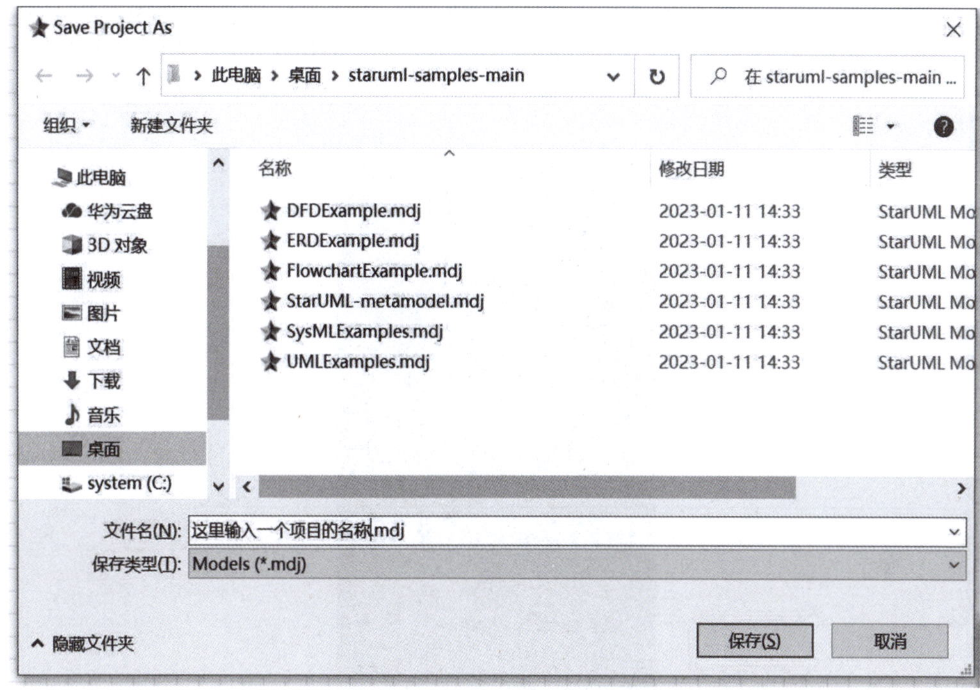

图 1-12　保存项目并为项目命名

（3）在导航栏的编辑器（EDITORS）区域中设置项目名称及其他项目信息，如图 1-13 所示。

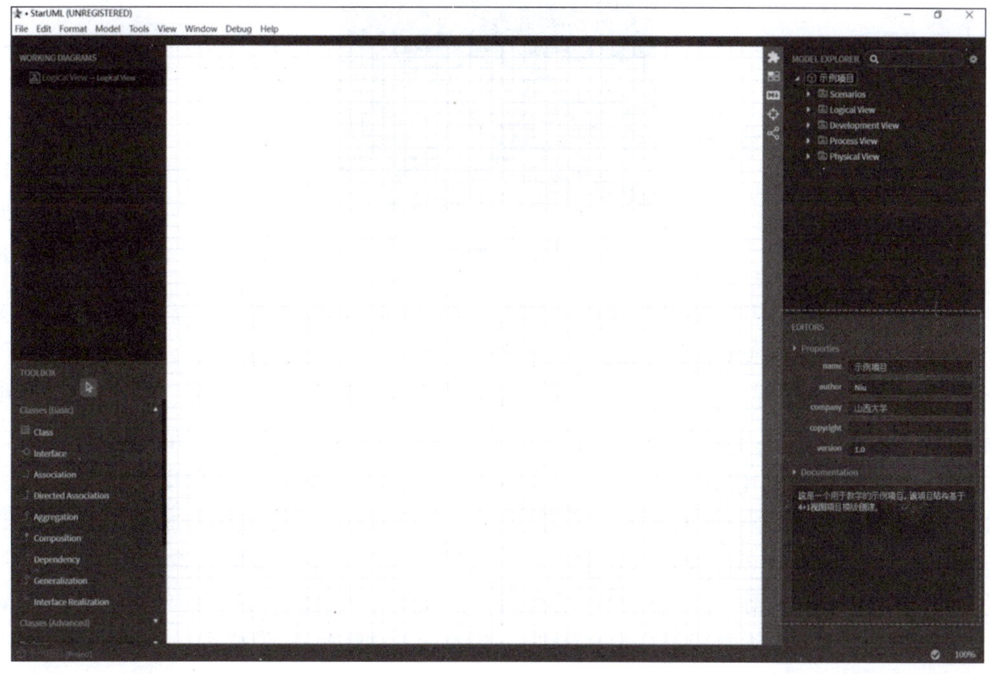

图 1-13　设置项目信息

（4）保存项目并关闭项目：执行菜单栏 File 子菜单中的 Save 和 Close 命令可以保存项目和关闭项目，其中保存项目支持用〈Ctrl+S〉快捷键进行保存。

（5）默认图形设置：打开项目后，默认进入类图。因为默认的 4+1 视图模板会把逻辑视图下的图名为 Logical View 的类图作为默认图（勾选 defaultDiagram 复选框，如图 1-14 所示），根据项目需要，可以在导航栏的编辑器（EDITORS）区域中修改图名和默认图的设置。

图 1-14　默认图的设置

（6）绘图：在工具箱（TOOLBOX）的左侧区域中列出了所有类图内可以使用的元素和关系（本节不作详细介绍，相关知识将在第 3 章中介绍）。在工具箱（TOOLBOX）中选中需要的元素，然后在绘图区中单击就可以绘制这个元素了。如果是关系，则需要在工具箱（TOOLBOX）中选中需要的关系，在绘图区中单击关系要连接的两个元素就可以了，如图 1-15所示。

（7）设置属性：选中元素或关系后，就可以在导航栏的编辑器（EDITORS）中对它进行详细的属性设置，如图 1-16 所示，在绘图区中选中 Class1，它表示一个类，在导航栏的编辑器（EDITORS）中可以设置该元素的显示风格和属性。显示风格设置包括字体、字号、颜色、线宽、显示样式等；属性设置包括类名、扩展型、可见性、是否抽象类、是否活动类等。这些详细设置可以增加模型的可理解性。有的设置会体现在绘图区中，有的设置则不会体现在绘图区中。

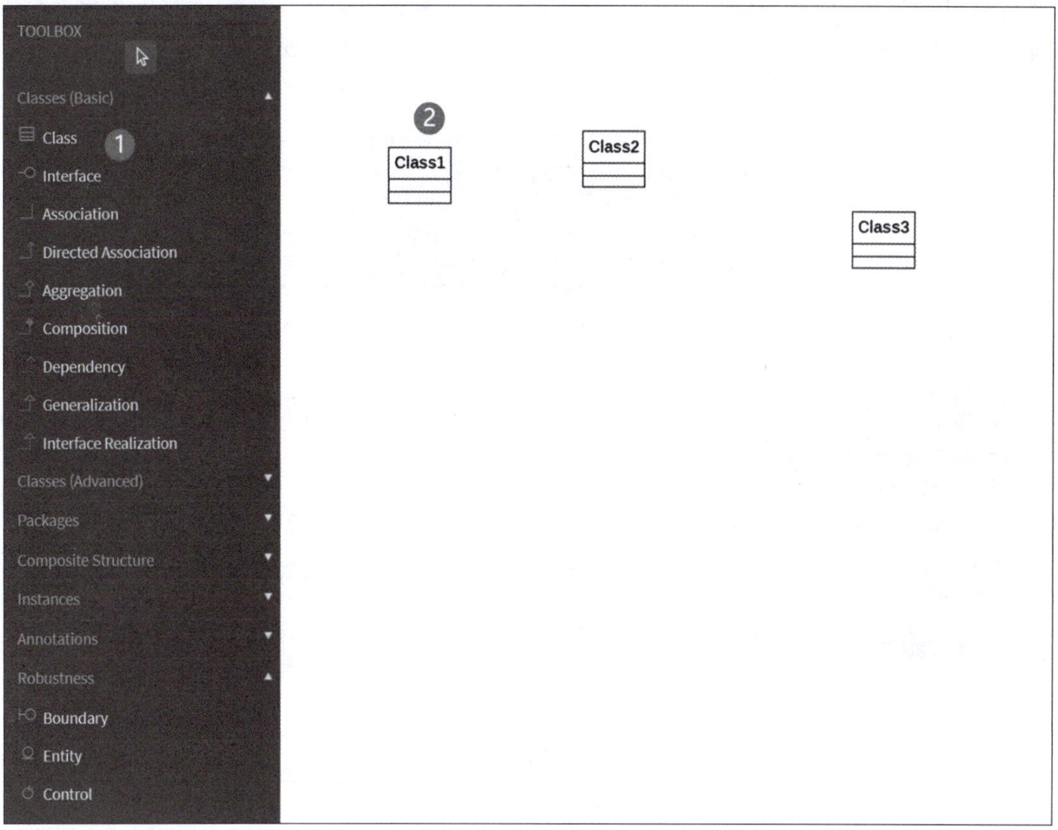

图 1-15 简单的绘图

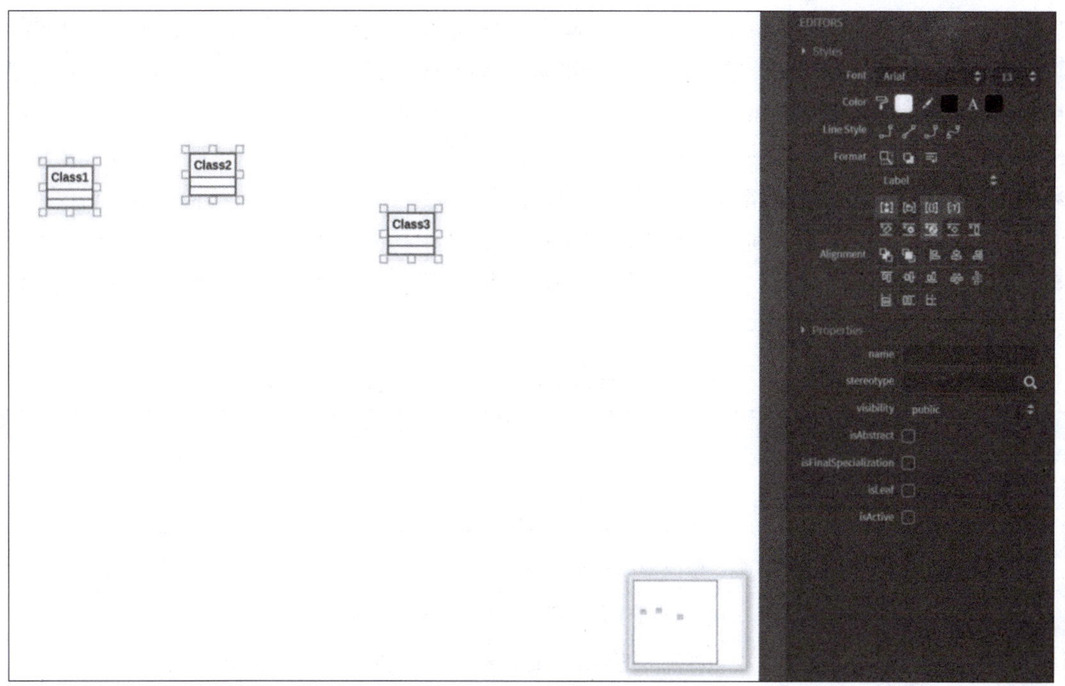

图 1-16 设置元素或关系的属性

（8）让图形更美观：按住〈Shift〉键同时单击元素，可以选中多个元素。在导航栏的编辑器（EDITORS）的“对齐”（Alignment）栏目中的设置可以使图形更美观，如图 1-17 所示，具体功能分别如下：

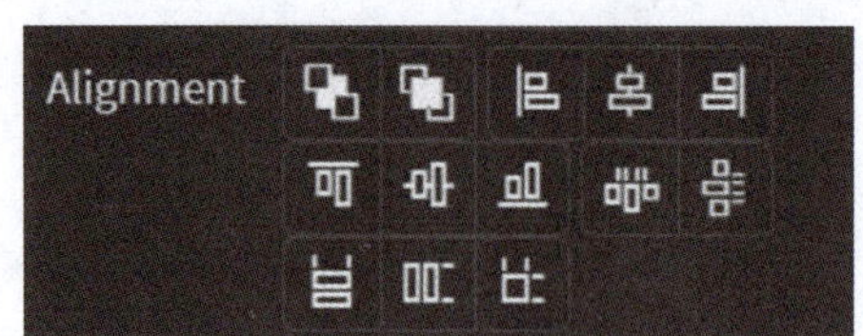

图 1-17　设置元素对齐

：表示向前一层和向后一层，用于调整元素之间的遮挡关系。

：用来调整元素的对齐方式，分别为左对齐、垂直居中对齐、右对齐、上对齐、水平居中对齐、下对齐。其中较为常用的是垂直居中对齐和水平居中对齐。

：设置元素之间的间隔，分别表示水平等间距和垂直等间距。

：设置元素的大小，分别表示宽相等、高相等、大小相等（宽和高都相等）。

1.5　在线商城系统简介

本书使用在线商城系统作为贯穿全书的一个例子，现对该系统进行简介，方便后序章节对例子的理解。在线商城系统是大家经常使用的系统之一，例如，京东商城、淘宝、天猫商城、天猫超市、京东超市、唯品会，抖音商城等都是知名的在线商城系统。在线商城分为 B2C 和 C2C 两种，B2C（Business to Consumer）主要指企业和消费者之间的电子商务交易，C2C（Consumer to Consumer）主要指个人用户提供买卖交易的平台的电子商务交易业务。本书以 C2C 形式的简易在线商城系统为例进行介绍。虽然 C2C 形式的在线商城系统有很多，它们功能上也会有细微差别，但是它们都包括表 1-2 中所列的功能（功能较实际产品有简化，仅保留了核心功能），例如积分管理、会员等级管理、秒杀、优惠券管理、消息管理、通知管理等功能被省略，本书不涉及。

表 1-2　在线商城系统核心功能一览表

序号	功能名称	说明
1	用户管理	包括用户注册、用户登录、修改密码等
2	商品管理	包括查看商品列表、商品列表筛选、商品上架、商品下架、修改商品分类、修改商品价格、删除商品等
3	商品分类管理	包括添加分类、删除分类、查看分类列表等
4	购物车管理	包括加入购物车、查看购物车、删除购物车中的商品、修改购物车中的商品数量等

续表

序号	功能名称	说明
5	订单管理	包括查看订单列表、订单列表分类筛选、关闭订单、删除订单、订单状态管理等
6	品牌管理	包括添加品牌、删除品牌、查看品牌等
7	评价管理	包括发表评价、审核评价、删除评价、查看评价等

1.6　本书的组织结构

本书共分为 12 章，其中第 1 章是绪论，是对本书涉及的背景知识和基础理论的介绍。第 2~10 章是软件建模时使用比较多的图，对每个图的介绍，都先介绍这个图的定义，图中可以使用的元素和关系，然后以在线商城系统为例绘制这个图，最后介绍使用 StarUML 绘制这个图的方法。第 11 章是 UML 2. 5 中有的图，但是使用较少，本书仅简单介绍。第 12 章介绍实体联系图，它虽然不是 UML 的图形，但是在软件建模时经常会用到。

拓展阅读

软件工程职业道德规范和实践要求

计算机正逐渐成为商业、工业、政府、医疗、教育、娱乐乃至整个社会的发展中心，软件工程师通过直接参与或教授，对软件系统的分析、说明、设计、开发、授证、维护和测试做出贡献。为了尽可能确保他们的努力被用于好的方面，软件工程师必须作出自己的承诺，使软件工程成为有益和受人尊敬的职业。为符合这一承诺，软件工程师应当遵循软件工程职业道德规范和实践要求。

1993 年 5 月，IEEE（Institute of Electrical and Electronics Engineers，电气电子工程师学会）计算机协会的管理委员会设立了一个指导委员会，其目的是将软件工程作为一个职业而进行评估、计划和协调各种活动。同年，ACM（Association for Computing Machinery，国际计算机学会）理事会也同意设立一个关于软件工程的委员会。1994 年 1 月，两个协会成立了一个联合指导委员会，负责为软件工程职业实践制定一组适当标准，以此作为工业决策、职业认证和教学课程的基础。

随后联合指导委员会的软件工程道德和职业实践专题组制定了《软件工程师道德规范》。在往后的几年里，IEEE 一直根据该准则的要求不断致力于推动软件工程行业化和规范化的发展，成立专门评审机构对软件开发从业人员进行证书认证。同时，为了符合发展的需要，IEEE 与 ACM 对《软件工程师道德规范》进行了补充与更新。

1999 年，IEEE-CS 和 ACM 软件工程道德和职业实践联合工作组推荐，经 IEEE-CS 和 ACM 批准定为讲授和实践软件工程的标准——《软件工程职业道德规范和实践要求

(5.2版)》。

该标准的性质与目的如下：

(1) 对软件工程师的教育与我们从事工作的标准。

(2) 以文件的方式对软件工程师的道德与义务作出规定。

(3) 教导从业人员业内的权威机构对我们的期望是什么，我们奋斗的目标是什么。

(4) 指出了对公众的责任在这一行业里的重要性。

该标准主要包括两部分内容，8个主要方面。第1部分：把条款高度浓缩，提取成8个提纲，从高层次指出成为软件工程师所应具有的抱负和愿望，这一部分也称为简明版。第2部分：展开阐述上面8个方面的抱负和愿望，并将其转换成工作上相应的具体准则（共80条），这一部分也称为完整版。这里，只列出简明版内容，具体如下：

软件工程师应履行其实践承诺，使软件的需求分析、规格说明、设计、开发、测试和维护成为一项有益和受人尊敬的职业。为实现他们对公众健康、安全和利益的承诺目标，软件工程师应当坚持以下8项原则：

(1) 公众：软件工程师应当以公众利益为目标。

(2) 客户和雇主：在保持与公众利益一致的原则下，软件工程师应注意满足客户和雇主的最高利益。

(3) 产品：软件工程师应当确保他们的产品和相关的改进符合最高的专业标准。

(4) 判断：软件工程师应当维护他们职业判断的完整性和独立性。

(5) 管理：软件工程的经理和领导人员应赞成和促进对软件开发和维护合乎道德规范的管理。

(6) 专业：在与公众利益一致的原则下，软件工程师应当推进其专业的完整性和声誉。

(7) 同行：软件工程师对其同行应持平等、互助和支持的态度。

(8) 自我：软件工程师应当参与终生职业实践的学习，并促进合乎道德的职业实践方法。

知识小结

本章从5个方面对本书的背景知识和基础理论进行了介绍。

1. 面向对象方法

面向对象方法的出现是为了解决软件危机。它把数据和方法作为一个整体对软件进行模块化，将复杂的软件划分为关系较为简单的子系统，从而降低软件项目的难度。面向对象方法的核心技术就是类、对象、封装、继承、多态。无论是哪一种技术，本质上都是为了控制软件的复杂性。面向对象程序设计是面向对象方法应用于软件实现阶段，而面向对象软件建模是面向对象方法应用于软件分析和设计阶段。

2. 软件建模和UML

软件模型是帮助人们理解复杂软件的模型。UML是包括各种图形元素的可视化建模语言，帮助人们把复杂软件用图形的形式建立软件模型。UML中常用的4+1视图从不同的视角建立软件模型，包括用例视图、逻辑视图、过程视图、开发视图、物理视图。UML中的图是不同图形符号和关系的集合。一种图可以建模软件的某个视图，某个视图可以包括多个图、多种图。把图组织在视图下就构成了一个完整软件模型。

3. 软件工程

软件工程是把工程管理的技术引入软件项目，目的是控制软件项目的复杂性。对于大型软件，一个控制其复杂性的有效措施就是有效模块化。衡量模块化的定性指标是耦合和内聚，其中耦合是主要因素。好的模块化应该是低耦合，高内聚。

4. 软件建模工具

软件建模工具也就是绘制管理图形的软件，这样的软件有很多，本书以常用的开源软件 StarUML 为例进行介绍。

5. 在线商城系统

本书选择在线商城系统作为贯穿所有图的例子，因为大家对在线商城系统较为熟悉，并且这类系统足够复杂，对本书所涉及的知识都能找到合适的例子。这类系统的复杂性使本书中的例子只关注核心功能，也就是不同的在线商城系统都包括的功能，如购物车管理、用户管理、订单管理等。对于非核心功能，如积分管理、优惠券管理，不同的系统差异很大，不列为本书的关注内容。

习　题

一、选择题

1. 以下关于对象的描述，正确的是（　　）。

A. 对象是类的一个实例　　B. 同一类的对象共享属性和方法

C. A 和 B　　D. 以上都不正确

2. 下列关于面向过程方法和面向对象方法的描述，不正确的是（　　）。

A. 面向过程方法是一种以事件为中心的开发方法

B. 面向对象方法就是以对象为核心进行软件分析和设计

C. 面向对象方法把数据及对数据的操作放在一起，作为一个相互依存的整体

D. 面向过程方法更适合大型程序

3. UML 是一种（　　）的语言。

A. 将软件系统的工件进行可视化、特定化、构造并文档化

B. 将软件系统的工件进行可视化、构造并文档化

C. 将软件系统的工件进行可视化、文档化、建模并封装

D. 将软件系统的工件进行可视化、构造并封装

4. UML 的全称是（　　）。

A. Unify Modeling Language　　B. Unified Modeling Language

C. Unified Modem Language　　D. Unified Making Language

5. 下列不属于 UML 结构图的是（　　）

A. 类图　　B. 包图　　C. 用例图　　D. 部署图

6. 4+1 视图中，“1” 指的是（　　）视图。

A. 用例视图　　B. 逻辑视图　　C. 过程视图　　D. 开发视图

E. 物理视图

7. (　　) 是物理视图的建模工具。

A. 包图　　B. 组件图　　C. 部署图　　D. 类图

8. (　　) 是衡量模块间紧密程度的定性指标。

A. 独立性　　B. 耦合性　　C. 内聚性　　D. 模块性

9. 好的模块化是 (　　)。

A. 低耦合，低内聚　　B. 低耦合，高内聚

C. 高耦合，低内聚　　D. 高耦合，高内聚

10. 下列关于 StarUML 特性的描述，错误的是 (　　)。

A. 开源软件　　B. 兼容 UML 2. x 标准元模型和图表

C. 仅支持 Windows 平台　　D. 可安装第三方插件

二、简答题

1. 什么是面向对象方法？它的优点是什么？
2. 什么是模块化？为什么要模块化？
3. UML 中的 4+1 视图分别指什么？
4. UML 中包括哪些图？
5. 现有的知名在线商城系统有哪些？它们之间有什么不同？在线商城系统的主要功能有什么？

三、操作题

下载并安装 StarUML 软件，使用 4+1 视图创建项目，并命名为“我的第一个软件建模项目”。

第 2 章　用例图

本章导读

用例图主要用于软件功能的建模，也是4+1视图场景视图中最重要的部分。本章将首先介绍用例图的基本概念、用例图中的参与者和用例及它们之间的关系，然后介绍用例描述，最后以在线商场系统为例绘制用例图，介绍如何使用StarUML绘制用例图。

本章学习目标

能力目标	知识要点	权重
了解用例图的基本概念，对用例图的使用有一个初步的认识	用例图的基本概念；建立用例图的时机	15%
熟悉用例图中所包含的元素的基本概念及元素之间的关系	参与者、用例、用例图中的关系	40%
熟悉用例描述，并能撰写一个完整的用例描述文档	用例描述内的各个描述项	20%
熟悉用例图建模的步骤，能够识别出用例图中的各个元素	识别用例图中的各个元素	15%
通过分析一个比较典型的用例模型，具备独立建模的能力	通过分析一个案例具备独立建模的能力	10%

在面向对象软件开发过程中，首先要进行需求分析，捕获客户的需求，包括客户的功能需求和行为需求，即系统要为客户完成哪些功能或服务。这时候就可以使用用例图形象地将客户的需求表示出来。用例图建模实际上就是需求建模。

2.1　用例图的基本概念

用例图（Use Case Diagram）是表示系统中参与者与用例之间关系的图，描述了使用系统的不同用户和系统对不同用户提供的功能和服务。对于用户来说，最关心的是一个系统具有的功能及特性，并不十分关心这个功能是如何实现的。因此，用例图就是从用户的视角来描述和建模整个系统，它通过需求分析抽取出系统的功能和行为，然后把这些功能和行为展现出来。

用例图是对系统建模的第 1 个模型，也是对系统动态行为方面进行建模的第 1 个模型。在 4+1 视图中，用例图属于场景视图下的图形。

2.2　用例图的组成元素

用例图中包含的元素有参与者、用例及元素之间的关系。

2.2.1　参与者

参与者（Actor）也称为角色，是位于系统之外的、与系统的用例进行交互的外部实体，包括人、设备、外部系统及时间等。也就是说，参与者描述了一个或一组与系统交互的外部用户、外部设备或软件系统。

在 UML 中，参与者有两种表示方法，如图 2-1 所示。参与者的图标是一个小人的图形，图形下方显示参与者的名称。也可以用带有≪Actor≫构造型的类图标进行扩展来表示参与者，参与者的名称可以显示在图标下方或图标内部。

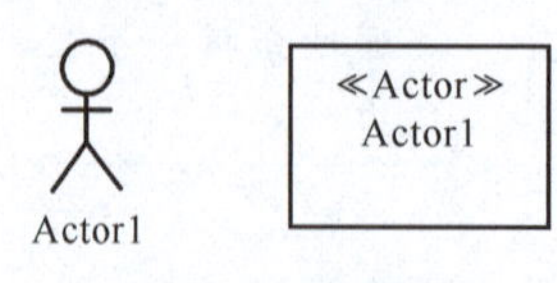

图 2-1　参与者

一般使用人形图标来表示外部用户，使用构造型图标来表示外部设备或软件系统。

参与者的特征如下：

（1）参与者通过某种方式与系统中的一个用例或多个用例进行交互，即执行系统。

例如，在教务管理系统中，学生要与教务管理系统交互，就需要先执行“登录系统”用例，然后使用“选课”用例来与教务管理系统产生交互。

(2) 参与者位于系统边界之外，不是系统的一部分。也就是说，参与者是从现实世界中与系统交互的事物中抽象出来的类，而不是系统中的一个类。

例如，教师登录了教务管理系统之后，就可以执行教务管理系统提供的“成绩管理”这个功能。教师就是位于系统边界之外的用户，也就是被抽象成为教务管理系统的一个参与者。

(3) 参与者不一定对应现实中的某个或某些特定的对象，而是根据使用系统的不同目的，把对象抽象成不同参与者。也就是说，现实中的对象根据使用系统的不同目的可以抽象成不同的参与者。

例如，在图书管理系统中，当现实中的图书管理员作为一个普通读者使用系统时，就对应读者这个参与者。当他使用系统在履行图书管理员职责时，就对应图书管理员这个参与者。当然，这两种身份所操作的权限是不同的。

(4) 参与者是一个集合概念，即参与者是使用系统相同用例的外部实体的一个集合。在参与者使用系统执行用例时，参与者就被具体化为某一个对象。

例如，在图书管理系统使用过程中，图书管理员这个参与者可能是张三，也可能是李四。因此，在用例图建模中，参与者指向的不是具体的参与者实例，而是具有这个集合特征的参与者。

2.2.2　用例

用例（Use Case）这个概念最早出现在 OOSE 方法的创始人伊瓦尔·雅各布森（Ivar Jacobson）的博士论文《大型实时系统建模的概念》（*Concepts for Modeling Large Real-time Systems*）中，同时他在其 1992 年出版的论著《面向对象软件工程：一种用例驱动的方法》（*Object-Oriented Software Engineering*：*A Use Case Driven Approach*）中对用例进行了详细论述。

用例是系统或子系统提供的一个功能单元，这个功能单元是一个或多个参与者之间进行信息交互，并产生具有一定价值的可观察的结果，是获取需求分析的一种方式。用例也被称为用况、用案等。

例如，在教务管理系统中，教务管理人员登录系统后，执行课程分配这个用例，就会产生一个结果，即把课程分配给了某位教师，还可以继续执行下一个用例，即打印教师任课表。

因此，用例就是系统的一个功能，用例实际上就是参与者为实现此功能和系统进行交互的一个行为序列，通过这个行为序列完成了该功能的实现。

在 UML 中，用例用一个椭圆形表示，如图 2-2 所示。用例的名称可以显示在图标内部，也可以显示在图标下方。

图 2-2　用例

1. 用例的特征

用例的特征如下：

(1) 用例用来描述系统的功能，因此用例的名称一般使用动宾结构短语或主谓结构短语。例如，教务管理系统中的登录系统、课程分配、教学计划管理、名单管理、成绩管理等。

（2）用例描述了用户对系统的期望，一个用例对应系统为参与者提供的一项服务，用动宾结构短语或主谓结构短语就可以简明扼要地表达参与者的目的或意愿。

例如，教务管理系统中的“登录系统”这个用动宾结构短语表示的用例，就很明确地指出了用户使用该用例的目的。

（3）用例的执行过程就是系统和参与者的一次交互过程。用户使用用例与系统交互，系统通过用例与用户沟通。

例如，教务管理系统中的“课程分配”这个用例，教务管理人员使用这个用例的过程就是跟系统交互的过程，并通过与系统的交互，完成对课程进行分配的任务。

（4）用例总是被参与者触发，并向参与者反馈用例执行信息。

例如，教务管理系统中的“登录系统”这个用例，就必须由参与者发起，只有这样，该用例才能被执行，否则，该用例不会被触发并执行。当该用例被参与者触发并执行后，也会将结果反馈给参与者，即登录成功或登录不成功。

（5）用例要有可观测的执行结果。用例描述的是参与者与系统进行交互的一个过程，但不是所有的交互过程都可以被抽象为用例。用例被执行后要返回一些可观测的结果，无论这个结果是好的还是坏的。

例如，教务管理系统中的“登录系统”这个用例，当该用例被执行后就可能会有两个结果，即登录成功或登录不成功。

（6）用例是对系统进行的动态建模，所以用例也为软件设计和软件测试提供了依据。

在需求分析阶段，进行用例图建模的一个个用例实质上就是系统提供的一个个功能，在系统的设计和测试阶段，这一个个用例也为设计和测试提供了依据。

2. 用例粒度

用例粒度指的是对用例进行组织时，对用例信息的组织方式及细化程度。

例如，用户在登录系统前需要先进行注册，既可以用一个“注册”用例来表示，也可以细化这个注册信息，把它分成“注册用户名”“注册密码”“注册地址”及“注册电话号码”等用例，如图 2-3 和图 2-4 所示。

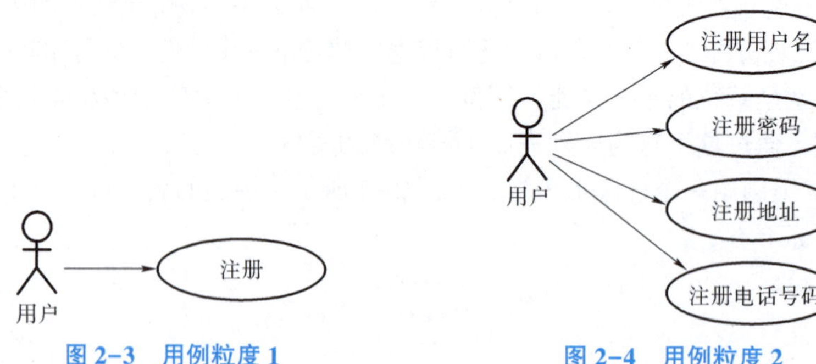

图 2-3　用例粒度 1　　图 2-4　用例粒度 2

用例粒度实际上就是一个“度”的概念。在实际建模过程中，并没有一个统一的标准，也就是说没有一个明确的标准来决定用例粒度达到什么程度是正确的。因此，根据当前阶段的具体需求来确定用例粒度即可。但一般根据以下阶段来确定用例粒度：

（1）在业务建模阶段，用例粒度为能描述一个完整的事件，即一个用例能描述一项完整的业务流程，如登录系统、打印成绩单等。

（2）在概念建模阶段，用例粒度为能描述一个完整的事件流，即这个阶段的用例需要借助面向对象方法来抽象业务需求中的关键概念模型，从而确定一个事件流。

（3）在系统建模阶段，用例粒度为能描述参与者与计算机进行的一次完整交互，如填写用户名、填写用户密码等。

但无论用例粒度大小如何，它都要满足上文提到的用例的特征，否则就违背了用例的思想。

【例 2.1】在图书管理系统中，需求分析如下：学生和教师是办理了借书证的读者，读者可以在图书管理系统中进行借书、还书、查询图书等操作。若读者借书的时间逾期了，就需要图书管理员完成还书，并对逾期的读者进行罚款。系统管理员主要完成对整个图书管理系统的数据维护和用户维护等。

本例中的参与者：学生、教师、读者、图书管理员、系统管理员。

用例：借书、还书、查询图书、图书逾期、罚款、数据维护、用户维护、登录系统等。

2.2.3 用例图中的关系

用例图中的关系包括：参与者之间的关系、参与者与用例之间的关系、用例之间的关系。

1. 参与者之间的关系

1）参与者之间存在泛化关系

泛化（Generalization）指的是一般与特殊的关系。参与者本质上就是类。类之间有泛化关系，所以参与者之间也可以有泛化关系。

参与者之间的泛化关系就是把具有共同行为的参与者抽象为父参与者，子参与者可以继承父参与者的行为和含义，还可以增加自身的行为和含义。

2）泛化关系的表示

在 UML 中，泛化关系用带空心三角形箭头的实线表示，箭头指向父参与者，如图 2-5 所示。

图 2-5 参与者之间的泛化关系

【例 2.2】在图书管理系统中，学生和教师都是办理了借书证的读者。那么就可以使用读者这个抽象类作为一般类，学生和教师这两个类作为特殊类，这样就把读者和学生、教师抽象出了泛化关系，如图 2-6 所示。

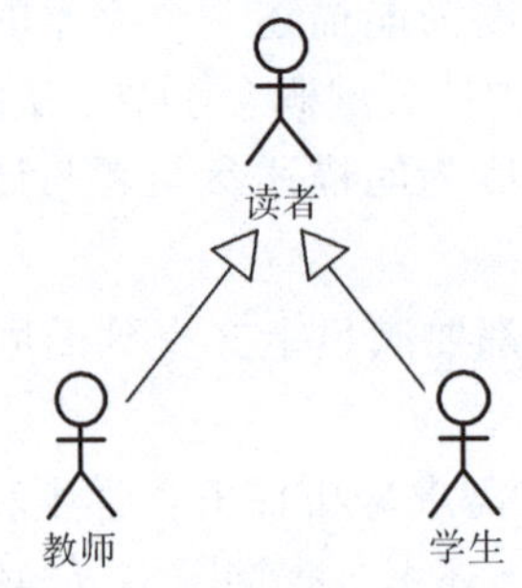

图 2-6 读者之间的泛化关系

2. 参与者与用例之间的关系

（1）参与者与用例之间存在关联关系。

关联（Association）关系指的是参与者与用例之间存在着一定的联系。

参与者通过用例与系统进行交互，用例是参与者与系统主体的不同交互作用的量化，是参与者请求或触发的一系列行为。一个用例可以隶属于一个参与者或多个参与者，一个参与者也可以参与一个或多个用例。没有参与者的用例是没有意义的，同样，没有用例的参与者也是没有意义的。

参与者与用例之间存在关联关系，即参与者实例通过用例实例传递消息实例来与系统进行通信，所以关联关系也可以称为通信关联关系。

通信关联关系一般是双向的，用例图中的关联关系可以指定，也可以不指定。

（2）关联关系的表示。

在 UML 中，参与者和用例之间的关联关系用实线来表示。实线有两种：有箭头的实线和无箭头的实线。

有箭头的实线表示的是参与者与用例或系统之间通过发送信号或消息进行交互的关联关系，箭头指向被启动交互的一方，箭头的尾部表示启动交互的一方。在用例图中，绝大部分的用例都是由参与者启动的，所以可以采用带箭头的用例图，如图 2-7 所示。但有时候箭头的方向容易画错，所以也使用无箭头的实线表示关联关系。

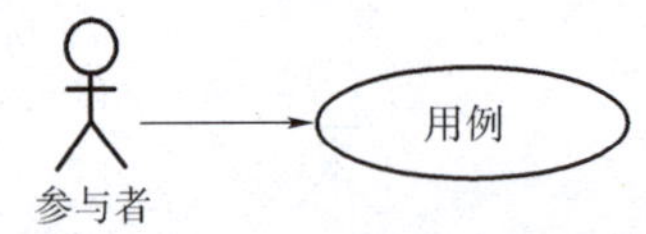

图 2-7 参与者与用例之间的关联关系

【例 2.3】在图书管理系统中，读者可以在系统中进行借书、还书、查询图书等操作。那么就可以使用关联关系来表示读者与“借书”“还书”“查询图书”等用例之间的关系，如图 2-8 所示。

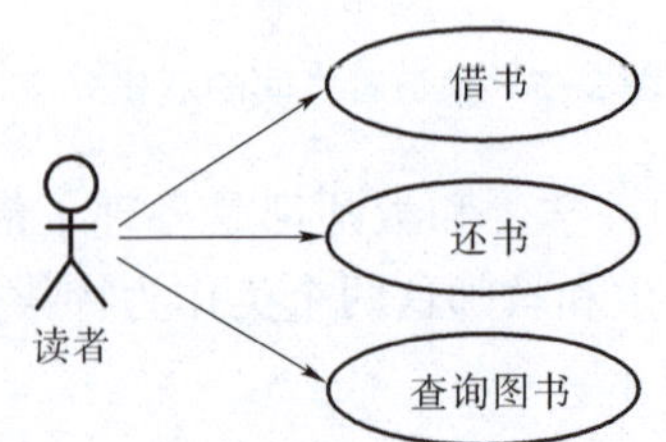

图 2-8 读者与用例之间的关联关系

（3）多个参与者时的关联关系。

在用例实际执行过程中，一个用例实例不一定只对应一个参与者实例，可能有多个参与者实例共同参与一个用例实例的触发和执行，这样，参与者就有了主参与者和次参与者之分。在这种情况下，参与者往往指的是主参与者，因为主参与者是用例的主要服务对象，也是用例的启动者，而次参与者处于协作地位。这种情况下画的用例图，往往是主参与者与用例之间采用带箭头的实线表示关联关系，次参与者与用例之间采用无箭头的实线表示关联关系，如图 2-9 所示。

图 2-9　主参与者和次参与者与用例之间的关联关系

但在一般的用例图中，往往会省去次参与者。

3. 用例之间的关系

用例与用例之间存在泛化关系、包含关系和扩展关系。当然还可以利用 UML 的扩展机制自定义构造型用例之间的关系。

（1）泛化关系。

与参与者的泛化关系类似，用例使用泛化关系将一般用例与特殊用例联系起来。在用例之间的泛化关系中，子用例继承父用例的属性、操作及行为序列，子用例也可以增加新的属性、操作和行为序列或覆盖父用例中的属性和操作等。

在 UML 中，用例之间泛化关系的表示与参与者之间泛化关系的表示相同，用带空心三角形箭头的实线表示，箭头指向父用例，如图 2-10 所示。

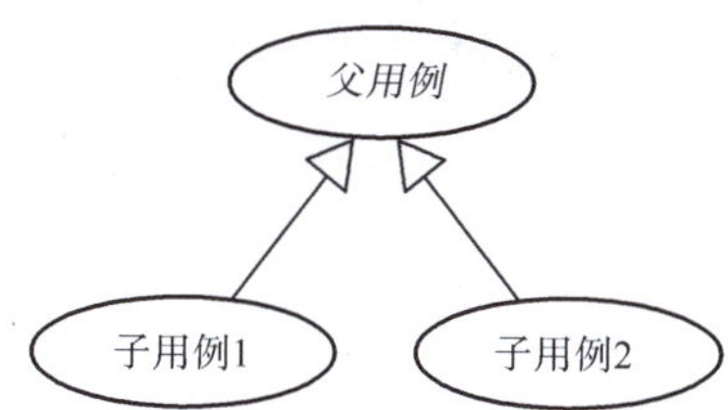

图 2-10　用例之间的泛化关系

当系统中有两个或多个用例在结构、行为、目的等方面存在共性时，就可以对它们进行抽象，从而使用泛化关系。用一个一般用例（也可以是抽象用例）描述共性部分作为父用例，抽象用例使用斜体字描述。

【例 2.4】在教师考核管理系统中，不同职称的教师考核是有差别的。例如，教师包括教授、副教授、讲师和助教这 4 种类型，使用用例之间的泛化关系来进行抽象，则教师考核用例如图 2-11 所示。

注意：父用例“教师考核”是用斜体表示的，表明这个父用例是抽象用例，即这个父用例是不能被实例化的，而只能使用它的子用例来进行实例化。

（2）包含关系。

包含（include）关系指的是两个用例中的一个用例（称为基用例）的行为包含另外一个用例（称为包含用例）的行为，即包含用例的行为被插入基用例的行为。

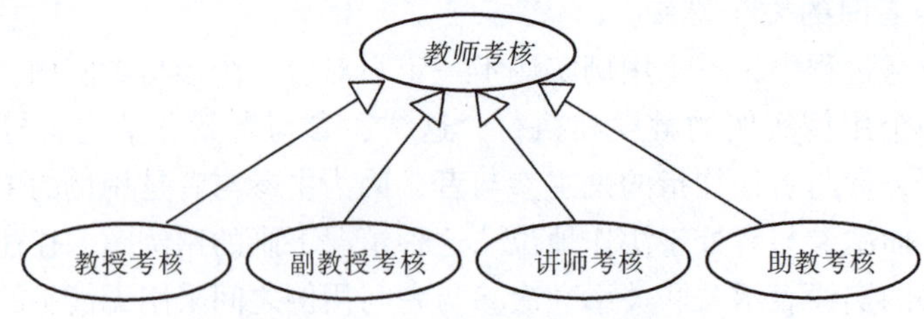

图 2-11 “教师考核”用例中的泛化关系

包含关系实际上是一种特殊的依赖关系，但在包含关系中多定义了一些语义。使用包含用例时要遵循两个约束条件：基用例需要依赖包含用例的执行结果，但它对包含用例的内部结构不了解；基用例一定会要求包含用例必须执行，即对包含用例的使用是无条件的。

在 UML 中，用例之间的包含关系用虚线依赖关系的≪include≫构造型来表示，箭头指向包含用例，如图 2-12 所示。

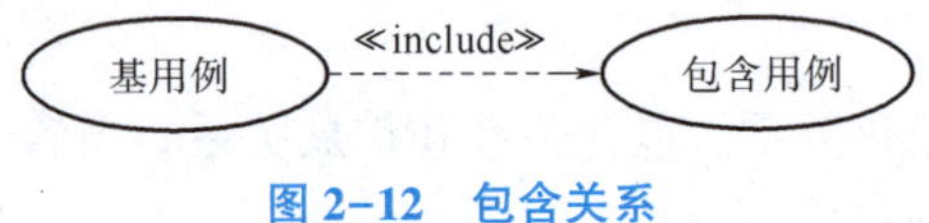

图 2-12 包含关系

一般来说，用例之间存在包含关系的原因有两个：当一个用例过于复杂时，可以把这个用例中的一部分功能提取出来作为包含用例；当几个用例都包含一些相同的功能时，为便于简化，也可以把这些相同的功能提取出来作为包含用例。

例如，程序设计中的函数调用在需求建模时就可以把被调函数作为包含用例，主调函数作为基用例。

【例 2.5】在图书管理系统中，当读者归还图书时，图书管理员需要查看该图书是否逾期。“还书”与“检查是否逾期”用例之间就可以使用包含关系表示，如图 2-13 所示。

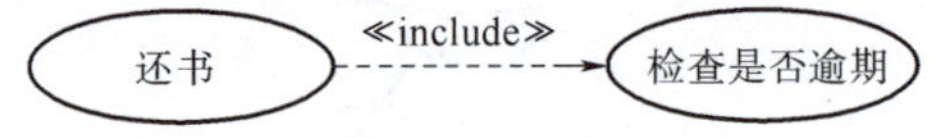

图 2-13 “还书”与“检查是否逾期”用例之间的包含关系

【例 2.6】在银行系统中，当储户需要取款、转账及查询时，都需要输入密码进行身份验证，它们之间可以用包含关系表示，如图 2-14 所示。

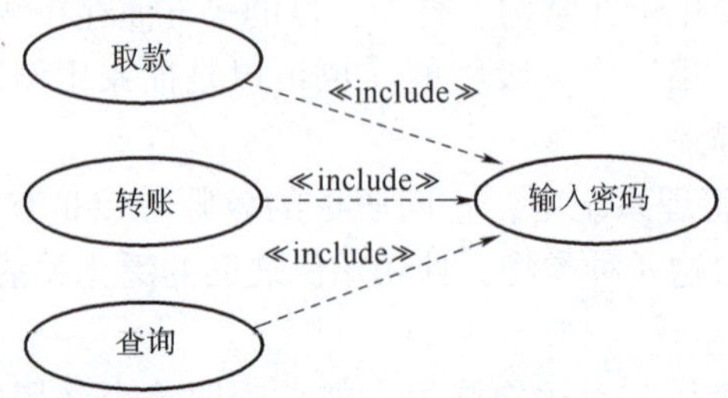

图 2-14 “取款”“转账”“查询”与“输入密码”用例之间的包含关系

（3）扩展关系。

扩展（extend）关系也是两个用例之间的关系，指的是一个用例（扩展用例）的行为是

对另一个用例（基用例）行为的增强。它指出了如何及何时将扩展用例中定义的行为插入基用例定义的行为。

在一个基用例上可以插入一个或多个扩展用例，插入的位置就是“扩展点”（Extension Point）。扩展用例在这些扩展点上增加了新的行为或含义。

扩展关系也是一种比较特殊的依赖关系，在扩展关系中也多定义了一些语义。使用扩展用例时：基用例可以依赖扩展用例的执行结果，也可以不依赖扩展用例的执行结果，同样它对扩展用例的内部结构不了解；基用例不会要求扩展用例必须执行，即对扩展用例的使用是可有可无的。

在 UML 中，用例之间的扩展关系用虚线依赖关系的≪extend≫构造型来表示，箭头指向基用例，如图 2-15 所示。

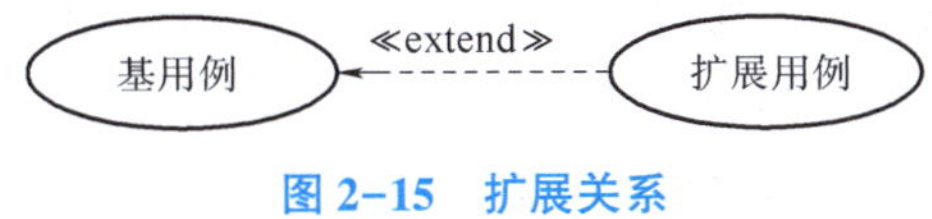

图 2-15 扩展关系

【例 2.7】在银行系统中，当储户取款后，系统会询问储户是否打印取款收据。如果储户单击“是”按钮，则打印取款收据；如果储户单击“否”按钮，则不打印取款收据，退出银行卡，结束操作。“取款”与“打印取款收据”用例之间可以使用扩展关系表示，如图 2-16 所示。

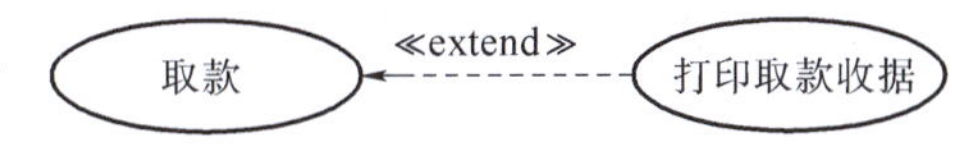

图 2-16 “取款”与“打印取款收据”用例之间的扩展关系

【例 2.8】在图书管理系统中，当读者归还图书时，图书管理员需要查看该图书是否逾期。若逾期，则需要罚款；若没有逾期，则不需要罚款。“还书”与“罚款”用例之间就可以使用扩展关系表示，如图 2-17 所示。

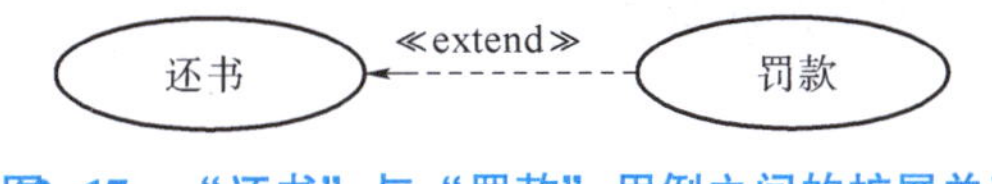

图2-17 “还书”与“罚款”用例之间的扩展关系

在扩展用例中，扩展用例不一定要执行，它需要根据条件来选择是否执行。扩展用例有以下几个特征：

①基用例是一个完整的事件流，即使扩展用例不执行，基用例也能提供一个完整的服务或功能。

②扩展用例的事件流是否被执行是根据条件来判断的，可能执行也可能不执行。

③扩展用例的箭头方向与包含用例的箭头方向相反，是从扩展用例指向基用例的。

④一个基用例的扩展点可以有一个也可以有多个，表示在该扩展点的位置上会根据某条件是否成立来决定是否需要执行相应的扩展用例。

扩展点实际上是一个决定扩展用例是否执行的分支条件，类似于程序语言中的分支结构。在基用例执行时，根据扩展点的分支条件来判断扩展用例是否执行。若扩展用例需要执行，基用例就会在扩展点的位置中断，然后去执行扩展用例，等扩展用例执行完毕，再返回到基用例上。

（4）包含关系与扩展关系的比较。

包含关系与扩展关系在语义上都是对基用例行为的增强，但这两种关系还是有很大的区别，下面详细说明这两种关系的相同点与不同点。

1）相同点。包含关系与扩展关系在作用上都是对基用例行为的增强。

2）不同点。包含关系与扩展关系的不同点如下：

①基用例执行时包含用例必定执行；基用例执行时扩展用例不一定执行。

②在包含关系中，基用例不一定是良构的；在扩展关系中，基用例一定是良构的。

③在包含关系中，箭头指向包含用例；在扩展关系中，箭头指向基用例。

④在包含关系中，包含用例只会执行 1 次；在扩展关系中，扩展用例根据条件执行 0 次或 1 次。

【例 2.9】在线商城系统中，注册会员登录系统后就可以浏览商品，他可能临时决定购买商品。当他决定购买商品时，可以先把商品加入购物车，再下单购买；他还可以直接购买商品。在线商城系统的用例图如图 2-18 所示。

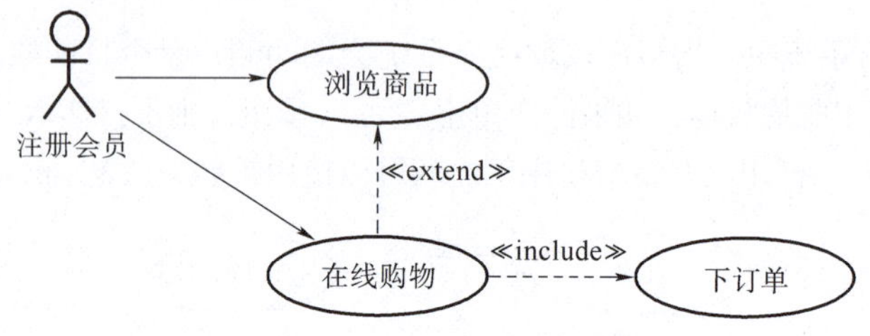

图 2-18　在线商城系统的用例图

在该用例图中，注册会员若要在线购物，就必须先把商品加入购物车，再下单购买，所以“下订单”用例是一个包含用例。浏览商品时必须先执行“下订单”用例才能执行“在线购物”用例，可能会在线购物，也可能不会在线购物，在线购物用例可执行，也可不执行，所以它是“浏览商品”用例的扩展用例。

2.3　用例描述

用例图是包含参与者、用例及它们之间关系的一个图。这些关系包含了参与者之间的泛化关系，参与者与用例之间的关联关系，用例之间的泛化关系、包含关系及扩展关系等。

用例图能让使用者看到它的功能有哪些，使用这些功能能达到什么目的。在用例图中，用一个椭圆形表示用例，但没有对这个用例作具体的描述，即不足以让参与者对用例所表示的功能有一个全面深入的理解。也就是说，用例图并没有用例的具体执行的详细信息，更无法解释系统是如何去实现和完成这些功能的。

要让使用者能详细了解系统的功能，还需要使用一定规格的文字来描述用例图中用例的完整功能，这就是用例描述。

实际上，用例描述才是用例的主要部分，它也是后面进行类图分析及交互图分析必不可少的部分。

2.3.1 用例描述概述

用例描述（Use Case Specification）实际上就是一个描述参与者与系统是如何交互的规范说明。在这个规范里，说明文字要清晰明了，不能产生歧义。

用例描述在不同的教材里有不同的说法，用例说明、用例文档、用例规格说明等，都是对用例作出的说明。

一般的用例描述主要包括以下几部分内容：

（1）用例名称：用例图上的用例名称，也是用例的意图或实现的目标，一般是动宾结构短语或主谓结构短语。

（2）标识符［可选］：用例的唯一标识符，在文档的其他位置可以通过这个标识符来引用这个用例，一般采用 UC001、UC002 等。

（3）参与者［可选］：与此用例有关联关系的参与者，包括主参与者、次参与者。

（4）用例描述：对此用例的简单描述，包括用例的目的、执行这个用例后会得到的结果等。

（5）优先级［可选］：说明此用例在分析、设计、实现的紧迫程度。

（6）状态［可选］：说明此用例所处的状态，如进行中、等待审查中、审查通过或未通过审查等。

（7）触发器［可选］：触发这个用例执行的一个事件。

（8）前置条件：描述此用例执行前系统所处的状态，即该用例在执行前需要满足的条件，包括参与者或用例在怎样的情况下启动该用例。

（9）后置条件：描述此用例执行后系统所处的状态，即该用例在执行后哪些条件得到了满足，包括该用例执行完毕后有哪些结果需要传递给参与者或系统。

（10）基本事件流：描述此用例正常执行时的活动序列，包括正常使用时参与者执行的各个动作序列、参与者与用例之间传递的消息、修改的实体等。

（11）扩展事件流：描述此用例在执行过程中产生异常或发生变化时，发生了错误，以及在这些非正常执行情况下的活动序列。

（12）结论：描述此用例什么时候结束。

（13）补充约束［可选］：描述此用例的非功能需求，即用例执行时所要考虑的业务规则和设计约束等信息。

（14）被泛化的用例［可选］：描述此用例所泛化的用例列表，即被泛化的父用例列表，则该用例是子用例。

（15）被包含的用例［可选］：描述此用例所包含的用例列表，即被包含的用例列表，则该用例是基用例。

（16）被扩展的用例［可选］：描述此用例所扩展的用例列表，即被扩展的用例列表，则该用例是基用例。

（17）修改历史纪录［可选］：描述此用例修改的详细信息，包括此用例的修改时间、修改原因及修改人等信息。

（18）问题［可选］：描述与此用例相关的问题列表。

(19) 决策［可选］：描述与此用例相关的决策列表，将这些决策记录下来便于后期的维护。

(20) 频率［可选］：描述与此用例相关的参与者的访问频率。

其实，UML并没有给出用例描述文档规范，不同的组织和建模人员都是根据自己的经验和习惯来撰写用例描述文档的。因此，在一个具体的用例描述文档中，并不是上面列出的所有内容都要全部出现，可以根据具体的用例情况来确定所要撰写的内容项，但用例名称、用例描述、前置条件、后置条件、基本事件流、扩展事件流、结论等方面一般不会省略。

2.3.2 事件流

事件流就是用例在某种场景下执行时的交互动作。一般来说，事件流包括用例什么时候开始执行、怎样执行、什么时候结束，以及参与者怎样与用例进行的交互、交互时有哪些可以选择的执行事件等。

在用例描述里，事件流可以分为基本事件流和扩展事件流。

1. 基本事件流

基本事件流是用例描述中最核心的事件流，也是用例大部分时间所执行的事件流，是用例最理想的执行步骤。在很多资料中也把基本事件流称为快乐路径。

在编写基本事件流时，按照该用例交互的先后顺序来记录参与者与系统进行交互的步骤，因此，一般采用阿拉伯数字对步骤进行编号。但当基本事件流比较复杂时，还可以把事件流分成多个子流并采用前缀（S）进行编号。当基本事件流存在多条路径时，也可以采用子流这种方式来编号。

2. 扩展事件流

扩展事件流也称为备选事件流，用来表示用例执行过程中出现的异常、变化或错误的情况等。因此，它是对基本事件流的备选事件流。

一般来说，对于一个基本事件流，会存在多个扩展事件流，即扩展事件流是基本事件流的某个执行步骤的备选步骤。

在编写扩展事件流时，也是按照该用例交互的先后顺序来记录参与者与系统进行交互的步骤，采用前缀（A）加上相对应的基本事件流的步骤编号来表示。

2.3.3 补充约束

补充约束描述用例的非功能需求，即用例执行时所要考虑的业务规则和设计约束等信息。

对于一个系统来说，除包含具体的功能需求外，还有一些非功能需求、业务规则和设计约束等。因此，在撰写用例描述文档时，把这些补充约束也加进去，能更全面地描述用例。当然，对于不同的系统项目，补充约束也存在差异，具体问题需要具体分析。下面列出几种常用的补充约束。

1. 数据要求

数据要求通常指的是与该用例相关的一些数据的说明。例如，在某个游戏网站中，当执

行“注册用户”用例，需要输入用户的年龄时，就要求用户的年龄必须大于或等于 18 周岁。那么在这个用例描述文档中，需要对该数据项进行编号。

数据要求使用前缀（D）加上相关联的事件流的步骤编号表示。

2. 规则要求

规则要求通常指的是与该用例相关的一些行业内应遵守的操作规则或逻辑等。例如，在某项业务执行过程中，会受到一些限制条件的约束等。

规则要求使用前缀（B）加上相关联的事件流的步骤编号表示。

3. 非功能性要求

非功能性要求通常指的是为满足用户业务需求，系统的一些特性，包括安全性、可靠性、互操作性、健壮性等。

4. 设计约束要求

设计约束要求指的是对系统或用例的某些约束等。这些约束可能是参与者要求的，也可能是从某个角度或多个角度考虑对系统或某些用例提出的。它们对系统的分析和设计会产生一定的影响。

2.3.4 撰写用例描述文档时考虑的问题

在撰写用例描述文档时，应该考虑以下几个问题：

（1）用例描述的说明性文字应清晰明了，不会产生歧义。

（2）用例描述具有完整性，即从用例的执行开始到用例的结束，有始有终。

（3）用例描述中必须有基本事件流和扩展事件流。

（4）虽然 UML 没有给出用例描述文档的规范，但在同一个组织或同一个系统里，用例描述文档的撰写应该具有规范一致性。

（5）用例描述完整地描述了一个用例，为后面将要进行建模的行为模型提供了基础。

2.3.5 用例描述文档举例

【例 2.10】在线商城系统中，有“用户登录”用例，写出它的用例描述文档。

用例名称：用户登录。

标识符：UC002

参与者：已注册用户

用例描述：用户通过“用户登录”用例，登录到在线商城系统中。

触发器：当“登录”按钮被用户单击时，“用户登录”用例被触发。

前置条件：只有在用户的用户名、密码等信息输入正确后才能登录本系统。

后置条件：进入在线商城系统的主界面。

基本事件流：

1. 用户单击系统页面上的“登录”按钮，开始触发用例。
2. 系统显示登录页面。
3. 用户输入用户名和密码，然后单击“登录”按钮。

4. 系统验证登录信息和数据库内保存的信息是否一致，然后回到系统主界面，用例结束。

扩展事件流：

A3：如果输入的用户名或密码不正确，则系统显示错误信息并提示用户输入正确的用户名或密码。

A4：如果用户连续 3 次输入错误的密码，则系统提示消息告诉用户无法登录系统，并冻结登录页。

结论：用户登录系统主界面或用户收到异常信息时，用例结束。

数据要求：D3：要求用户名和密码信息不能为空信息。

规则要求：B3：要求密码必须满足包含数字、大小写字母等。

2.4 用例图建模

用例图建模，就是对系统所提供的功能进行建模，通过模型把系统对外提供的功能和服务展示出来。因此，面向对象的用例图建模，就是要明确开发的系统具有哪些功能，方便用户和系统分析师之间的沟通。

用例图建模主要应用在需求分析阶段。在用例图模型中，只关心系统实现了哪些功能，并不关心这些功能具体是如何实现的。

2.4.1 确定参与者

在进行用例图建模时，首先要找出本系统有哪些参与者。确定参与者可以从以下几个方面进行考虑：

（1）谁将会使用这个系统的功能？

（2）使用这个系统的人在使用时扮演了怎样的角色？

（3）系统的维护、管理等工作是由谁负责的？

（4）系统有没有跟外部的硬件资源有交互？

（5）系统有没有跟外部的软件系统有交互？

（6）谁对系统产生的结果有兴趣？

（7）在这个系统中，时间是否会触发它的某些事件？

2.4.2 确定用例

用例描述的是现实世界中参与者与系统的交互，我们在确定用例时就可以通过参与者来帮助寻找用例，即考虑每个参与者是如何使用系统、参与者需要系统提供什么样的服务等，使用这种策略可能会出现新的参与者，然后通过迭代和逐步细化的过程就能帮助完善系统的建模。

确定用例可以从以下几个方面进行考虑：

（1）参与者需要系统提供哪些功能？

（2）参与者需要系统的哪些信息？

（3）参与者可以为系统提供哪些信息？

（4）系统需要通知参与者发生的变化和事件有哪些？

（5）参与者需要通知系统发生的变化和事件有哪些？

（6）系统需要哪些输入、输出？

在确定参与者和用例时，还需要注意以下问题：

（1）每个用例至少关联一个参与者。

（2）每个参与者至少关联一个用例。

（3）如果存在不与用例关联的参与者，则应该考虑这个参与者是如何与系统进行交互的。在这种情况下，可能这个参与者是多余的，也可能是还没有找到与这个参与者关联的用例。

（4）如果存在不与参与者关联的用例，则应该检查这个用例在系统中是如何被参与者使用的。这种情况下，可能这个用例是多余的，也可能是还没有找到与这个用例关联的参与者。

2.4.3 用例图建模的步骤

用例图建模的基本步骤如下：

（1）找出系统的边界：识别出哪些功能或行为是由系统提供的，哪些功能或行为是由外部实体提供的，从而识别出系统的边界。

（2）找出参与者：找出这个系统的参与者。

（3）找出用例：确定每一个参与者在这个系统中的行为，并把这些行为作为基用例。

（4）区分用例的优先次序：确定哪些用例是关键的用例、哪些用例是复杂的用例、哪些用例的执行必须在其他用例执行之前完成等。通过用例的优先次序，对用例作出高层和低层、主要和次要、基本和详细的区分，便于后面的用例图建模。

（5）细化用例：对找出的用例使用泛化、包含、扩展等关系找出行为的公共部分或变更部分，并确定这些用例之间的关系。

（6）绘制用例图。

（7）可以在用例图中添加注释或约束，还可以使用包图对用例图进行组织，增加用例图的可读性。

（8）撰写用例描述文档。

2.4.4 用例图建模的注意事项

建立一个结构良好的用例图，还需要注意以下几点：

（1）用例图中包含对系统来说必不可少的参与者和用例。

（2）用例的名称不应该简化到让人误解其语义的程度。

(3) 在摆放模型元素位置时，尽量减少连线上的交叉。

(4) 在组织模型元素时，语义上接近的用例尽量相邻，便于增强用例图的可读性。

(5) 可以使用注释或给元素添加颜色等方式来突出模型元素的重要性。

(6) 用例图中的关系尽量不要有太多种类或太复杂的部分内容。如果某些部分内容太复杂，则可以把这部分内容作为一个子用例图，单独放在另外一个用例图中。

(7) 用例图只是对系统的用例视图的一个图形表示，也就是说，一个单独的用例图不必包含所有的内容。当系统十分复杂时，可以使用一个用例图表示系统的某一方面或某一个子系统，这样就需要使用多个用例图来共同表示系统的用例视图。

2.4.5 用例图建模举例

本小节通过在线商城系统的例子来说明用例图建模的过程。

1. 需求分析

在线购物是当前比较流行的一种购物方式，相对于线下实体店购物，很多人选择在线购物。现在某大型购物商场计划建立一个在线商城系统，该系统的主要功能是实现用户的线上购物。游客通过注册成为该商城的注册用户，成为注册用户后就可以登录该系统，也可以对自己的信息进行维护等。

未注册用户在登录系统后，可以在本商城浏览商品、搜索商品，以及查看商品的价格、生产厂家、生产日期等详细信息，也可以通过注册成为本商城的注册用户（会员）。会员除具有未注册用户的所有功能外，还可以在本商城购买商品。购买行为也称为交易，每一次交易对应一笔订单，本系统后台会对会员的订单进行管理。

在线商城系统分为前台和后台两个子系统。其中，前台主要完成用户的注册、登录、商品信息的展示、订单信息的展示及购物车信息的展示等相关功能。在前台中，所有用户可以通过品牌来浏览商品和搜索商品；会员还可以发表评论。在后台中，系统管理员登录该系统，完成对商城的管理，包括商品管理、购物车管理和订单管理，此外还有品牌管理和评价管理等。

通过需求分析，前台主要实现以下功能：

(1) 登录：用户在登录页面输入用户名和密码，单击“登录”按钮，系统对输入的用户名和密码进行校验。若用户名和密码正确，则跳转到购物商城首页；若用户名或密码不正确，则返回登录页面。

(2) 个人中心：会员在系统首页单击“个人中心”按钮，进入个人中心页面。在该页面，会员可以对个人信息进行维护。

(3) 查看商品信息：用户登录系统后，可以在商品页面中单击某个商品，进入该商品详情页面进行查看，例如查看该商品的价格、生产厂家、生产日期等详细信息。用户还可以通过品牌来浏览商品和搜索商品。

(4) 加入购物车：会员单击某个商品页面的“加入购物车”按钮，系统则将该商品加入购物车；再单击“继续购物”按钮，则页面跳转到商城首页，用户可以浏览商品继续购物。

(5) 购物车管理：会员可以查看自己的购物车，包括查看购物车中的商品、删除购物车中的商品、修改购物车中的商品数量等。

（6）订单管理：会员可以查看自己的订单列表，也可以删除订单等。

（7）评价管理：会员购买商品后可以发表评论等。

后台主要实现以下功能：

（1）系统管理员登录：系统对系统管理员输入的用户名和密码进行检验，当系统管理员登录成功后，进入系统后台首页。

（2）商品管理：系统管理员对商品进行管理，包括查看商品列表、商品列表筛选、商品上架、商品下架、修改商品分类、修改商品价格、删除商品等

（3）商品分类管理：系统管理员对商品进行分类管理，包括添加分类、删除分类、查看分类列表等。

（4）购物车管理：系统管理员对购物车进行管理，包括查看购物车、删除购物车中的商品、修改购物车中的商品数量等。

（5）订单管理：系统管理员对订单进行管理，包括查看订单列表、订单列表分类筛选、关闭订单、删除订单、订单状态管理等。

（6）品牌管理：系统管理员对商品按品牌进行管理，包括添加品牌、删除品牌、查看品牌等。

（7）评价管理：系统管理员对会员购买商品后对商品的评价进行管理，包括审核评价、删除评价、查看评价等。

为了便于管理，将每个主要的功能确定为一个子系统。根据功能需求，该系统分为以下几个子系统：

（1）登录子系统：包括用户注册、用户登录、查看个人信息、修改个人信息、注销个人信息等。

（2）商品管理子系统：包括查看商品列表、商品列表筛选、商品上架、商品下架、修改商品分类、修改商品价格、删除商品等。

（3）商品分类管理子系统：包括添加分类、删除分类、查看分类列表等。

（4）购物车子系统：包括加入购物车、查看购物车、删除购物车中的商品、修改购物车中的商品数量等。

（5）订单子系统：包括查看订单列表、订单列表分类筛选、关闭订单、删除订单、订单状态管理等。

（6）品牌管理子系统：包括添加品牌、删除品牌、查看品牌等。

（7）评价管理子系统：包括发表评价、审核评价、删除评价、查看评价等。

2. 确定本系统有哪些参与者

要识别在线商城系统的参与者，可通过回答以下问题来帮助确定在本系统中有哪些参与者。

（1）谁将会使用这个系统的功能？答案：游客、会员、系统管理员。

（2）使用这个系统的人在使用时扮演了怎样的角色？答案：游客和会员使用系统购买商品，系统管理员对商品等进行维护与管理。

（3）系统的维护、管理等工作是谁来负责的？答案：系统维护人员。

（4）系统有没有跟外部的硬件资源有交互？答案：没有。

（5）系统有没有跟外部的系统有交互？答案：品牌管理系统。

（6）谁对系统产生的结果有兴趣？答案：游客、会员、系统管理员。

（7）在这个系统中，时间是否会触发它的某些事件？答案：否。

因为系统管理员要完成品牌的管理，就需要与相应品牌建立联系，所以在本系统中添加了品牌管理系统这个参与者。

通过回答上述问题确定了该系统的参与者有游客、会员、系统管理员、系统维护人员、品牌管理系统。当然，为了能够正确、全面地找到该系统的参与者，还需要对上述问题进行多次审核，以及通过后面的用例再返回来帮助确定参与者。

3. 确定本系统有哪些用例

结合前面确定的参与者寻来找本系统的用例，通过回答下列问题来帮助确定在本系统中有哪些用例。以“系统管理员”为例进行分析说明。

（1）系统管理员需要系统提供哪些功能？答案：系统管理员登录、查看及修改个人信息、查看商品列表、查看购物车、查看订单列表、查看品牌、查看评价等。

（2）系统管理员的主要任务是什么？答案如下：

①对商品的管理，包括商品列表筛选、商品上架、商品下架、修改商品分类、修改商品价格、删除商品等。

②对商品分类的管理：包括添加分类、删除分类、查看分类列表等。

③对购物车子系统的管理：包括加入购物车、删除购物车中的商品、修改购物车中的商品数量等。

④对订单子系统的管理：包括订单列表分类筛选、关闭订单、删除订单、订单状态管理等。

⑤对品牌管理子系统的管理：包括添加品牌、删除品牌等。

⑥对评价管理子系统的管理：包括发表评价、审核评价、删除评价等。

（3）系统管理员需要读取、创建、删除及修改与存储系统相关的信息吗？答案：商品的价格、购物车中的商品数量、订单的状态等都会影响到存储系统，所以系统管理员需要对相关信息进行管理。

（4）系统是否需要外部设备的输入、输出？答案：不需要。

（5）系统是否需要外部系统的输入、输出？答案：品牌管理系统。

通过前面的需求分析及确定用例的方法，可以确定本系统的用例，具体如下：

（1）游客关联的用例：用户注册、浏览商品等。

（2）会员关联的用例：登录系统、浏览商品、查看购物车、查看订单、评价商品等。

（3）系统管理员关联的用例：商品管理、商品分类管理、购物车管理、订单管理、品牌管理、评价管理。

（4）系统维护人员关联的用例：登录系统、系统维护。

（5）品牌管理系统关联的用例：品牌管理。

4. 确定系统的边界

系统边界就是系统与系统之间的界限。一个系统是由一系列相互作用的元素组成的有机整体，这些元素通过相互作用可以完成这个系统所要求的功能。不属于这个系统的元素就被认为是这个系统外的元素。例如，参与者位于边界之外、参与者与系统进行交互、系统给参与者提供了功能。

在用例图建模时，需要确定系统的边界，将属于这个系统的元素（这些元素的相互作用构成了系统完成的功能）放到边界内，参与者放到边界外。

在用例图建模时，系统的边界使用实线方框图来表示，同时附上系统的名称作为标签。

在在线商城系统中，已经识别出的参与者位于边界外，用例位于边界内，参与者与用例之间建立关联关系，如图 2-19 所示。

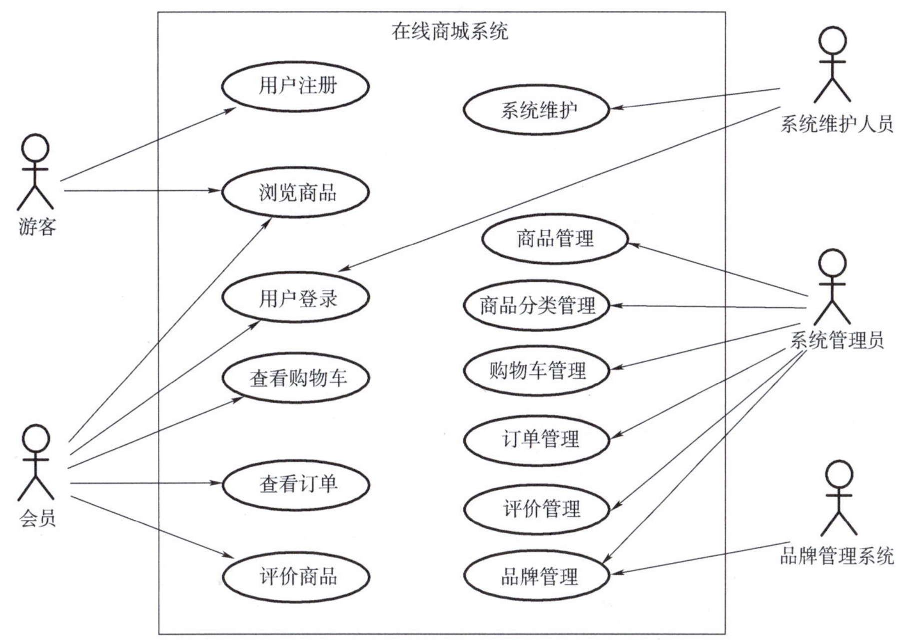

图 2-19　在线商城系统的边界语境图

在建模用例图的边界语境图时，只需要描述出参与者与用例之间的关系即可，不需要反映用例与用例之间的关系。

5. 细化用例图中的参与者和用例

通过对确定的用例进行细化，可以提取出多个用例中具有公共行为特征的那部分功能，来建立用例之间的泛化关系或包含关系；或者提取出用例中偶尔执行到的那部分功能，来建立用例之间的扩展关系。

（1）参与者之间使用泛化关系。

对于在线商城系统中的参与者，会员既有游客有的权限，也有游客没有的权限。那么就可以在这两者之间建立泛化关系，如图 2-20 所示。

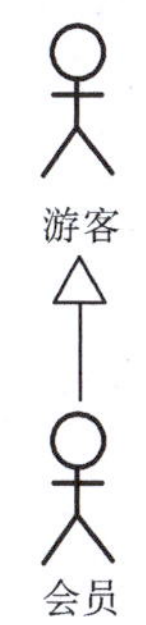

图 2-20　游客与会员之间的泛化关系

会员继承了游客的行为和含义，那么与游客建立关系的那些用例，会员也都继承了下来。因此，在整个用例模型中，就可以省去会员与这些用例之间的关系了。

同理，提取游客、系统管理员及系统维护人员的一般特征和行为，并把这些一般特征和行为抽象成用户父类，他们分别作为用户父类的子类，继承用户父类的一般特征和行为。参与者之间的泛化关系如图 2-21 所示。

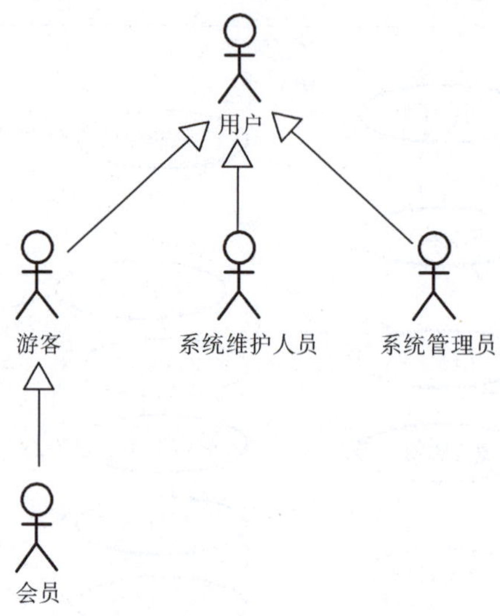

图 2-21　参与者之间的泛化关系

（2）与系统管理员相关的用例。

在上面的分析中，与系统管理员相关的用例有商品管理、商品分类管理、购物车管理、订单管理、品牌管理、评价管理等。

在对商品管理时，主要完成商品列表筛选、商品上架、商品下架、修改商品分类、修改商品价格、删除商品等操作，这几个操作可以作为“商品管理”用例的行为，从“商品管理”用例中分离出来，让这几个操作各自形成一个用例。但“商品列表筛选”“商品上架”“商品下架”“修改商品分类”“修改商品价格”“删除商品”这 6 个用例是否要分离出来，还要考虑其他参与者或用例是否需要使用这几个操作用例。从软件更新维护和软件重用的角度来看，对于系统管理员来说，系统管理员应该有权限对商品进行列表筛选、上架、下架、修改分类、修改价格及删除操作。因此，在线商城系统的设计方案中采用分离的这几个操作用例。这几个操作用例与“商品管理”用例的关系是扩展关系，“商品管理”用例是基用例，这几个操作用例是扩展用例。

又如，在对品牌管理时，主要完成添加品牌、删除品牌、查看品牌等操作，同理，可以把“品牌管理”分离成“添加品牌”“删除品牌”“查看品牌”操作用例，这几个操作用例与“品牌管理”用例也是扩展关系。“品牌管理”用例是基用例，这几个操作用例是扩展用例。但是“添加品牌”“查看品牌”这两个操作用例信息来源会与外部的“品牌管理系统”参与者保持关联关系。

与系统管理员相关的其他几个用例的分析与上面的分析类似，此处不再赘述。

（3）与会员相关的用例。

在在线商城系统中，与会员相关的用例有“登录系统”“浏览商品”“查看购物车”“查看订单”“评价商品”等。会员在执行“浏览商品”用例时，主要完成对商品的查询、查看商品详情、查看商品的评价等操作。与前面分析一样，从软件可扩展性和操作便利性的角度来看，“浏览商品”这个用例也可以分离出“查询商品”“查看商品详情”“查看商品的评价”这3个扩展用例。

与会员相关的其他用例的分析与上面的分析类似，此处也不再赘述。

（4）其他因素的用例。

在在线商城系统中，其实就是“人”参与者在使用本系统。为了使模型更清晰，抽象出了“用户”这个父参与者，所有“人”类型的参与者通过“用户”父参与者使用“登录系统”用例登录系统，从而与系统进行交互。

6. 绘制用例图

通过上述的分析，将参与者和用例都加入用例图中，并建立参与者与用例之间的关系，由此可获得图2-22所示的在线商场系统的部分用例图，以及图2-23所示的用例图中参与者的关系。

可以看出，图2-19和图2-22各自所描述的用例图维持了上下层次用例图模型之间的一致性。

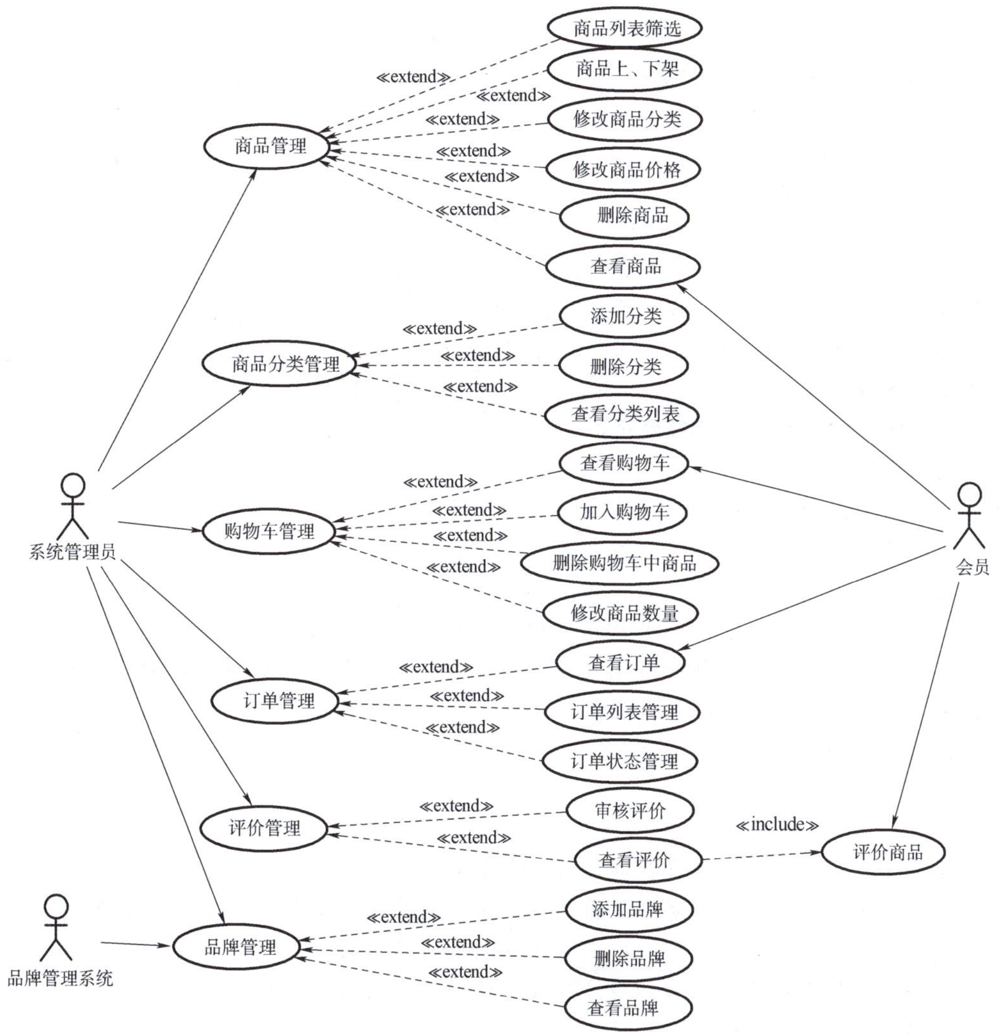

图2-22　在线商场系统的部分用例图

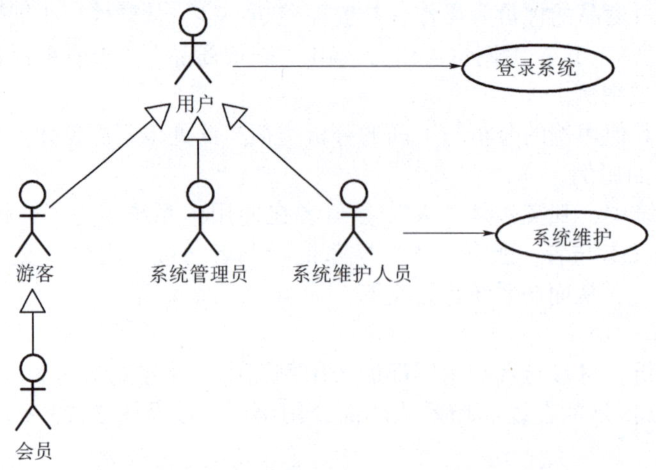

图 2-23　在线商场系统用例图中参与者之间的关系

7. 撰写用例描述文档

给出在线商场系统中的一些重要用例的用例描述。

(1)“浏览商品”用例的用例描述。

用例名称：浏览商品

标识符：UC003

参与者：游客、会员

用例描述：当用户进入该系统首页后，便进入浏览商品页面。

触发器：当用户进入该系统首页后，便触发该用例。

前置条件：开始这个用例前，用户需进入该系统。

后置条件：该用例被触发后，用户就可以浏览该系统的所有商品。

基本事件流：

①用户进入该系统，开始触发用例。

②显示该系统首页。

③用户滚动鼠标中键即可浏览该系统中的所有商品。

④用户执行其他操作时，用例结束。

扩展事件流：

A4：扩展点①，若用户执行查询商品操作，则触发“查询商品”用例。

A4：扩展点②，若用户执行查看商品详情操作，则触发“查看商品详情”用例。

(2)“查询商品”用例的用例描述。

用例名称：查询商品

标识符：UC004

参与者：游客、会员

用例描述：该用例允许用户在浏览商品页面中查询商品。

触发器：当用户进入浏览商品页面后，单击“查询商品”按钮，便触发该用例。

前置条件：开始这个用例前，用户需进入浏览商品页面。

后置条件：该用例被触发后，用户就可以查询到满足条件的所有商品。

基本事件流：

①用户单击“查询商品”按钮，开始触发该用例。

②系统将会在数据库中查询满足条件的商品。

③系统将查询到的商品显示到当前页面，用例结束。

扩展事件流：A3：若没有查询到满足条件的商品，则弹出“没有该商品”的提示。

数据要求：D1：要求输入的查询信息不能是空信息。

(3)“加入购物车”用例的用例描述。

用例名称：加入购物车

标识符：UC006

参与者：会员

用例描述：该用例允许会员将选中的商品放入购物车。

触发器：当选中商品后，单击“加入购物车”按钮，便触发该用例。

前置条件：开始这个用例前，用户选中将要购买的商品。

后置条件：该用例被触发后，用户就将选中的商品加入购物车。

基本事件流：

①用户单击“加入购物车”按钮，开始触发该用例。

②系统将会把选中的商品加入购物车，用例结束。

扩展事件流：A1：若没有选中商品，则单击“加入购物车”按钮，将会弹出“请您选择商品”的提示。

(4)“查看购物车”用例的用例描述。

用例名称：查看购物车

标识符：UC007

参与者：会员

用例描述：该用例允许会员查看购物车。

触发器：当用户单击“查看购物车”按钮，便触发该用例。

前置条件：开始这个用例前，用户进入购物车。

后置条件：该用例被触发后，用户就可以在购物车中查看放入购物车的商品及商品的各种信息。

基本事件流：

①用户单击“查看购物车”按钮，开始触发该用例。

②系统将会把购物车中的商品及商品的各种信息显示出来，用例结束。

扩展事件流：A1：若购物车中没有商品，则会显示一个空的购物车。

2.5 使用建模工具绘制用例图

本节将主要介绍如何使用StarUML绘制用例图。

2.5.1 创建用例图

启动StarUML后，在导航栏的编辑器（EDITORS）区域设置项目名称及其他项目信息。设置本项目的名称为“在线商城系统”，则把导航栏默认题目Untitled修改为“在线商城系统”，如图 2-24所示。

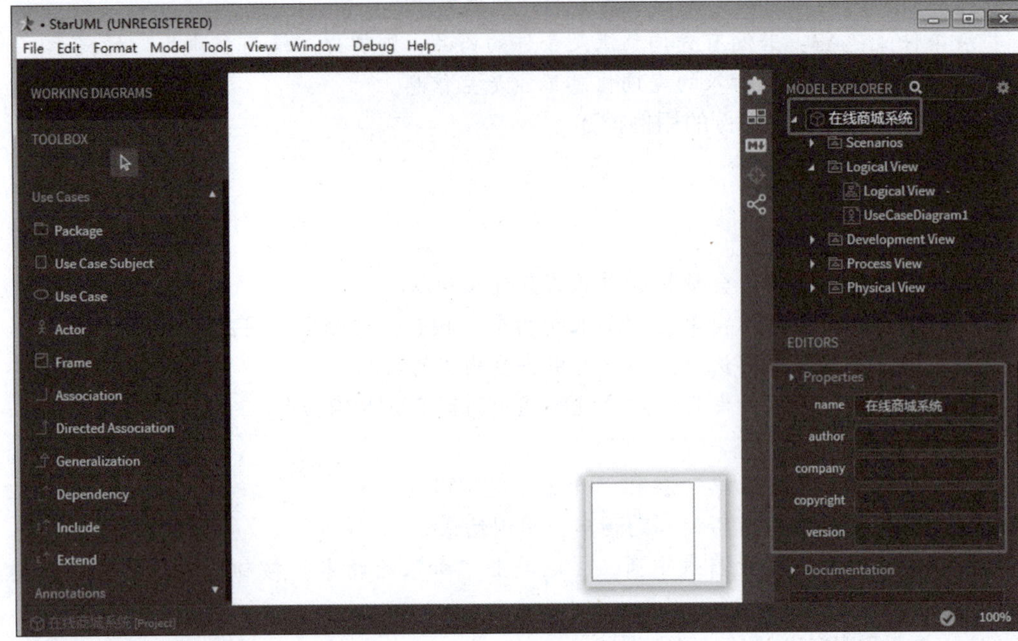

图 2-24 创建“在线商城系统”项目

在模型资源管理器中右击 Scenarios View 文件夹，在出现的快捷菜单中执行 Add Diagram→Use Case Diagram 命令，就会新建一个用例图，如图 2-25 所示，并在导航栏的编辑器（EDITORS）区域设置该用例图的名称为“在线商城系统用例图”。

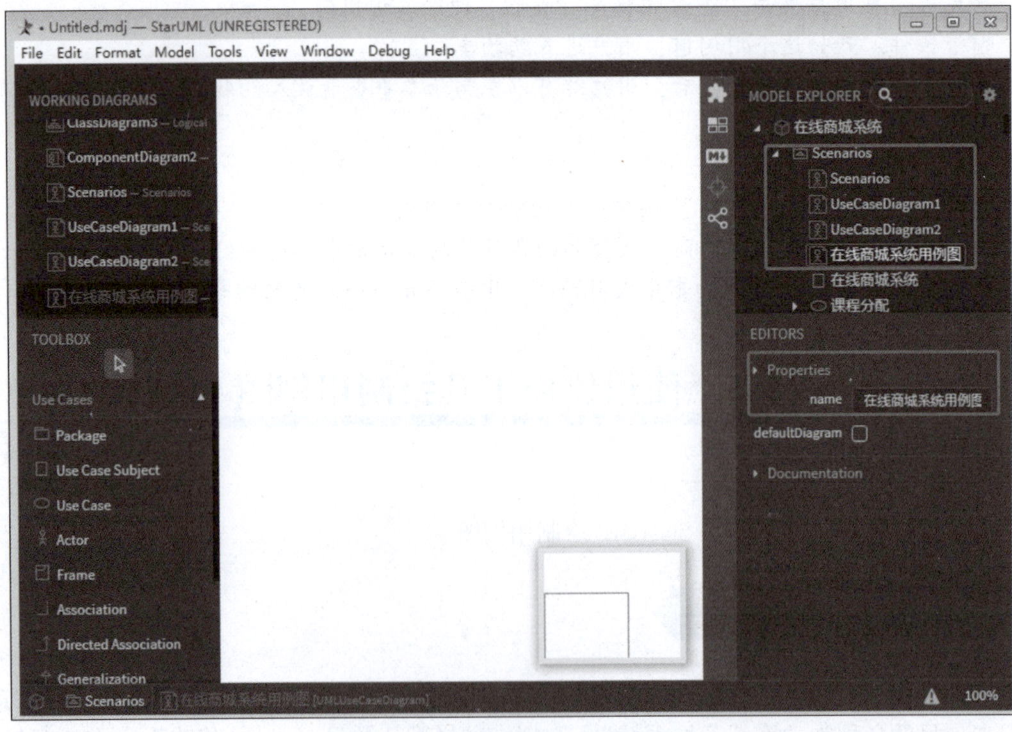

图 2-25 新建在线商城系统用例图

2.5.2　绘制用例图的元素

在 StarUML 侧边栏的工具箱（TOOLBOX）中列出了用例图中默认的所有元素和关系，如图 2-26 所示。

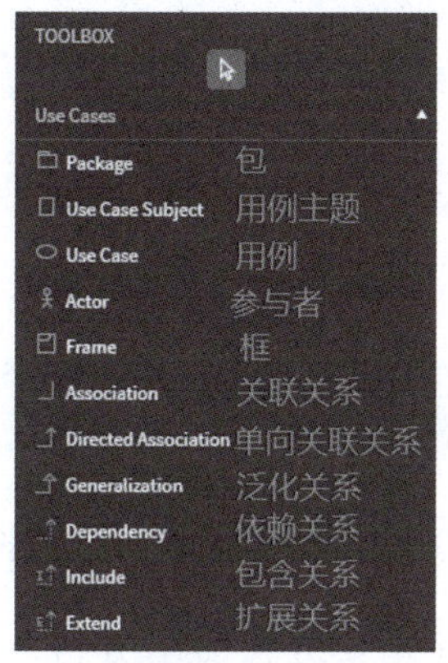

图 2-26　用例图元素、关系一览

2.5.3　在绘图区绘制用例图

从侧边栏的工具箱（TOOLBOX）中选中需要的模型元素，然后在绘图区中单击就可以在空白区域添加这个元素。如果是关系，则需要在工具箱中选中需要的关系，在绘图区中把这个关系连接到要连接的元素上就可以了，如图 2-27 所示。

双击绘图区中的元素，在该元素旁将会显示一些快捷图标，如图 2-28 所示，包括是否是可视的、添加约束、添加注释、增加次参与者、增加包含用例、增加扩展用例。

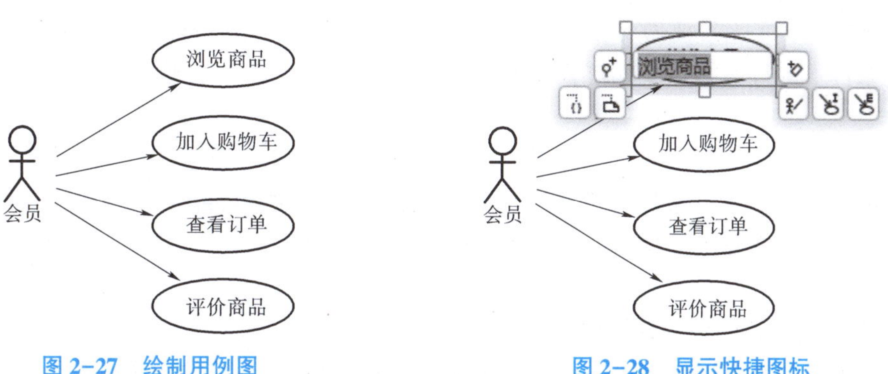

图 2-27　绘制用例图　　图 2-28　显示快捷图标

对于绘图区中的元素，我们可以通过双击该元素直接给该元素命名，也可以在导航栏的编辑器（EDITORS）区域中进行设置。

设置绘图区中元素的属性（Properties），设置的内容包括姓名（name）、扩展型（stereotype)、可见性(visibility)、抽象类型(isAbstract)、是最终专业化的(isFinalSpecialization)、可重定义(isLeaf)等，如图 2-29 所示。

图 2-29　设置元素属性

拓展阅读

需求分析阶段的任务、原则和步骤

在开发一个大型软件之前，首先要进行需求分析。需求分析阶段的任务包括以下几方面：

1. 确定系统运行的环境

系统运行的硬件环境包括对计算机 CPU、内存、输入/输出方式、通信接口及外围设备(简称外设)等的要求；软件环境包括操作系统、数据库系统及使用的语言等。

2. 理解用户的需求

要想开发出一个令用户满意的产品，必须要能明确理解用户的需求。通过各种调研方法(如问卷调查、访谈等)与用户进行真实的沟通，获取他们的真实想法和期望。用户的需求也是软件需求中常常变化的部分，无论是系统的决策者，还是需求分析人员、设计和开发人员，都必须接受用户需求是变化的事实。

3. 识别功能需求

功能需求定义了系统要做什么，即系统应该提供的服务、如何对输入作出反应，以及系统在特定条件下的行为描述。功能需求是对用户需求经过提炼、整理后形成的精确的软件需求。

4. 识别非功能需求

非功能需求是指从不同角度描述产品的性能，如安全性、可靠性、易用性、可移植性等，这些对用户、开发人员及维护人员都是非常重要的。

需求分析阶段的原则包括以下几个方面：

1. 侧重表达理解问题的数据域和功能域

系统要处理的数据域包括数据流、数据内容和数据结构。系统的功能域主要反映这些数据之间的关系及对它们的处理。

2. 对需求进行分解细化，建立问题层次结构

按照将复杂问题简便化的原则，将复杂问题按照具体功能、性能等进行逐层细化，逐一分解。

3. 建立分析模型

建立数据模型、功能模型、行为模型等。

需求分析阶段的步骤如下：

1. 获取需求

通过问卷调查、访谈等方式收集用户的需求，了解用户的组织结构活动情况、业务活动情况，确定系统的边界等。然后对获取到的需求进行归纳，形成软件需求，包括功能需求、性能需求、系统运行环境需求、用户界面需求、软件开发进度需求等。

2. 分析建模

根据前阶段获取到的需求，构造从不同角度描述该需求的模型，从而更好地理解这个软件系统。在这个阶段，常用的模型包括数据流图、实体-关系图、状态转换图、控制流图、用例图、类图、对象图等。

3. 描述需求

描述需求就是撰写需求分析阶段的文档。这个阶段通常会产生 3 类文档：系统定义文档（用户需求报告）、系统需求文档（系统需求规格说明书）、软件需求文档（软件需求规格说明书）。

用户需求报告一般是关于软件的一系列想法的集中体现，包括软件的功能、操作方式、界面风格等。系统需求规格说明书供开发人员或技术人员阅读使用，它比用户需求报告更专业，也是开发人员设计系统的主要依据。软件需求规格说明书是站在开发人员的角度，对开发的系统建立各种模型的详细描述，包括功能模型、业务模型、数据模型、行为模型等。

4. 对需求进行评审

对以上的需求分析进行评审，就是对需求的正确性进行严格的验证，确保需求的一致性、完整性、现实性。

知识小结

本章主要介绍了 UML 中用例图的概念、用例图的设计方法及注意事项等。本章首先介绍了用例图的核心元素，即参与者、用例，以及泛化关系、包含关系和扩展关系，然后介绍了用例图建模的步骤和在建模时确定参与者、用例的方法，其中用到的这些经验还需要读者认真体会。最后以在线商城系统为例，展示创建用例图的整个过程。

用例图是显示一组用例、参与者及它们之间关系的图。

参与者是与系统发生交互的外部实体，可以是人、外部设备、外部系统或时间等。参与者之间存在泛化关系，参与者与用例之间存在关联关系。

用例是参与者与系统交互并产生具有一定价值的可观测的结果，是用来描述系统的一个功能。用例之间存在泛化、包含和扩展关系。

建立用例图还需要撰写用例描述文档。用例描述是用例的主要部分，其格式没有统一的标准，但主要内容有规范要求。

习　题

一、填空题

1. 用例图中的主要元素有________、________、________。
2. 用例图中的参与者类型可以是________、________、________和________。
3. 参与者的英文名称是________，也被称为________。
4. 用例的英文名称是________，也被称为________和________。
5. 用例图中用例之间的关系有________、________、________。
6. 在 4+1 视图中，用例图属于________下的图形。
7. 在表示包含关系的带箭头的虚线中，箭头指向________。
8. 在表示扩展关系的带箭头的虚线中，箭头指向________。
9. 用例描述中的事件流分为________和________。
10. ________就是系统与系统之间的界限。

二、单选题

1. 下面关于用例模型的描述，错误的是（　　）。

A. 参与者使用小人图形表示　　B. 用例使用椭圆形表示

C. 用例描述的是系统实现的一个功能单元

D. 用例关系若是箭头从用例指向参与者，则表示参与者执行该用例

2. 在 ATM 的工作模型中，不属于参与者的是（　　）。

A. ATM　　B. 用户

C. 取款　　D. ATM 管理人员

3. 在一个购物网站中，不能作为该网站的用例的是（　　）。

A. 登录系统　　B. 邮寄商品　　C. 购买商品　　D. 结账

4. 下面不属于用例之间关系的是（　　）。

A. 包含关系　　B. 泛化关系　　C. 依赖关系　　D. 扩展关系

5. 参与者与参与者之间主要的关系是（　　）。

A. 泛化关系　　B. 依赖关系　　C. 包含关系　　D. 扩展关系

6. 在用例图中有图 2-30 所示的关系，下面说法正确的是（　　）。

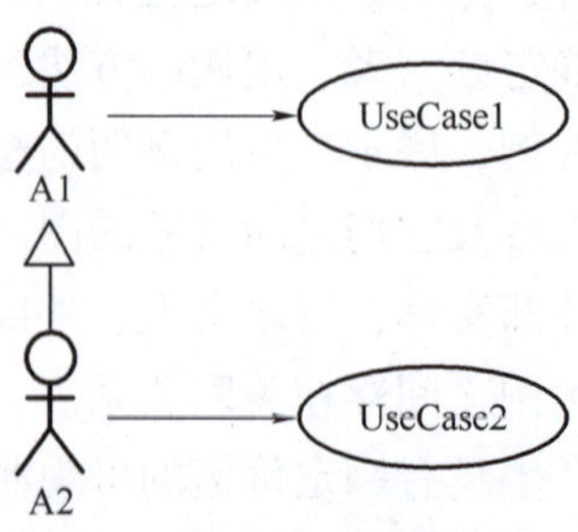

图 2-30　参与者之间的关系

A. A1 可以使用 UseCase2　　B. A2 可以使用 UseCase1

C. A1 可以使用 UseCase1 和 UseCase2　　D. A2 可以使用 UseCase1 和 UseCase2

7. 扩展关系是在（　　）的基础上通过添加构造型实现的。

A. 关联关系　　B. 依赖关系　　C. 泛化关系　　D. 实现关系

8. 参与者与用例交互的方式中，不合理的是（　　）。

A. 参与者可以接收系统的消息　　B. 参与者可以向系统发送消息

C. 参与者可以作为系统的一部分　　D. 时间也可以作为参与者与用例交互

9. 关于用例和用例图的说法，不正确的是（　　）。

A. 用例不适合描述用户的功能需求

B. 用例是用户站在系统之外看到的系统功能

C. 用例会与参与者交互

D. 用例图就是描述参与者与用例之间关系的模型

10. 用例描述的目的是（　　）。

A. 为测试用例提供依据　　B. 描述用例的工作流过程

C. 为不了解用例图的人提供规范　　D. 为参与者提供用例的交互过程

三、简答题

1. 用例之间的关系有泛化关系、包含关系和扩展关系，请比较这 3 种关系。

2. 一般在什么情况下建立泛化关系？

3. 建立系统边界的意义是什么？

4. 用例粒度是什么？使用用例粒度的意义是什么？

四、分析题

1. 就你熟悉的能够运行的软件系统，根据系统运行界面的操作过程，逆向推断该系统的用例模型，包括参与者、用例和它们之间的关系。

2. 某大学教务管理系统的部分参与者与用例总结如表 2-1 所示。

表 2-1　某大学教务管理系统的部分参与者与用例总结

参与者	用例
教务管理人员	（1）登录系统； （2）教师、学生名单管理； （3）教学计划管理； （4）成绩管理，并通知代课教师； （5）课程分配，课程分配结束可以选择打印任课通知书
学生	（1）登录系统； （2）选课
教师	待补全……

请根据以上信息，完成以下要求。

（1）回答该系统中教师的用例有哪些？

（2）绘制该系统的用例图。

第 3 章　类图和对象图

本章导读

类图用于软件静态结构建模，是 4+1 视图中逻辑视图的主要组成部分。通过类图可以描述软件中有哪些类、类之间有什么关系。对象图是类图的实例，帮助读者更好地理解类图。本章将首先介绍类图的概念、类图中的元素、元素之间的关系；然后介绍对象图的概念、对象图中的元素和关系、对象图和类图的关系；最后以在线商城系统为例介绍如何进行类图和对象图的建模。

本章学习目标

能力目标	知识要点	权重
掌握类图的基本概念	什么是类图；类图和软件建模的关系；类、属性、操作的表示方法	15%
掌握类图中各种关系的区别和分析方法	依赖、关联、泛化、实现；熟悉聚合和组合的区别	20%
了解类图的补充知识	主动类和被动类；信号和接收器；分析类；数据类型、枚举类型、基础类型的概念	15%
掌握类图建模过程和方法	类的识别；类的表示；关系的识别；关系的表示	30%
掌握对象图的基本概念	什么是对象图；对象图中的元素和关系；对象图和类图的关系	20%

类图主要用在面向对象软件开发的分析和设计阶段，描述系统的静态结构，是最常用的UML 图。类图用于描述系统中所包含的类及它们之间的关系，帮助人们简化对系统的理解。类图是系统分析和设计阶段的重要产物，是系统编码和测试的重要模型依据，是构建其他设计模型的基础，也是面向对象编程的起点和依据。

3.1 类图的基本概念

类是具有相似结构、行为和关系的一组对象的描述符，它的目的是指定对象的分类，并指定描述这些对象结构和行为的特性。类是面向对象系统中最重要的构造块，类设计是面向对象分析与设计的核心工作。类图（Class Diagram）则是用于类设计的建模工具。

类图是逻辑视图的成员之一，它是一种静态结构图，不建模暂时性的信息，而是建模系统没有运行时的静态结构，特别是模型中存在的类、类的内部结构，以及它们与其他类的关系等。类图分为两类：领域模型类图和实现类图。二者的区别如表 3-1 所示。

表 3-1 领域模型类图和实现类图的区别

区别	领域模型类图	实现类图
绘图时机	系统分析阶段	系统设计阶段
绘图人	系统分析师	系统设计师
看图人	系统设计师	编码人员
和编码的关系	没有直接关系	有对应关系

1. 领域模型类图

领域模型类图（Domain Model Class Diagram）产生于系统分析阶段，由系统分析师绘制，主要作用是描述业务实体的静态结构，即系统的静态领域结构，包括业务实体、各个业务实体所具有的业务属性及业务操作、业务实体之间具有的关系。虽然这个类图也称为“类图”，但是它和最后实现阶段的“类”并没有严格的对应关系。领域模型类图中的一个类到了编码阶段可能对应模型层、控制层、界面层的多个类，也可能并没有直接对应的类。也就是说，这套类图和具体技术无关，也不是给程序员看的，它只是表达业务领域中的一个静态结构，类的属性与操作也仅关注与业务相关的部分。

2. 实现类图

实现类图（Diagram of Implementation Classes）产生于系统设计阶段，由系统设计师绘制，以领域模型类图为基础，目的是描述系统的架构结构、指导程序员编码。它包括系统中所有有必要指明的实体类、控制类、界面类及与具体平台有关的所有技术性信息。类属性与操作包括最终需要实现的全部方法与操作。

3.2 类图中的元素

3.2.1 类

UML 用实线矩形框表示类，如图 3-1 所示。该图以 Java 编程语言中的 Date 类为例，Date 类的源码可以通过下面的链接里查看：

https://github.com/openjdk/jdk/blob/master/src/java.base/share/classes/java/util/Date.java

图 3-1（b）是简单类的表示，这种表示只显示类名，不显示类内结构。此外，还可以对实线矩形框添加横向分栏，表示类内结构。图 3-1（a）（图中的 Date 类仅保留了部分方法）不仅显示类名，而且显示类内结构（即类成员），第 2 栏表示类的属性（Attribute），第 3 栏表示类的方法（Operation）。这两种是最常用的类的表示方法。类名一般采用首字母大写的驼峰命名。类名是一个文本串，作为区别于其他类的名称。类名有两种表示方法：一种是简单名，如 Date；另一种是包含完整路径的类名，如 java::util::Date。

一般来讲，在类图中使用简单名即可，如果简单名无法区分类，则可以使用包含完整路径的类名。但是，一般建议使用全局唯一的简单类名。

类的命名规范：一般以大写字母开头，大小写混合，每个单词首字母大写，避免使用特殊符号。

图 3-1（c）中的类名为斜体，表示该类为抽象类。

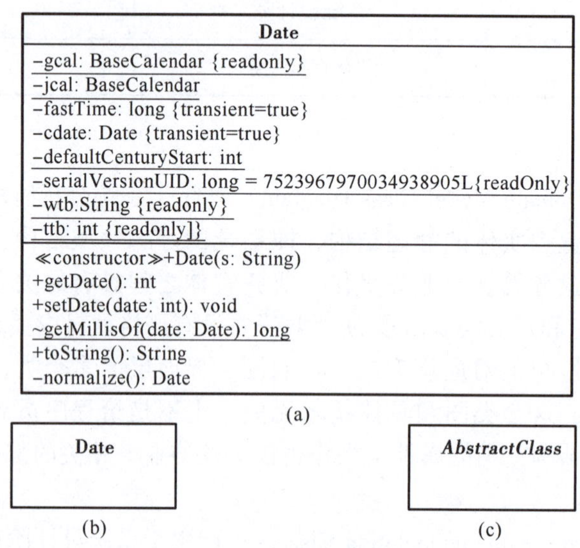

图 3-1 UML 中类的表示

（a）类的详细表示；（b）简单类；（c）抽象类

3.2.2 属性和方法

类内结构就是显示类成员列表，类成员分为数据成员（即属性）和函数成员（即方法）两类，它们的表示方法如表 3-2 所示。其中被“[”和“]”括起来的项目是可选项，没有被括起来的项目是必选项。而被单引号(‘’)引用的方括号，表示方括号本身作为符号要出现在最终的文本串中，其他还有被单引号引用的小括号等，都有相同的含义，均表示符号本身要包含在最终的文本串中。下面将对每个项目进行一一说明。

表 3-2 类成员的表示方法

成员类别	表示方法
属性	[<可见性>] [‘/’] <属性名> [‘:’ <类型>] [‘[’<多重性> ‘]’] [‘=’ <默认值>] [‘{’<特性 > [‘,’ <特性>] * ‘}’]
方法	[<可见性>] <操作名> ‘(’[<参数表>] ‘)’ [‘:’ [<返回值类型>] [‘[’ <多重性> ‘]’] [‘{’ <特性> [‘,’ <特性>] * ‘}’]]

1. 可见性

可见性也称访问限定级别，指的是该类成员中谁可以访问它、使用它。可见性包括 4 种，详见表 3-3，其中“类内”指的是类作用域内，因为属性只是数据成员，不存在代码访问，所以类内的访问，指的就是类内的方法对其的访问。

表 3-3 类成员的可见性表示

可见性类别	表示方法	英文	说明
公有的	+	public	类内、类外都可见
私有的	-	private	类内可见
受保护的	#	protected	类内及派生类内可见
包内可见	~	package	类所在的包内可见

如图 3-2 所示，Package 表示一个包，包内有 3 个类即 ClassA、ClassB、ClassC，其中 ClassA 有 4 个不同可见性的属性和一个公有的方法。ClassB 是 ClassA 的派生类。ClassC 与 ClassA 同属于一个包。ClassD 与 ClassA 没有直接关系。那么，以 ClassA 的不同可见性的属性为例，则有：

（1）对于 ClassA 的公有类成员 Attribute1，这是可见性最大的级别，图中（可以理解为整个项目的代码）所有位置的代码均可以访问该成员。

（2）对于 ClassA 的私有类成员 Attribute2，这是可见性最小的级别，只有 ClassA 作用域内可以访问该成员，也就是只有 ClassA 的方法 Operation1( ) 的函数作用域内可以访问该成员。

（3）对于 ClassA 的保护成员 Attribute3，指的是在以 ClassA 为根类的类族内的类——

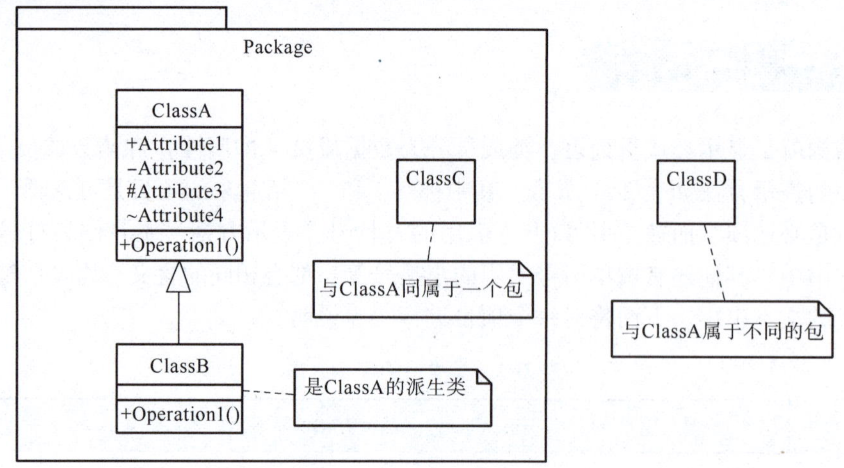

图 3-2　类成员可见性示意

ClassA 和 ClassB 两个类作用域内都可以访问它，即在 ClassA 的方法 Operation1( ) 和 ClassB 的方法 Operation1( ) 的两个函数作用域内可以访问该成员。

(4) 对于 ClassA 的包可见成员 Attribute4，指的是 Attribute4 所在的 ClassA 作用域所在的包 Package 中的所有代码都可以访问该成员。

注意：在具体的编程语言中，可见性可能具有默认值。例如在 C++中，默认可见性是私有的；但是在 UML 中，可见性没有默认值。

2. 属性名和操作名

该项目是唯一的必选项，表示属性的名称和操作的名称，建议以小写字母开头，驼峰命名。

3. 参数表

方法的参数表用小括号括起来，括号内用逗号分隔参数。参数的表示格式同属性的表示格式，都属于值（Value）的表示。

4. 类型、返回值类型

在属性中可以标注属性所属的数据类型，在方法中可以标注参数的数据类型，以及返回值类型。在 UML 中标注类型时需要在类型前加“:”（冒号）。

UML 支持 5 种基础类型（PrimitiveType，也称原语类型），分别是 Integer、String、Real、Boolean、UnlimitedNatural，基础类型是原子结构，没有任何子结构。用户也可以使用双尖括号构造型来对分类器（实线矩形框）进行扩展，以此来自定义数据类型（dataType）、枚举（enumeration）类型、原语类型（primitiveType），如图 3-3 所示。图中 Float 是扩展的原语类型；用户类别是枚举类型；第 1 个日期是数据类型、不显示内部结构；第 2 个日期是数据类型带有内部结构，包括年、月、日 3 个属性。当然，也可以使用普通的、已经定义的类作为数据类型使用。

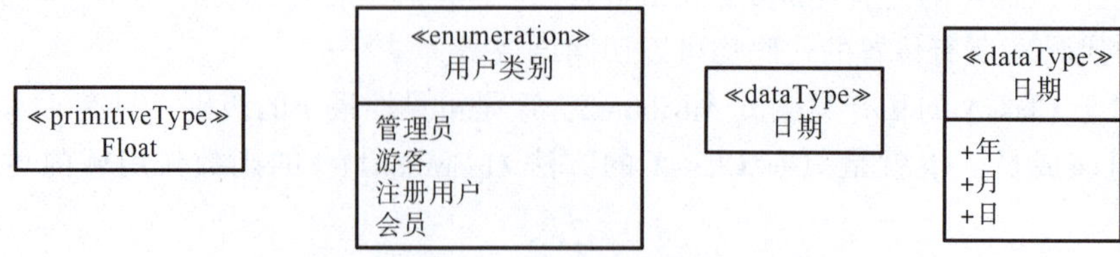

图 3-3　数据类型的表示

5. 多重性

多重性标记在类型后用方括号括起来表示多个该类型的数据，格式如下：

[<下届> '..'] <上届>

其中，下届和“..”是可选项。表 3-4 显示了几个多重性的例子。

表 3-4 类成员的多重性表示

举例	说明
Integer	没有多重性，表示一个整数
Integer[2]	缺省下届，只有上届，表示两个整数
Integer[*]	缺省下届，只有上届，表示 n 个整数，并且具体个数不定
Integer[0..1]	表示可能是 0 个或 1 个整数
Integer[2.. *]	表示可能是 2~n 个整数

6. 默认值

其表示属性或参数的默认值，格式使用等号加默认值的形式（=默认值）。

7. 特性

特性标记位于属性和方法后，用大括号括起来，可以使用的特性详见表 3-5。

表 3-5 特性一览表

特性	属性可用特性	方法可用特性	说明
readOnly	√		标记属性是只读的，属性值不能被修改
union	√		属性是其子集的派生并集
subsets 属性名 A	√		标记属性是属性名 A 的子集
redefines 属性名（方法名）A	√	√	标记属性（方法）重新定义名为属性名（方法名）A 的继承属性（方法）
ordered	√	√	标记属性或方法的返回值是有序的
unordered	√	√	标记属性或方法的返回值是无序的
unique	√	√	标记属性或方法的返回值不存在相同的值
nonunique	√	√	标记属性或方法的返回值可能不存在相同的值
seq 或 sequence	√	√	ordered 且 nonunique
id	√		标记该属性是该类的标识符（Identifier）的一部分
约束	√	√	适用于该属性（方法）的约束
query		√	方法不会修改数据只进行查询

8. 正斜杠“/”

在可见性后可以加“/”，表示该属性是派生的。

9. 下划线

属性和方法可以用下划线修饰，表示该属性或方法是静态的（static）。静态成员是类级别的，也就是它和类的地位相同，而普通成员是对象（实例）级别的。类级别的成员，应先于该类任何对象的存在而存在，所以类的静态成员会被该类所有的对象共享，因此不能在静态方法里面访问非静态元素，但非静态方法可以访问类的静态成员及非静态成员。

10. 举例

以微信联系人列表中的联系人类为例来说明。

-/weixinHao：Integer=0 {id，unique}

它表示私有的整形属性 weixinHao（微信号）的默认值是 0，特性需要注意的是，该属性作为联系人类的标识符，并且每个联系人的 weixinHao 都不同；"/" 表示这个属性是从基类继承的。例如，联系人类是用户类的派生类，它从基类中继承了这个属性。

- pengYouQuanQuanXian：Boolean [4]

它表示私有的属性 pengYouQuanQuanXian（朋友圈权限），其类型是 4 个布尔型的数据，分别对应联系人中的 4 个权限开关设置。

isStar

属性 isStar（是否标记为收藏）只显示了属性名，省略了其他项。

+setBeiZhu（weixinHao：Integer，beiZhu：String）：Boolean

它表示公有的方法名为 setBeiZhu（设置备注），参数表长度为 2，分别是微信号和备注名；返回值为 Boolean 类型。

+getLianxiRenByWeiXinHao（weixinHao）：LianXiRen {query}

它表示公有的方法名为 getLianxiRenByWeiXinHao（根据微信号返回联系人对象），参数表只有一个参数——weixinHao（微信号），这里省略了参数类型，返回值类型是 LianXiRen。该方法是查询方法，不会对数据进行修改。

3.2.3 抽象类和接口

抽象类和接口可以理解为特殊的类。类包括对所属对象的完整描述，这样的类可以被实例化。抽象类对所属对象的描述不完整，例如，有的方法没有被实现，这样的类不能被实例化，所以称为抽象类。图 3-4（d）中的类名 Class1 使用斜体，表示该类为抽象类。Class1 有两个公有的方法，其中 Operation2( ) 为斜体，表示这个方法是抽象的，在 Class1 中这个方法没有给出具体实现方式，缺少函数体。

接口用于声明一组一致的公共特性和义务（方法）。实现接口的类都必须实现该契约，从而提供契约描述的服务。也就是说，接口可以理解为是抽象程度更高的特殊的类（含有更多的、更高比例的抽象方法）。接口中列出了一组方法，其中大部分方法都是抽象的（抽象类中一般只有少量的方法是抽象的）。接口有 3 种表示方法，如图 3-4 所示。其中图 3-4（a）和图 3-4（b）是只显示接口名，不显示具体的内部结构；图 3-4（c）显示了接口名，并且显示了内部结构。图 3-4（b）和图 3-4（c）的表示方法都是使用通用构造型，在类表示的基础上增加了≪interface≫来对分类器（实线矩形框）进行扩展。

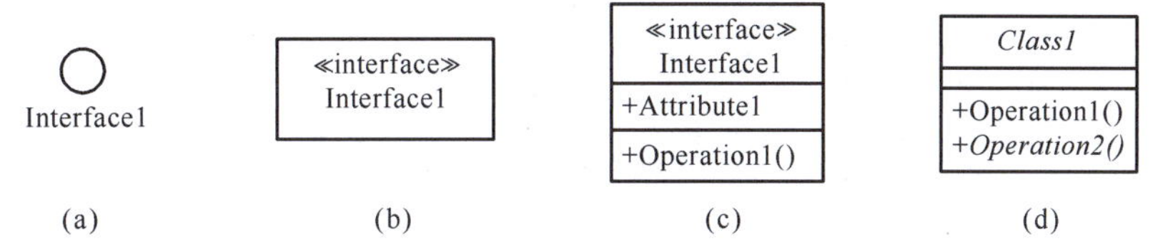

图 3-4 抽象类和接口的表示

（a）接口的 Icon 形式表示；（b）接口的 Label 形式表示；（c）接口的 Decoration 形式表示；（d）抽象类的表示

3.2.4 举例

【例 3.1】 请对图 3-1（a）中 Date 类的属性和方法进行解释说明。

Date 类中共包括 8 个属性、6 个方法。其中，所有的属性都是私有的；6 个方法中 getMillisOf( )是包内可见，normalize( )是私有的。

属性 gcal 和 jcal 是 BaseCalendar 类型，fastTime 和 serialVersionUID 是 long 类型，cdate 是 Date 类型，defaultCenturyStart 和 ttb 是 int 类型，wtb 是 String 类型。属性 gcal、serialVersionUID、wtb 和 ttb 都是只读的属性，fastTime 和 cdate 是临时的属性（这个特性表 3-5 中没有列出，不是 UML 2.5 标准的特性）。

方法 Date( )前标记了扩展型≪constructor≫，表示这个方法是构造函数，它的参数表中列出了一个参数 s，类型是 String。

方法 getDate( )的参数表为空，返回值类型是 int 型。

其他方法略。

属性和方法中有被下划线修饰的，表示这个类成员是静态的。

【例 3.2】 图 3-5 所示的代码来自 Java 官方网站（https://dev.java/learn/），代码中定义了一个名为 Bicycle 的类，该类有 3 个属性（数据成员）、5 个方法（函数成员）。现根据该代码，绘制类图。

绘制的类图如图 3-6 所示。其中，void 不是 UML 的基础类型，所以先使用扩展型定义了数据类型 void。另外，代码中没有明确指定类成员的可见性，但是 Java 的默认可见性是包内可见，所以在类图中使用了可见性符号“~”。

【例 3.3】 某学校拟开发图书管理系统，其主要功能如下：

①图书管理员可以为读者办理、修改、注销借书证，输入读者借书证基本信息等，定制读者的借阅权限。

②通过借书证查询图书信息、借出图书信息，借阅图书。

③通过借书证还书，图书管理员可以通过对借阅信息的管理，对逾期还未还的书，通过查询读者的借书证信息，根据读者联系方式发出催还通知。

④图书管理员录入定制图书的各种信息管理，如书名、作者、出版信息等。

⑤图书管理员修改图书信息，新图书的入库管理和图书的注销等。

以图书管理系统为例识别类：

按照功能操作的数据对功能进行分组，数据就是系统的实体类，那么该系统的类包括图书管理员、借书证、借书记录、图书、书库。各类属性及方法如图 3-7 所示。

```
class Bicycle {
    int cadence = 0;//脚踏板的节奏
    int speed = 0;//速度
    int gear = 1;//挡位
    void changeCadence(int newValue) {
        cadence = newValue;
    }
    void changeGear(int newValue) {
        gear = newValue;
    }
    void speedUp(int increment) {
        speed = speed + increment;
    }
    void applyBrakes(int decrement) {
        speed = speed - decrement;
    }
    void printStates() {
        System.out.println("cadence:" +
            cadence + " speed:" +
            speed + " gear:" + gear);
    }
}
```

图 3-5　例 3.2 的代码

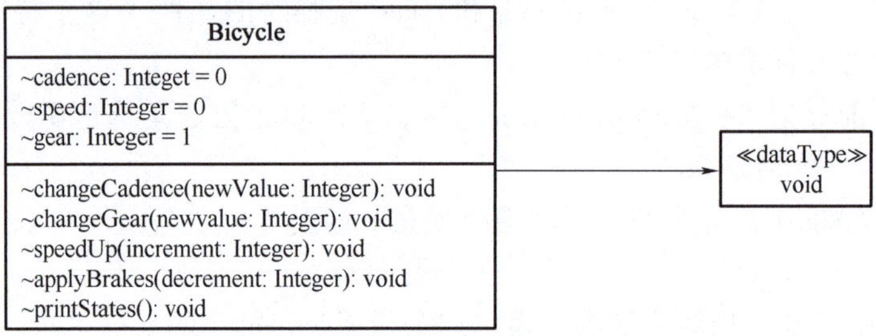

Bicycle

~cadence: Integet = 0
~speed: Integer = 0
~gear: Integer = 1

~changeCadence(newValue: Integer): void
~changeGear(newvalue: Integer): void
~speedUp(increment: Integer): void
~applyBrakes(decrement: Integer): void
~printStates(): void

≪dataType≫
void

图 3-6　例 3.2 的类图

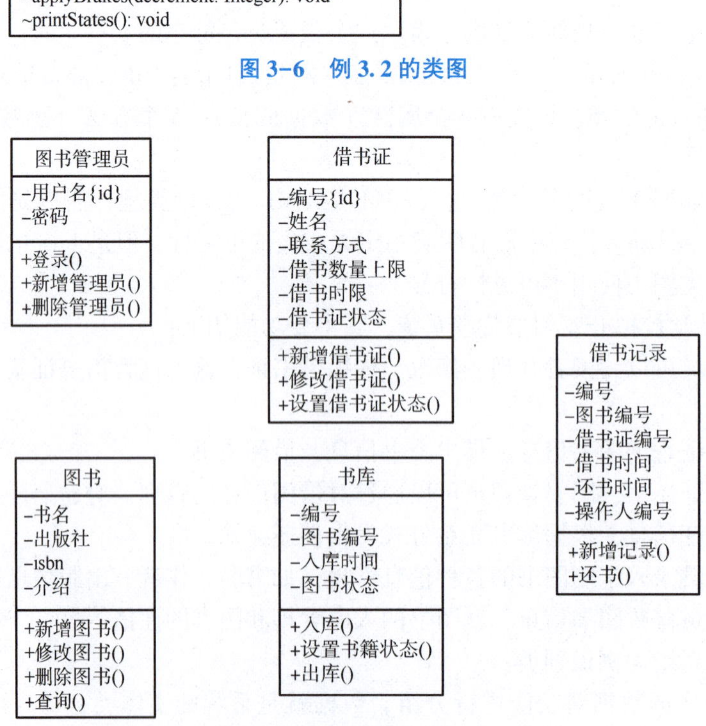

图 3-7　图书管理系统类的识别和设计

3.3 类图中的关系

3.3.1 依赖关系

依赖关系（Dependency）是一种使用关系（use a），即一个类的实现需要另一个类的协助，主要是类的方法之间的使用关系。例如，一个类 X 使用到了另一个类 Y，类 Y 的变化会影响到类 X，所以类 X 依赖类 Y。其中，类 Y 被称为提供者类，类 X 被称为客户类。

对于类图而言，主要有以下需要使用依赖关系的情况：

（1）客户类向提供者类发送消息。

（2）提供者类是客户类操作的参数类型。

从代码的角度看，体现在以下几个方面：

（1）类 X 的函数成员（方法）在函数体内调用了类 Y 的函数成员（方法）。

【代码 3.1】依赖关系代码举例 1：

```
public classX{
    public void operation3(){
    Y y = new Y();              //局部变量
    y. operation();             //调用 Y 的方法
    ....
    }
}
```

（2）类 X 中函数成员（方法）的参数或返回值的类型是 Y 类型的。

【代码 3.2】依赖关系代码举例 2：

```
public classX {
    public void operation1(y: Y){...}
}
```

【代码 3.3】依赖关系代码举例 3：

```
public class X {
    public Yoperation2(){...}
}
```

综上所述，依赖关系体现为两个类的函数成员（方法）之间的代码调用关系。这种关系具有临时性、单向性（双向依赖不存在）的特点。因此，依赖关系是 4 种关系中耦合度最低，模块独立性最好的一种。

需要注意的是，依赖关系在代码中非常普遍，如果全部体现在类图中，类图中的连线会非常多，反而会降低类图的可读性和可理解性。因此，在实际建模时会对依赖关系进行选择。例如，“类 X 的函数成员（方法）在函数体内调用了类 Y 的函数成员（方法）”这种情况，如果在图中不标注依赖关系，则无法知道两个类之间存在调用关系；但是“类 X 中函数成员（方法）的参数或返回值的类型是 Y 类型的”这种情况，如果不在图中标注，通过类内的方法声明也可以知晓，不影响对系统的理解。因此，有时为了突出类图的重点，方便理解，会根据实际情况有所删减。

依赖关系表示为单向的虚线，如图 3-8 所示，ClassX 依赖 ClassY。其中，图 3-8（b）和图 3-8（c）对应前述“类 X 中函数成员（方法）的参数或返回值类型是 Y 类型的”，图 3-8（a）对应“类 X 的函数成员（方法）在函数体内调用了类 Y 的函数成员（方法）”。由图可见，如果省略 ClassX 和 ClassY 之间的连接，则无法直接看出它们之间的依赖关系。

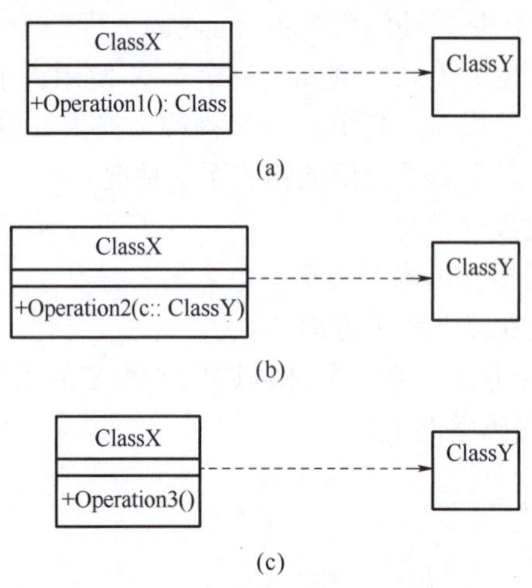

图 3-8　依赖关系的表示

（a）根据代码 3.2 绘制类图；（b）根据代码 3.3 绘制类图；（c）根据代码 3.1 绘制类图

如图 3-9 所示，图中有两个类，教师类和课程类。其中，教师类有名为添加教授课程的方法，该方法的参数表中有一个参数 k，是课程类类型的对象。因此，教师类和课程类之间是依赖关系，表示教师类依赖课程类。

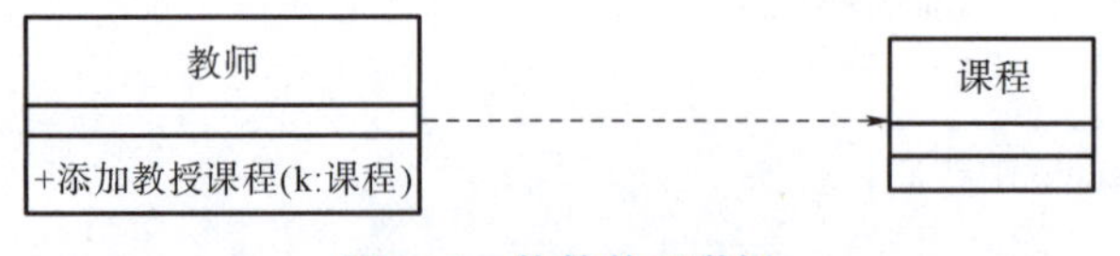

图 3-9　依赖关系举例

3.3.2　关联关系

关联关系（Association）表示类与类之间的联接，是一种结构化关系（has a）。也就是说，关联关系主要体现在两个类的属性之间的对应关系。例如，Class1 的属性和 Class2 的属性有对应关系，要么 Class1 的属性是 Class2 类型的，要么 Class1 的属性是 Class2 的一部分（Class2 的属性）。这样，Class1 和 Class2 之间存在关联关系。

如图 3-10 所示，UML 使用实线表示关联关系，连接存在关联关系的对象所对应的类，通常将一个类的对象作为另一个类的成员变量。

图 3-10　关联关系的表示

关联关系可以标注更多细节，包括关联名、可导航性、角色名、多重性、限定符、聚合类型。

1. 关联名

关联名用来描述两个类元之间的关系的性质，并且应该是一个动词或动词短语。关联名通常用于领域模型类图中，目的是帮助理解模型。

如图 3-11 所示，图中有两个类，班级类和学生类。班级类关联到学生类，说明在班级类中有属性是学生类的对象，或者和学生类中的属性有对应关系。如果不增加关联名，则不能准确理解班级类中这个属性的作用，可能是学生，也可能是班长。增加了关联名“担任班长”后，就可以确定这个关联关系表示班级类中存在属性——班长，这个属性是 long 类型，这个 long 类型是一个学生编号。

如果不增加关联名也可以理解模型，可视情况决定。

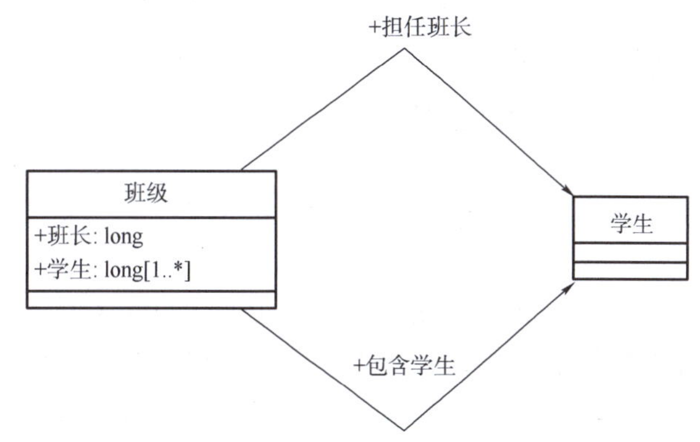

图 3-11　关联名的表示

2. 可导航性

关联关系可以使用带单箭头的实线表示单向关联，使用带双箭头或不带箭头的实线表示双向关联，但是不建议使用双向关联。可导航性表示在软件运行时，关联一端 A 的对象可以通过关联另一端 B 的对象中的关联信息有效访问关联端 A 的对象，称为关联端 A 具有可导航性。但是，如果一个关联端 A 被标记为不具有可导航性，那么从另一端 B 并不一定是不可访问，而是不能有效访问关联端 A 的对象。“不能有效访问”指的是虽然技术上是可以实现这样的访问，但是在实际操作中往往因为访问效率问题而禁止使用。例如，图 3-12 中有两个类，分别为 Class1 和 Class2，其中 Class1 的属性和 Class2 有关系，属性 class2Object 是 Class2 类型，属性 class2ID 是整型，但是这个整型来自 Class2 的属性 id，满足这两种情况就称 Class1 和 Class2 存在关联关系。可导航性表示一个 Class1 的对象可以通过关联的属性找到对应 Class2 的对象，表示 Class1 关联到 Class2。如果 Class2 的对象可以通过关联的属性找到对应 Class1 的对象，则关联关系是双向关联。

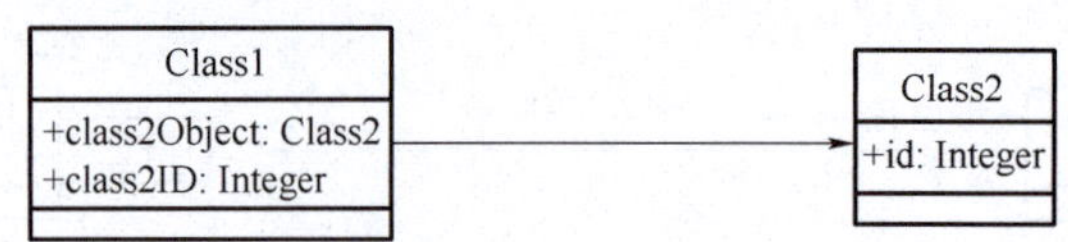

图 3-12　关联关系的表示

例如，班级和学生两个类，图 3-13（a）所示的班级类中有属性“班长”，它的类型是整型，是班长的学号（id）。可以通过这个整型在所有的学生类的对象中找到一个对应的学生类对象。但是通过学生类中的属性，不能直接在所有班级中找到他在哪个班当班长，因为学生类中没有对应的属性。如果想知道他在哪个班当班长，则需要获取所有的班级对象，对其进行遍历并筛选出对应的对象。图 3-13（b）所示的学生类中添加了属性“任职班级”，如果学生不是班长，那么任职班级为空；如果是班长，则在任职班级中记录他在哪个班当班长，这样他们之间的关联关系就变成了双向关联关系。

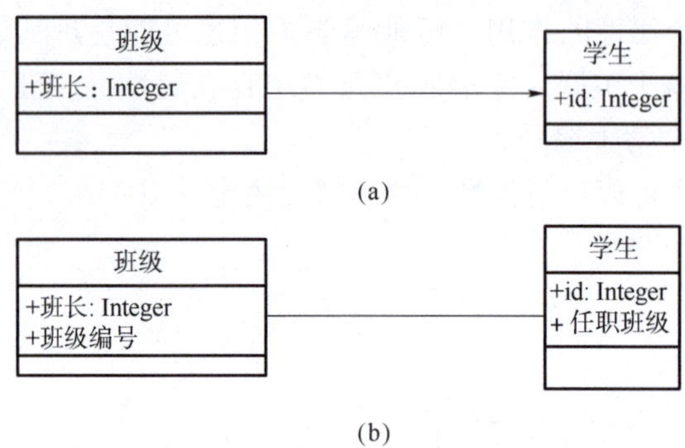

图 3-13　关联关系的可导航性举例

当存在一个关联关系时，应根据系统的需求决定使用单向关联还是双向关联。上面的例子中，“根据班级的班长是谁（学生对象）”和“根据学生找任职班级”这两种需求分别对应了两个不同方向的关联关系。如果系统中两种需求都很常用，则使用双向关联。但一般不建议使用双向关联，因为双向关联对应的两种需求在数据结构上较为复杂，数据库操作速度会变慢，尤其是随着数据量的增加会变得越来越明显。因此，建议尽量使用单向关联。

3. 角色名

角色名是放在靠近关联端的部分，表示该关联端连接的类在这一关联关系中担任的角色。角色是管理靠近自身一端的类对另外一端的类呈现的职责。角色名上可以使用可见性修饰符号。关系的两端代表两种不同的角色，因此在一个关联关系中可以包含两个角色名。角色名不是必须的，可以根据需要增加，其目的是使类之间的关系更加明确。

如图 3-14 所示，班级类关联到学生类，学生端的角色是班长，班级端的角色是任职班级。

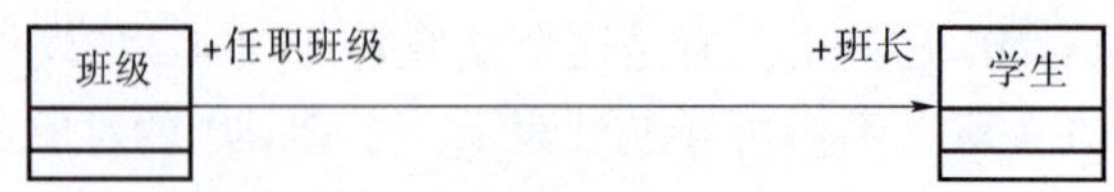

图 3-14　关联关系的角色名举例

4. 多重性

多重性是放在靠近关联端的部分，表示在关联关系中源端的一个对象可以与目标类的多少个对象之间有关联。

如图 3-15 所示，班级类和学生类之间存在两个关联关系：一个关联关系的关联名为“担任班长”，另一个关联关系的关联名为“属于”。在“担任班长”这个关联关系中，班级端的角色是“任职班级”，学生端的角色是“班长”，它们之间是一对一的关系，表示 1 个班长只能在 1 个班级里任职，1 个班级中只能有 1 个班长。在“属于”这个关联关系中，班级端的角色是“所在班级”，学生端的角色是“班级学生”，它们之间是 1 对多的关系，表示 1 个学生只能隶属于 1 个班级，1 个班级包括 1~n 个学生。

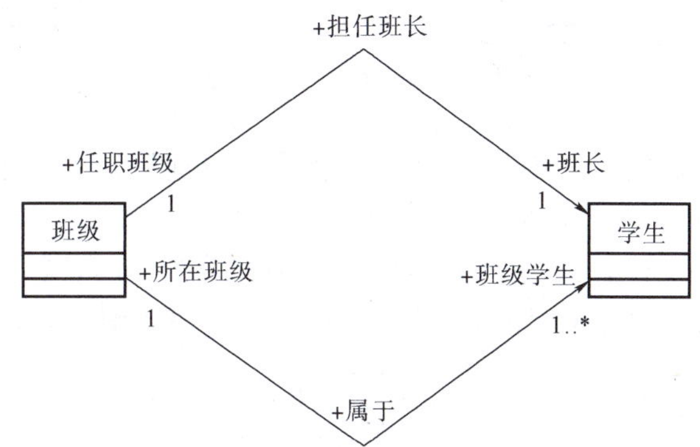

图 3-15　关联关系的多重性举例

5. 限定符

限定符是二元关联上的属性组成的列表的插槽，其中的属性值用来从整个对象集合中选择一个唯一的关联对象或关联对象的集合。

和图 3-15 中关联名为“属于”的关联关系相比，图 3-16 中的“属于”关系在学生端多了限定符“学号”。在图 3-15 中，“属于”关系是 1 对多的关系，但是在图 3-16 的“属于”关系中，变成了 1 对 1 的关系，原因就是有了限定符“学号”后，可以在 n 个学生对象中找到唯一一个学生对象。

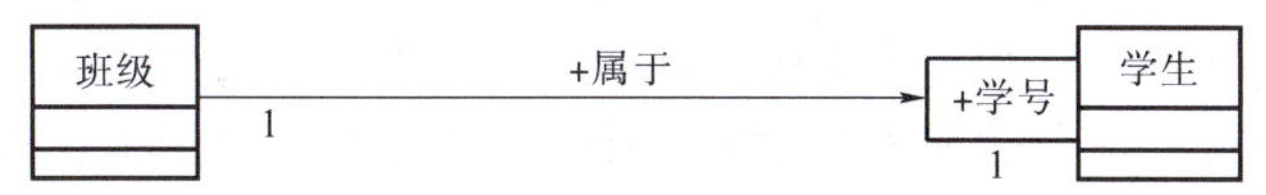

图 3-16　关联关系的限定符举例

6. 聚合类型

聚合类型有 3 个取值，分别是 none、shared、composite。

（1）none 表示没有聚合，例如，图 3-17 中 Class1 关联到 Class2，是普通的关联关系。

（2）shared 表示共享聚合，即聚合关系，例如，图 3-17 中 Class3 关联到 Class4，在 Class3 的关联端用空菱形表示聚合关系。聚合关系表示一个整体与部分的关系，即 Class4 是 Class3 的一部分。通常在定义一个整体类后，再去分析这个整体类的组成结构，从而找出一些成员类，整体类和成员类之间就形成了聚合关系。在聚合关系中，成员类是整体类的一部分，即成员对象是整体对象的一部分，但是成员对象可以脱离整体对象独立存在。“共享”体现为 Class3 是否在系统其他的类中也会关联到 Class4，或者说 Class4 的对象是否可以独立

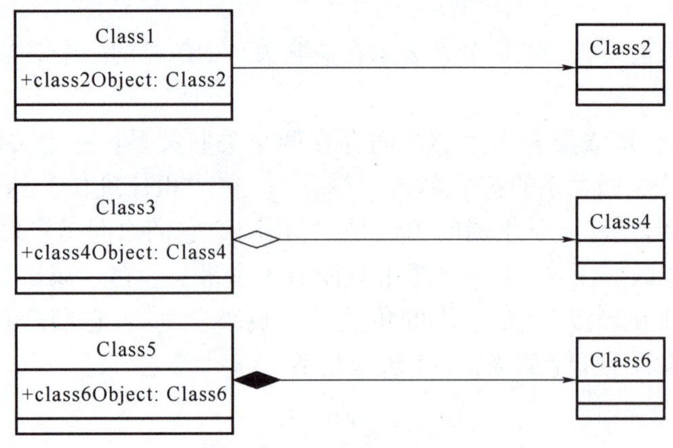

图 3-17　聚合类型表示

于 Class3 的对象而存在。例如，图 3-18 中有 3 个类，分别为公司、部门、员工。其中部门和员工之间是关联关系，公司和员工之间也是关联关系。部门和员工之间存在的是名为“组成”的关联关系，并且这个关联关系是特殊的关联关系——聚合。一个部门由多个员工组成。当部门被撤销时，员工不会消失。因为在系统中，员工还会和公司存在关联关系。

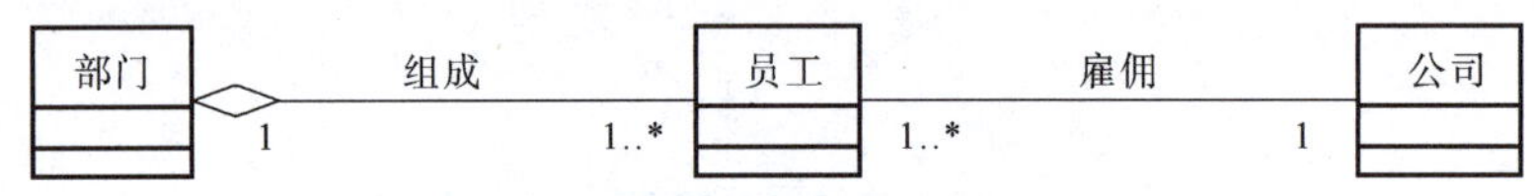

图 3-18　聚合关系举例

（3）composite 表示组合聚合，即组合关系。例如，图 3-17 中 Class5 关联到 Class6，在 Class5 的关联端用实心的菱形表示组合关系。组合关系表示类之间整体和部分的关系，但是组合关系中部分和整体具有统一的生存期。一旦整体对象不存在，部分对象也将不存在，部分对象与整体对象之间具有“同生共死”的关系。在组合关系中，成员类是整体类的一部分，而且整体类可以控制成员类的生命周期，即成员类的存在依赖整体类。Class5 是由 Class6 组成的。组合关系是“非共享的”，体现为在系统中，只有 Class5 会关联到 Class6，当 Class5 对象被撤销时，它包含的 Class6 对象也会被撤销，系统中不会存在单独的 Class6 对象。例如，图 3-19 中有两个类，即公司和部门。公司和部门之间存在一对多的关联关系，并且是特殊的关联关系——组合关系，表示一个公司由多个部门组成，如果公司不存在，部门也将不存在。在系统中，部门对象只会存在于公司对象中，不会在系统的其他地方出现。也就是说，部门只会关联到公司，不会关联到其他类，也不会出现在其他对象的属性中。

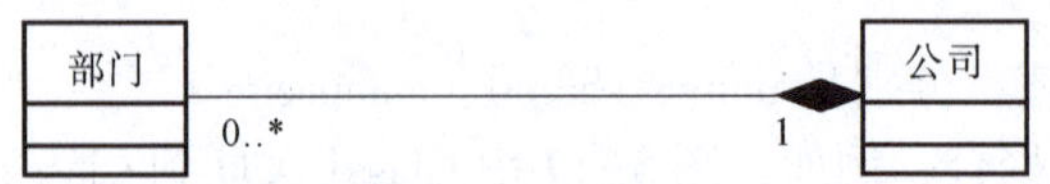

图 3-19　组合关系举例

7. 自关联、二元关联、*N* 元关联

根据关联端的个数，可以将关联关系分为自关联、二元关联、*N* 元关联，如图 3-20 所示。其中，图 3-20（a）是自关联，在关联关系中只有一个关联端——学生类。学生类自己关联到自己，关联名为“管理”，表示 1 个班长管理 1～*n* 个学生，1 个学生只有 1 个班长管

理。图 3-20（b）是二元关联，在关联关系中有两个关联端——班级类和学生类，表示学生属于班级。图 3-20（c）是三元关联，在关联关系中有 3 个关联端——班级类、课程类、教师类，表示 3 个类之间有名为“上课”的关联关系。

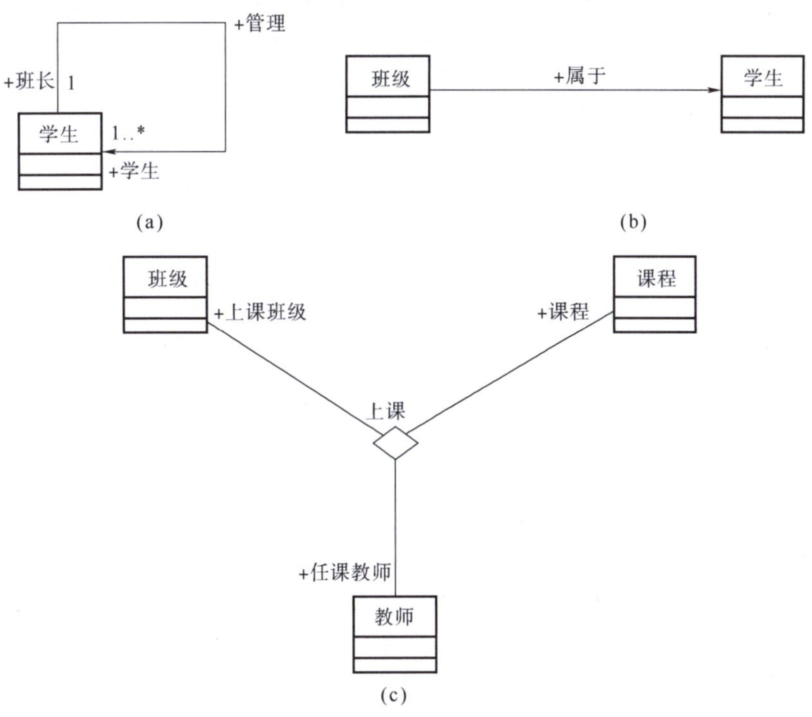

图 3-20　自关联、二元关联、*N* 元关联

（a）自关联；（b）二元关联；（c）*N* 元关联

8. 关联类

在关联关系上还可以定义关联类。关联类是关联关系的一部分，用来提供有关该关系的更多信息。关联类与其他类完全相同，它可以包含操作、属性及其他关联。

例如，图 3-21 中有 3 个类，分别为学生、课程、选课记录。其中，课程类关联到学生类，关联名为“选课”。在这个关联关系上有一个关联类——选课记录。关联类使用虚线连接在关联关系上。有了“选课记录”这个关联类，就可以使这个关联关系包含更多信息，如成绩。成绩既不属于学生，也不属于课程，而是属于关系“选课”。

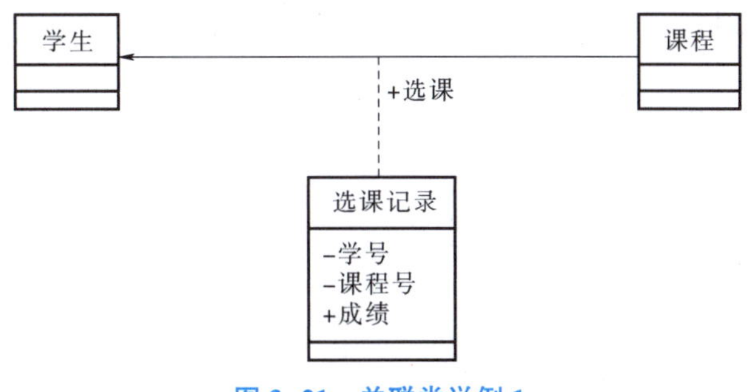

图 3-21　关联类举例 1

在图 3-22 中，公司和员工之间存在关联名为“雇佣”的关联关系，说明在公司类中有属性和员工存在映射关系，并且员工类中也有属性和公司类存在映射关系（图中的关联关系没有导航性，表示在关联的两端都有这样的映射关系）。这个雇佣关系，表示该公司雇佣了哪些员工，或者该员工被哪个公司雇佣。但是公司和员工之间的雇佣关系还存在很多细节没有办法体现，例如，工资、雇佣的期限等签订劳动合同的细节。为了更详细地表示建模关系，在图中添加了关联类——劳动合同。

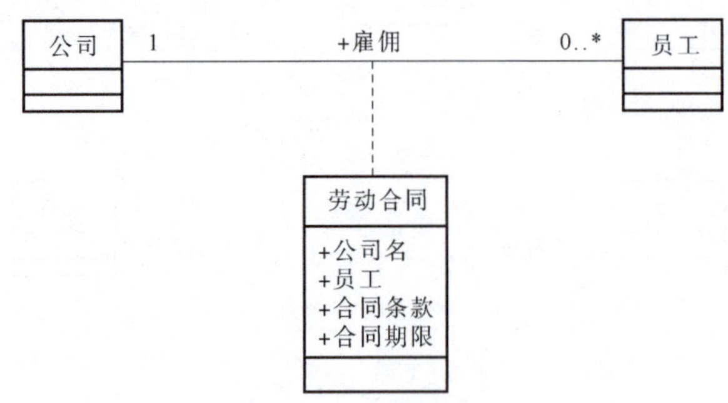

图 3-22 关联类举例 2

以 3.2.4 小节的图书管理系统为例，识别类之间的关系，如图 3-23 所示，书库和图书之间存在关联关系，因为书库的属性“图书编号”和图书的属性“isbn”有关联。1 本图书对应 0~n 条书库记录，表示在图书管理系统中，相同的书可以有 0~n 本。借书证、图书管理员、书库之间存在三元关联关系，在这个关联关系上有关联类“借书记录”。每个借书记录都对应了 1 个借书证、1 个图书管理员、1 条书库记录。

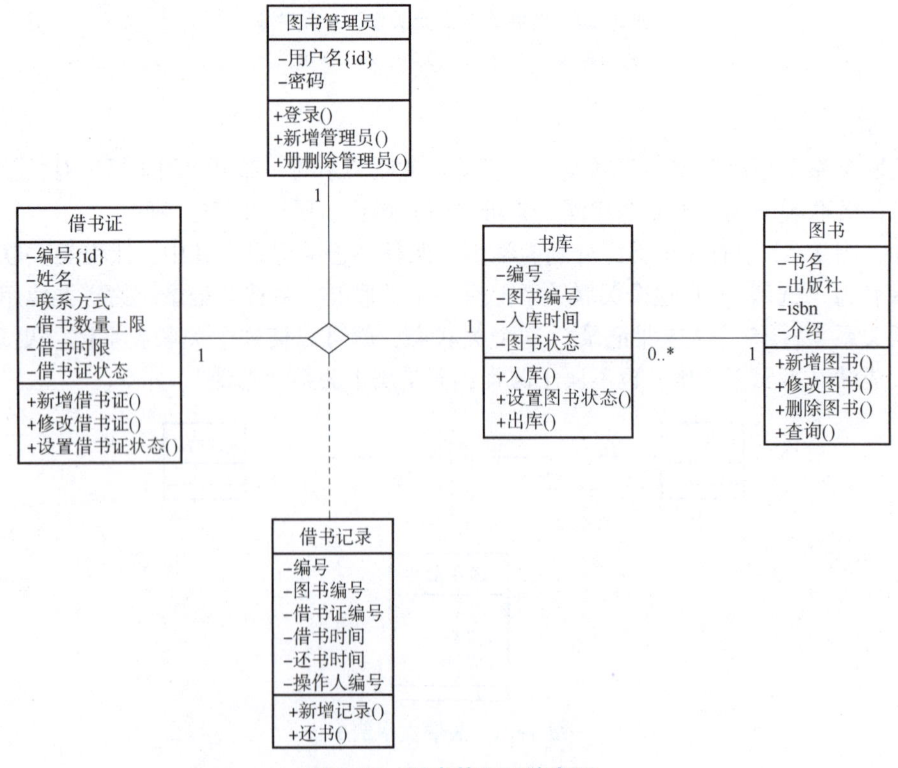

图 3-23 图书管理系统类图

3.3.3 泛化关系

泛化关系（Generalization）即继承关系，也称为“is-a-kind-of”关系。泛化关系用于描述父类与子类之间的关系，父类又称基类或超类，子类又称派生类。一个类（子类）继承另一个类（父类）的所有属性和方法，并且可以在此基础上添加自己的属性和方法。其作用是将共性的属性和方法抽象出来，便于代码的复用和维护。子类可以重写父类的方法，以实现自己特有的功能，也可以使用父类中已经存在的方法，从而减少代码的重复。泛化和继承的区别和联系见 1.1.3 小节。

泛化关系具有传递性和反对称性。传递性是指一个类的子类同样继承了这个类的特性。在父方向上经过一个或几个泛化的元素被称为祖先，在子方向上则被称为后代。反对称性是指泛化关系不能成环，即一个类不可能是自己的祖先和自己的后代。

泛化关系用一个带空心三角形箭头的实线表示，箭头指向父类。如图 3-24 所示，Class2 泛化到 Class1，箭头指向父类 Class1，Class2 继承自 Class1。

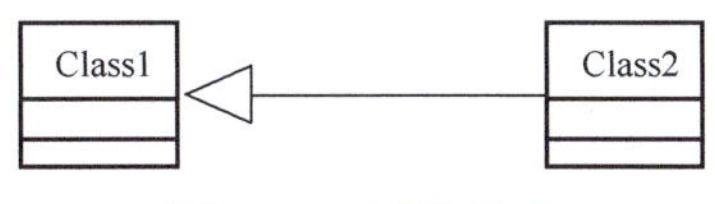

图 3-24 泛化关系

例如，在教务管理系统中，用户可能有以下几种：游客、注册用户、学生、教师、教务。如图 3-25 所示，类图中共有游客、注册用户、学生、教师、教务、管理员 6 个类，其中，游客类是根类。游客是未登录用户，能使用的系统功能最少。游客类有 1 个子类——注册用户，表示所有登录用户都可以使用的功能的交集。注册用户类有 3 个子类，分别是学生、教师、教务，这 3 个类都有自己特有的功能，它们有一个共同的子类——管理员。管理员可以使用系统中所有的功能。

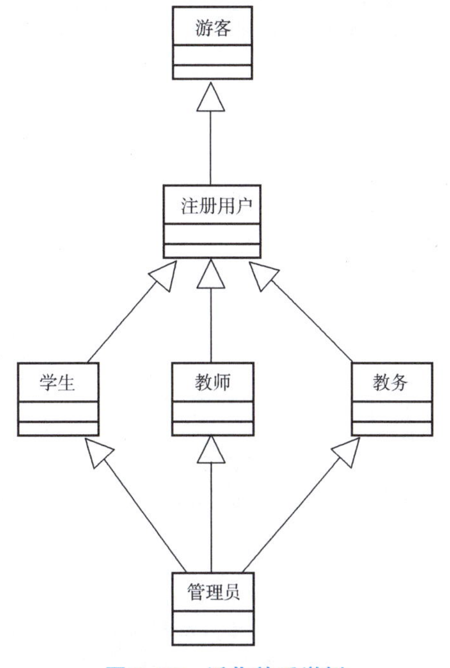

图 3-25 泛化关系举例

3.3.4 实现关系

实现关系（Realization）表示类继承了接口，并实现了接口规定的方法。实现关系可用于模型的逐步细化、优化、转换、模板、模型合成、框架组成等。实现关系的表示方法有两种，这是类图中唯一的一种有两种表示方法的关系。如图 3-26 所示，如果接口用圆圈表示（如图 3-26（a）中的 Interface1），那么采用实线表示实现关系；如果接口采用类的扩展型表示（如图 3-26（b）中的 Interface1），那么采用虚线加空心三角形箭头表示实现关系。它们都表示 Class1 实现了 Interface1。Class1 提供 Interface1。Class2 和 Interface1 之间的关系是依赖关系，表示 Class2 需要 Interface1，Class2 会使用 Interface1。根据接口两种不同的表示方法，实现关系也使用两种方法表示，如图 3-26（a）（实现加紧贴接口的半圆形）和图 3-26（b）（依赖关系的表示方法，虚线加空心三角形箭头）所示。

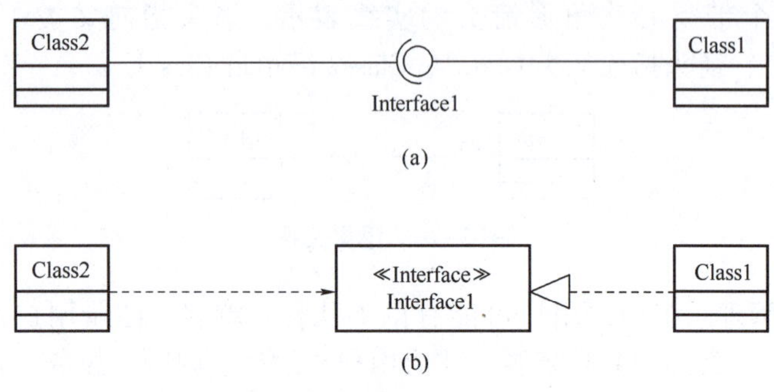

图 3-26　实现关系的表示

（a）简单形式；（b）标准形式

图 3-27（a）中有 3 个类，分别为支付管理、微信、支付宝；1 个接口，即支付。支付管理类调用支付接口，微信类和支付宝类实现了支付接口。相同的模型，也可以使用图 3-27（b）的表示方法，即使用依赖关系表示支付管理类依赖支付接口，微信类和支付宝类实现了支付接口。

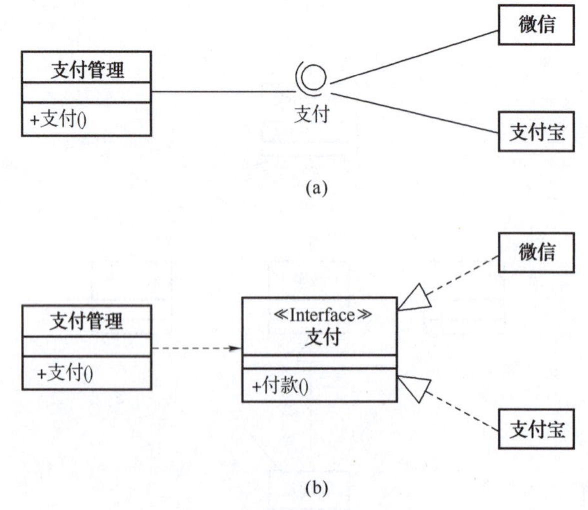

图 3-27　实现关系举例

（a）简单形式；（b）标准形式

3.3.5　各种关系的比较

类图中包括依赖关系、关联关系、泛化关系、实现关系、聚合关系、组合关系 6 种关系。依赖关系是最常见的关系，表示代码之间的调用关系，其他关系都可以理解为特殊的依赖关系。一般把类的方法之间的使用关系建模为依赖关系，把类的数据之间的映射关系建模为关联关系（关联、聚合、组合），把类之间的继承关系建模为泛化关系，把类和接口之间的供接口关系建模为实现关系，把类和接口之间的需接口关系建模为依赖关系。

在设计系统时，相同的功能可以使用不同的关系实现。那么该如何选择呢？类和类之间的关系越弱（越独立），系统设计和实现越简单，成本越低。

各种关系的强弱顺序：

（泛化、实现）>（组合、聚合、关联）>依赖

泛化关系是所有关系中最强的关系，实现关系是特殊的泛化关系，所以“泛化=实现”。泛化关系把父类按照类成员级别继承到子类中，对于子类来说，父类不再是一个整体，而是被打散了，父类不再是一个独立的模块。

组合、聚合、关联关系都是关联关系，体现为类之间属性的映射关系。这 3 种关系比泛化关系和实现关系弱。因为类 A 关联到类 B，类 B 是作为一个整体出现在类 A 的属性中，可能是类 B 的对象是类 A 的属性，也可能是类 B 的某个属性是类 A 的属性。但是后者这种情况，通常会通过类 B 的属性创建出一个完整的类 B 的对象。因此，类 B 是以一个整体——对象出现在类 A 中的。类 B 可以保持原有完整的类作用域，即类 B 的封装性没有被破坏。

依赖关系是最好的类关系，代码之间的关系最弱。类 A 依赖类 B，表示类 A 的方法使用了类 B 的代码。如果类 A 的方法没有被运行，则类 B 的代码不会影响到类 A。只有当类 A 的方法被运行时，才会使用类 B 的代码。

在设计系统时，相同的功能可以使用多种技术实现，例如，实现教学任务安排的功能，即哪个教师教授哪门课程。该功能涉及两个类，即教师类和课程类。教师类的属性包括教师编号、姓名等教师信息，课程类的属性包括课程编号、课程名等课程信息。要实现“哪个教师教授哪门课程”这个功能，可以使用泛化关系，即课程类继承教师类。这样课程类中就会有教师编号、姓名等教师信息。但是，如果使用泛化关系，那么教师信息在课程类中只能有一个，而且还是被打散的属性级别的，相当于在课程类中不再有教师这个概念了。

如果使用关联关系，课程类关联到教师类，那么课程和教师之间的关系就相对灵活了。一门课程可以有多个教师授课，一个教师也可以教授多门课程。那么，在课程类中使用教师编号作为属性更好，这样可以节省空间，避免数据冗余。

使用含有关联类的方法比前述的关联关系更好，因为教师类只包含教师信息，课程类也只包含课程信息。和教授关系相关的信息都被存储在名为授课信息的关联类中。这样不仅可以弱化课程和教师之间的关系，而且可以使这个关联关系保存更多的信息。

因此，在上述几种设计方法中，更推荐使用关联类的方法。

教学任务安排功能的设计如图 3-28 所示。

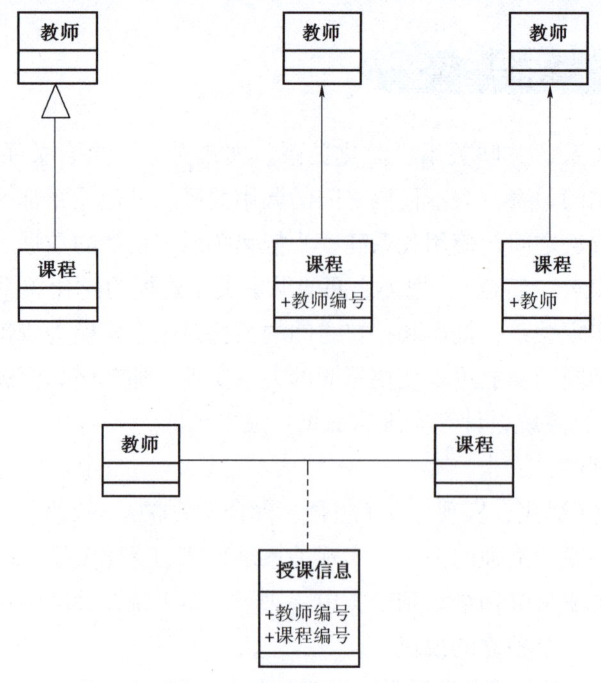

图 3-28　教学任务安排功能的设计

3.4　类图的其他补充

3.4.1　主动类和被动类

对象分为主动对象和被动对象，主动对象内部包含一个线程，可以自动完成动作或改变状态，而一般的被动对象只能通过被其他对象调用才有所动作。在多线程程序中，经常把一个线程封装到主动对象里面。由主动对象封装得到的类称为主动类（Active Class），它采用图 3-29 中的表示方法。

由被动对象封装得到的类称为被动类，也就是一般的类。

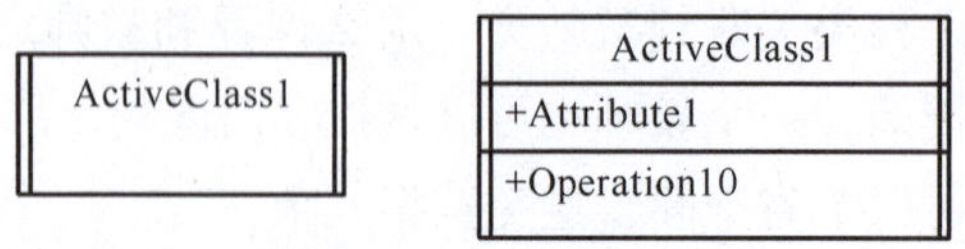

图 3-29　主动类的表示

3.4.2　信号和接收器

信号（Signal）和接收器（Reception）用于建模对象之间的异步通信，如图 3-30 所

示。对象之间的通信就是对象之间的函数调用。那么，信号就是对象之间异步通信的规范。接收器对接收到的信号作出反应。对象 1 给对象 2 发送了一个信号 A，表示对象 1 使用异步的方式调用了对象 2 下的方法 A，对象 1 发送信号后不等待对象 2 的回复（方法 A 执行结束后的返回值），而是立即继续执行后序代码。对象 2 接收到信号 A（调用方法 A 的信号）后，会执行方法 A，对象 2 中的方法 A 就是信号的接收器。接收器的名称与信号的名称相同。

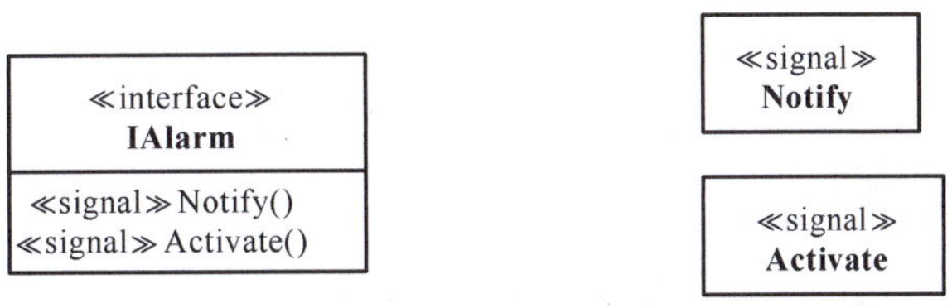

图 3-30 信号和接收器

3.4.3 类模板

模版是实现类型参数化，类模板和类模板实例化的表示如图 3-31 所示。

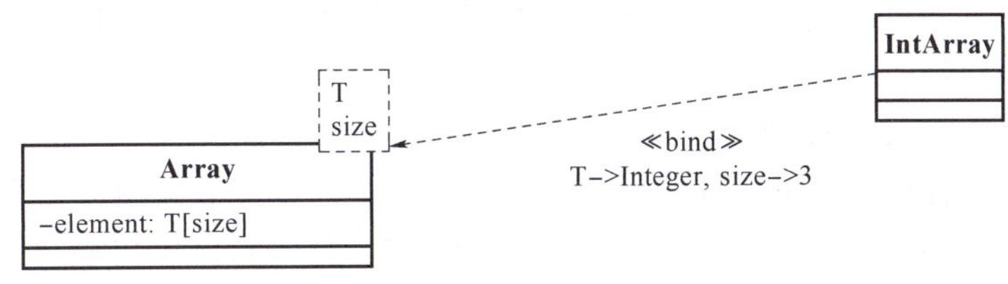

图 3-31 类模板和类模板实例化的表示

3.4.4 分析类——边界类、控制类、实体类

分析类是一个主要用于开发过程中的概念，用来获取系统中主要的“职责族”，代表系统的原型类，是带有某些构造型的类元素。

（1）边界类：系统的用户界面，直接跟系统外部参与者交互，与系统进行信息交流。

（2）控制类：对一个或多个用例所特有的控制行为进行建模的类，控制系统中对象之间的交互。它负责协调其他类的工作，实现对其他对象的控制。

（3）实体类：用于对必须存储的信息和相关行为建模的类。

边界类、控制类、实体类的表示如图 3-32 所示。

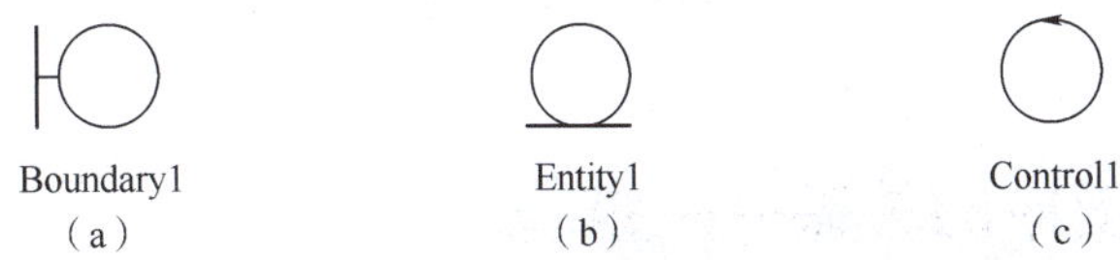

图 3-32 边界类、控制类、实体类的表示

（a）边界类；（b）实体类；（c）控制类

3.5 对象图

对象图是显示系统在某一时刻，对象及对象间关系的图。

对象图可以看作类图在系统中某一时刻的实例，它作为系统在某一时刻的快照，是类图中的各个类在某一时刻的实例及关系的静态写照。

对象图中只有一种元素——对象，对象之间只有一种关系——链。其中，对象是类的实例，链是关联关系的实例。

3.5.1 对象图中的元素——对象

对象是类的实例，是一个封装了状态和行为的、具有良好边界和标识符的离散实体。对象通过其类型、名称和状态区别于其他对象而存在。对象的状态，由对象的所有属性，以及运行时的当前值组成。对象也用实线矩形框表示，如图 3-33 所示。对象和类的表示方法的区别如下。

(1) 矩形框第 1 栏在类图中表示类名，在对象图中表示对象名。对象名的格式如下：

<u>对象名：对象所属的类型</u>

其中，下划线不可省略；冒号前是对象名，冒号后是对象所属的类型。如果没有冒号，“keTing01”则表示省略了对象所属的类型，只有对象名。如果省略冒号之前的对象名，使用“：Window”，则表示一个 Window 类型的匿名对象。对象名建议以小写字母开头，采用驼峰命名。

(2) 矩形框第 2 栏在类图中表示属性，在对象图中也表示属性。二者的区别是，类图中的属性只是规格说明，用来说明属性的名称类型等；而对象图中的属性表示该属性在特定时刻具体的取值。属性的格式如下：

属性名：属性所属的类型 = 属性具体的取值

其中，“：属性所属的类型”一般会省略，因为属性所属的类型在类图中已经被建模过了，因此，在对象图中一般不用重复说明。

(3) 类图中矩形框有第 3 栏，表示方法，而在对象图中没有。因为方法这一栏不会随着时间而变化，一个类型下所有的对象，它们的方法都是相同的。

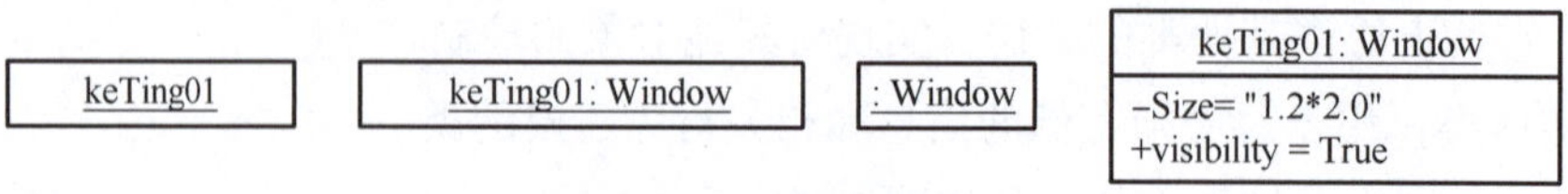

<u>keTing01</u>

<u>keTing01: Window</u>

<u>: Window</u>

<u>keTing01: Window</u>
-Size= "1.2*2.0"
+visibility = True

图 3-33 对象的表示

3.5.2 对象图中的关系——链

对象图是类图的实例，而链是类图中关联关系的实例，是两个或多个对象之间的独立连接。因此，链在对象图中的作用类似于关联关系在类图中的作用。类图中除关联关系外的其他关系在对象图中没有反映。

链主要用来导航。通过链一端的一个对象可以得到另一端的一个或一组对象，然后向其发送消息。

在类图中，关联关系是比较复杂的，可以包含角色名、关联名、多重性等细节。但是在对象图中，链可以显示角色名，但是不能显示多重性。因为，对象是某个类的具体取值，具体取值之间不存在多重性，而应该是具体的值。关联关系在类图中是 1 对多的关系，在对象图中可能就是具体的 1 对 2 关系，体现为 3 个对象之间的两条链的关系。也就是说，类图中的 1 个关联关系，在对象图中可能被实例化为具体的多条链。

在对象图中，链使用类图中关联关系相同的表示方法——一根实线，如图 3-34 所示，该图为图 3-21 的一个实例——对象图。张三是学生类的对象，数据结构是课程类的对象。张三和数据结构之间存在链，名称为“选课”。在链上有一个对象名——记录 1，是关联类——选课记录类的实例。

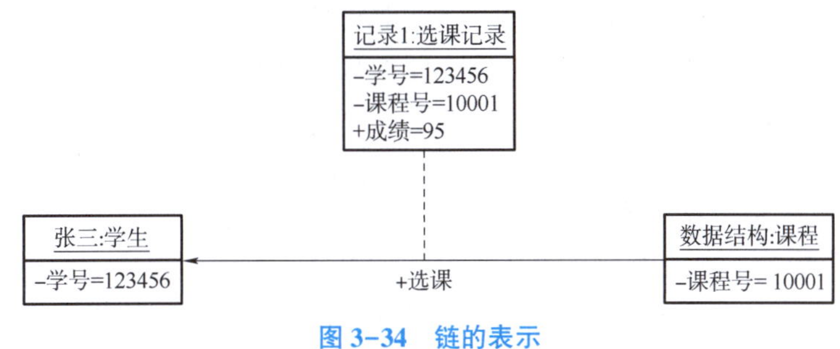

图 3-34　链的表示

3.6　类图和对象图建模

3.6.1　类和对象的识别

可以应用几种面向对象分析和设计（Object Oriented Analysis Design，OOAD）技术来识别对象，然后根据对象在给定问题域中的相似性（实体相似性、操作相似性、基于服务的相似性、内部工作相似性）将它们分组成类。这一分组产生问题域中的必要实体，它们将作为解决方案域中的类和对象。可以通过以下系统的问题域分析技术来获得这些相似性。

1. 抽象分析

这是只识别现实世界中的基本事物以确定实体的过程，涉及抽象的识别，而不识别详细的实现级细节。这些抽象包括问题域的实体集合中的相似进程、相似实体和相似任务。为了找出这些集合之间的相似之处，我们应用了一个分类过程。这个分类过程只考虑了这个时间点的基本要素，省略了所有不必要的东西，在一组项目事物与其他事物集合之间划了一条明确的界限。

2. 基于场景的分析

这是识别问题域中类和对象的最重要的方法，为收集用户与系统功能的交互场景指明了方向。其涉及的步骤如下：

(1) 与系统的最终用户/用户进行交互。

(2) 收集用户故事。

(3) 将用户故事划分为用例场景。

(4) 识别每个场景中的参与者和功能。

①参与者可能是人、软件组件或硬件组件。

②功能只是系统中为参与者提供必要过程的功能组件。

(5) 一旦识别出参与者和功能，就将相似的参与者和相似的功能分组成类。独立的参与者和功能被视为对象。

(6) 重复上述步骤直到分析完所有的场景。

3. 问题域分析

可以在领域专家的指导下分析问题域，找出其中的实体、过程和功能。这种分析技术可以用 3 种方法完成，包括与领域专家讨论、分析相似类型的应用程序、分析相似类型的操作。

4. 实体分析

实体的字典意思是“存在的物体”“事物”“身体”“生物”“个人”“有机体”或“物质”。这阐明了分析一个领域中存在的某些东西的概念。因此，通过“实体”，我们可以看出各种有形的事物、个体所扮演的角色及提供功能和占用领域空间的物质。

在面向对象中，通过这种实体分析来识别对象，可以使用以下类型的源来进行识别：

(1) 有形的事物：物品、个人、地方等。

(2) 个人所扮演的角色：操作员、收银员、医生、教师、管理员等。

(3) 提供功能和占用领域空间的物质：账户、贷款、治疗、交易等。

5. 基于操作的分析

在一个系统中，被执行的操作描述了该系统的行为。要找出哪些实体负责在系统中执行这些对应的操作，就必须应用这种基于操作的分析技术。

基于在软件中执行的这些操作，它们之间的相似性会被识别并分组成类。操作可能处于低级别或高级别。如果为了高级别操作的正常运行，需要在较低级别执行某些操作，那么这些操作会被分组成类。无论何时，一旦需要执行这些操作集，就会调用这个类。

6. 基于 CRC 卡的分析

CRC 卡通常是 3 英寸×5 英寸或 3 英寸×7 英寸的卡片（1 英寸 = 2.54 cm），显示类—职责—协作关系。该卡包含 3 个部分，类的名称（即类名）在上半部分，第 2 部分又垂直分为两部分。其中，左半部分显示了类的职责，右半部分显示了与当前的类具有协作关系的类，如图 3-35 所示。

开发人员会在软件开发过程中使用 CRC 卡。一旦分配到整个项目的某个模块，他们就被要求单独准备这些卡片。每个开发人员必须完全分析他的模块，并尽可能多地准备与所识别的类相关的卡片。他们将为每张卡片增加索引，并在每张卡片中显示所协作的类。一旦完成任务，所有开发人员将被要求参加头脑风暴会议。在会议中，开发人员也要分析其他人所

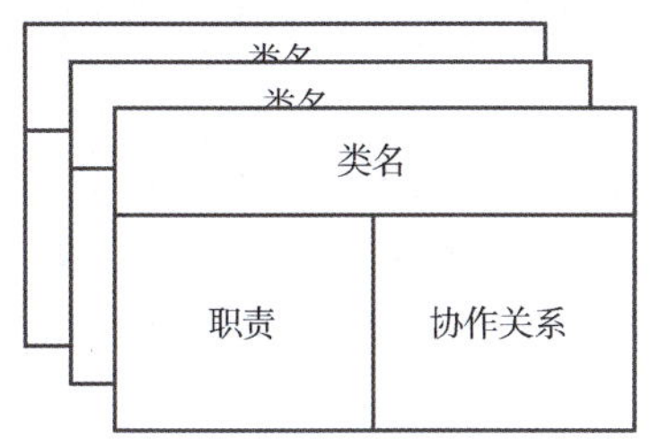

图 3-35　CRC 卡的版式

识别的类，如果需要，所有开发人员的 CRC 卡需要互相协作来共同完成特定的任务。在这种情况下，这些卡片将使用新的协作类进行更新，如果需要，还可以删除现有的协作关系。

7. 基于数据流和控制流的分析

如果熟悉结构化分析技术并希望将其应用在面向对象分析和设计的前端上，那么就可以使用这种基于数据流和控制流的分析技术。

这种分析技术从数据流图中进行分析，从中获得数据存储、数据源、处理和转换的过程，如变换中心和事务中心（从变换映射和事务映射中获得）。由于这些结果在系统中的存在性，因此可以将它们视为对象和类。在数据流分析中，也会使用数据字典查找域中的对象和类。

8. 基于名词–动词的分析

这是识别域中的类和对象的一种非常简单的技术。通过分析分析文档，找出其中的对象和类。需要识别的词包括：专有名词被视为对象、常用名词作为类、动词作为类中的操作。

以上就是类和对象识别的方法，在实际应用中，这些方法往往结合起来使用，多管齐下共同标识系统的类和对象。但是无论使用哪种方法，得到初步的类之后，应该对类进行调整，目的是得到低耦合、高内聚的类间关系，应该把操作及所操作的数据划分为一个类。

3.6.2　类图建模的步骤

（1）确定系统的功能。

（2）明确每个功能需要的数据：输入数据、处理的数据、输出数据。

（3）按照功能处理的数据对所有功能进行分组。

（4）按功能组识别类（实体类）。

①类名就是这组功能处理的数据的名称。

②类的属性就是这组功能处理的数据的字段。

③类的方法就是功能。

（5）识别类之间的关系。

①识别类的属性之间的映射关系，用关联关系表示；是否有整体和部分的组合或聚合关系。

②识别类的方法之间的调用关系，用依赖关系表示。

（6）绘制初步的类图。

（7）识别类之间的泛化关系。泛化的好处是减少代码量，如果没有实现这个效果，则没有必要使用泛化关系。

（8）识别类之间的实现关系。实现是把接口和其实现类剥离开，这样有两个好处，一是一个接口可以有多个实现类，例如在图 3-27 中，支付接口有两个实现类；二是当实现类需要更换时，其对系统的影响小，例如系统使用的地图服务，以后可能会有更换实现类的可能。

（9）调整类之间的关系，目的是让类之间的关系更简单、独立。

（10）进一步细化分析，把实体类细化到具体的设计类，确定边界类和控制类。

（11）执行步骤（6）~步骤（9）。

（12）调整类图中的名称，使用通俗易懂的名称，并且在系统内保持一致。例如，类似的功能使用相同的动词。用户注册、上传图片、发表评论等，本质上都是新增数据，那么在系统中应保持一致，使用统一的动词。新增用户、新增图片、新增评论等名词也是如此。统一的用词可以提高模型的可理解性。

（13）调整类图布局，减少图中线的交叉，图形内的元素尽量对齐，规则分布。

（14）如果类图规模较大（图中包含很多的元素和关系），则模型的可理解性会降低，可以考虑分解模型，把类图拆分为多个小类图共同描绘系统的静态结构。小类图通常是元类图的一部分，在小类图中，可以对中心类展开，详细展示类内结构；而对非中心类，尽量只展示类名，其他信息仅保留对当前小类图来说重要的信息。

3.6.3 对象图建模的步骤

对象图作为类图的实例，是对类图的补充。在绘制类图之后，为了更好地理解类图，可以绘制对象图，步骤如下：

（1）根据类图绘制对象图。

（2）对象图中的对象是类图中类的实例，根据类图中的类及类的属性，绘制对象。

（3）对象图中的链是类图中关联关系的实例，根据类图中的关联关系，绘制链。

（4）调整类图布局，减少图中线的交叉，图形内的元素尽量对齐，规则分布。

3.6.4 类图建模举例

本小节选择在线商城订单管理模块绘制类图。选择订单管理模块的原因是，订单管理是在线商城的核心模块，几乎所有的类都和这个模块有关系。本类图的目的就是描述订单类的结构，以及其他类与订单类的关系，恰好就是 3.6.2 小节步骤（14）中提到的“小类图”。

（1）确定订单管理的详细功能。

订单管理模块包括创建订单、删除订单、查看订单、修改订单、评价订单、删除评价、设置订单物流信息、设置订单物流状态、付款、管理订单状态、管理收货地址、修改订单金额、设置订单自动确认时间、设置订单发票信息、修改发票类型、设置发票收货信息、查看订单商品列表信息。

（2）明确每个功能需要的数据——输入数据、处理的数据、输出数据。

下面下划线标记的是每个功能处理的数据。

创建订单、删除订单、查看订单、修改订单、评价订单（评论）、删除评价（评论）、设置订单物流信息、设置订单物流状态（物流信息）、付款、管理订单状态、管理收货地址、修改订单金额、设置订单自动确认时间（订单）、设置订单发票信息、修改发票类型、设置发票收货信息、查看订单商品列表信息。

（3）按照功能处理的数据对所有功能进行分组。

订单：创建订单、删除订单、查看订单、修改订单、设置订单物流信息、管理订单状态、修改订单金额、修改发票类型、查看订单商品列表信息、付款、设置订单自动确认时间（订单）。

发票：设置订单发票信息、设置发票收货信息。

评论：评价订单（评论）、删除评价（评论）。

收货地址：管理收货地址。

商品：查看订单商品列表信息（列表中是商品）。

购物车：创建订单（从购物车创建订单）。

用户：创建订单、删除订单等功能需要记录操作的用户。

需要注意以下几点：

①功能处理的数据可能是订单类的对象，也可能是订单类对象的属性。例如，订单分组中的物流信息、订单状态、订单金额等虽然不是处理的订单，但是是订单的一个属性，所以也可以将其划分到订单分组。因为这个属性是存储在订单类的属性中的（从数据库的角度看，这些数据存储在订单表中，是订单表的一个字段）。

②这里列出的功能并不全面，在后续设计时需要进一步补全，例如评论应该包括基本的增、删、查，所以应该补全查看评论功能。

③商品、购物车、用户这样的类，在订单管理模块中不是核心类，有的隐藏在功能内部细节中，但是不必担心，因为在系统顶层类图建模或其他模块建模时，这些类会被识别出来。例如，用户管理模块是以用户类为核心的模块。从 2.4.5 小节的用例分析中可以了解系统全局的功能。

（4）按功能组识别类（实体类）。

①类识别：订单管理模块共涉及 7 个类，分别为订单、发票、评论、收货地址、商品、购物车、用户。

②属性识别：以订单类为例，订单类的属性包括编号、创建者编号（订单所有人）、购买的商品（订单中商品列表）（这里的商品列表不能只存储商品编号，需要保留整个商品对象，这是商品在订单创建时刻的快照，之后商品的价格或其他信息修改都和这笔订单无关。后期的维权也会以订单创建时的商品快照为准。）、总价、订单状态、创建时间、修改记录、物流信息、付款记录等。

③方法识别：以订单类为例，订单类的方法包括创建订单、删除订单、查看订单（根据系统功能，查看功能会被进一步分解，如查看某个用户的所有订单、根据编号查看订单等）、修改价格、设置订单状态、设置付款记录等。

（5）识别类之间的关系，绘制初步的类图，如图 3-36 所示。

①商品类和订单类之间存在名为“购买”的关联关系：商品端的角色是“购买的商

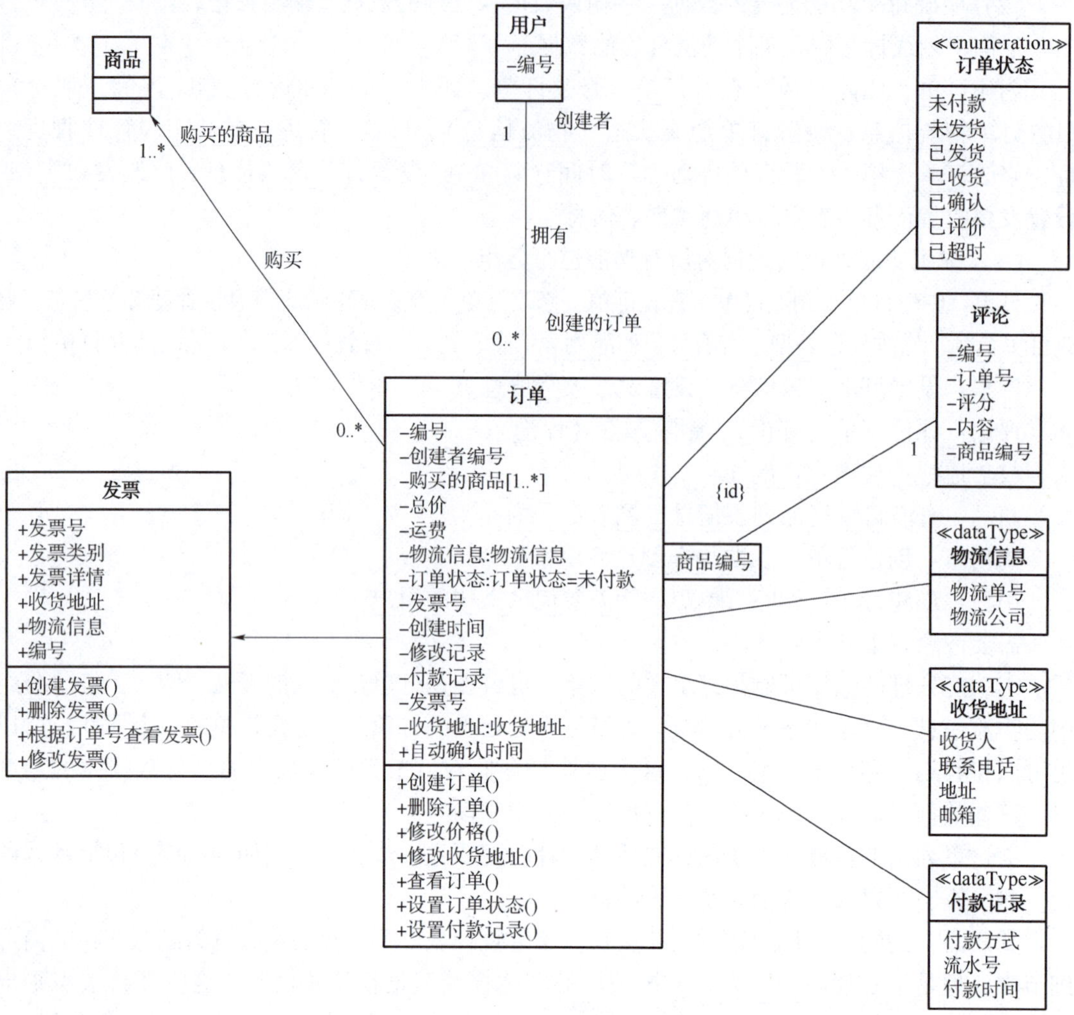

商品

用户
–编号

«enumeration»
订单状态
未付款
未发货
已发货
已收货
已确认
已评价
已超时

购买的商品
1..*
购买
0..*

1
创建者
拥有
创建的订单
0..*

评论
–编号
–订单号
–评分
–内容
–商品编号

1
{id}
商品编号

订单
–编号
–创建者编号
–购买的商品[1..*]
–总价
–运费
–物流信息:物流信息
–订单状态:订单状态=未付款
–发票号
–创建时间
–修改记录
–付款记录
–发票号
–收货地址:收货地址
+自动确认时间
+创建订单()
+删除订单()
+修改价格()
+修改收货地址()
+查看订单()
+设置订单状态()
+设置付款记录()

发票
+发票号
+发票类别
+发票详情
+收货地址
+物流信息
+编号
+创建发票()
+删除发票()
+根据订单号查看发票()
+修改发票()

«dataType»
物流信息
物流单号
物流公司

«dataType»
收货地址
收货人
联系电话
地址
邮箱

«dataType»
付款记录
付款方式
流水号
付款时间

图 3-36　在线商城订单管理类图

品”，这和订单类中的属性名是一致的。1 笔订单至少应包含 1 个商品，如果订单中没有商品，则订单不应该被创建。1 个商品可以被 0~n 个订单包含，表示当商品没有被任何用户购买（被任何订单包含）时，那么商品就对应了 0 笔订单；当商品被 1~n 个用户购买时，那么 1 个商品对应了 n 笔订单。导航性表示会根据订单中的商品编号查询商品，也就是查看一笔订单下包含的商品，但是不会查看商品下包含哪些订单。

②用户类和订单类之间存在名为“拥有”的关联关系，用户端的角色是“创建者”，这和订单类中的属性名“创建者编号”是对应的。1 个用户可以创建 0~n 笔订单。导航性是双向的，表示会查看某个用户所有的订单，或者订单的创建者。

③评论类和订单类之间存在关联关系，在订单端添加了限定符，表示 1 笔订单有多条评论，但是当限定了商品编号后，就是 1 笔订单中的 1 个商品对应了 1 条评论。

④发票类和订单类之间存在关联关系，因为订单中有属性“发票号”。可导航性表示可以通过订单中的发票号查询订单关联的发票。

⑤物流信息类、收货地址类、付款记录类是简单的结构体，不包含方法，只有属性。

可以简单地理解为，订单下的属性太多了，对相似意义的属性进行了分组，便于理解和管理。

⑥因为这个类图不是系统全局的类图，而是以订单类为中心的类图，目的是讲清楚订单管理模块涉及哪些类、这些类之间是什么关系、订单类包含哪些属性和方法。因此，在这个类图中，只要和前面目的无关的都可以不画，例如，商品类在这个类图中只进行了简单表示；用户类下只显示了“编号”一个属性，其他的属性和方法都被忽略了。这样的好处是，对于这个类图来说，重点突出与当前目的有关的信息，不包含任何和当前目的无关的信息，让图尽可能简单。

（6）识别类之间的泛化关系、实现关系。

例如，发票、订单、评论、商品等类内都有创建、删除等基本相同的方法，区别就是连接的数据库表不同。因此，可以为它们添加一个上层的父类（注意实现时的方向是不同的，在分析阶段是先有子类，然后为了减少代码量，抽象出父类。实现时是先定义父类，然后定义子类）。

如图 3-37 所示，为底层的实体类添加上层的父类“文档”，这个类是抽象类，所以类名为斜体。文档类是对数据库的通用操作。文档类调用数据库的操作接口，但是具体调用的是哪个数据库呢？系统目前支持 MySQL 和 Redis，Redis 是缓存数据库。相同的数据库查询操作，可以从缓存中读取，也可以从 MySQL 中读取。因此，MySQL 和 Redis 实现了数据库操作接口。这里把实现和接口剥离开，如果以后需要更换数据库，则只需要添加一个类用来提供数据库操作接口即可，系统中的其他类不必作任何更改。

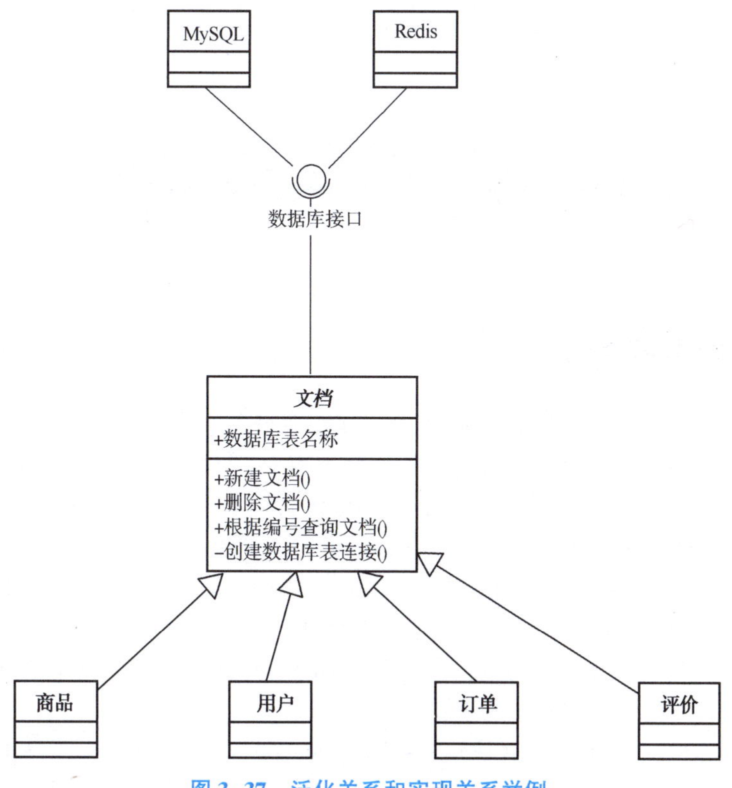

图 3-37　泛化关系和实现关系举例

3.6.5 对象图建模举例

本小节以图 3-36 的类图为例，绘制对象图，如图 3-38 所示。其中，类图中的订单类和商品类是多对多的关系，但是对象图中的链没有多对多的关系，在这个具体的订单对象中，包含几个商品的属性值是固定的。图 3-38 中的订单 A 包含两个商品，分别为电饭锅和冰箱。此外，对象图中列出的属性值是为了更好地理解类图，所以与此目的无关的属性值可以不列出。

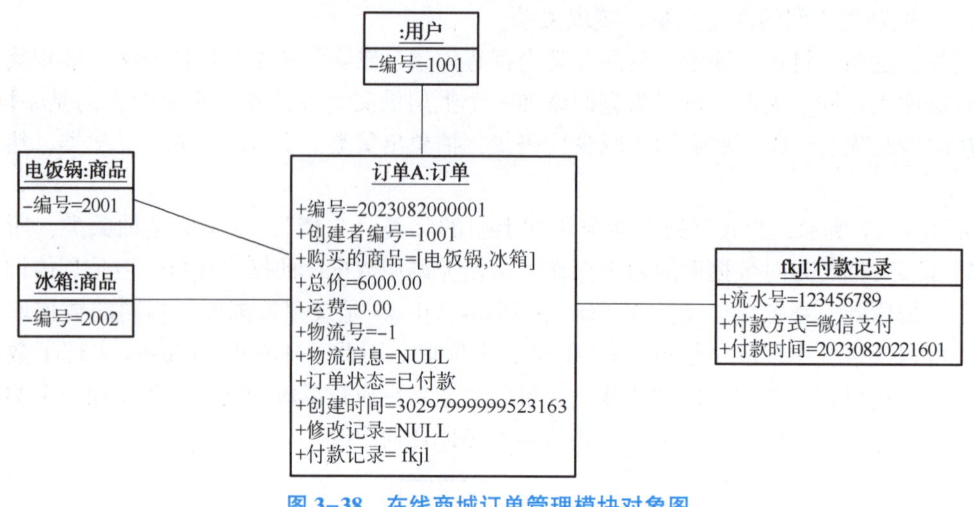

图 3-38 在线商城订单管理模块对象图

3.7 使用建模工具绘制类图

3.7.1 创建类图

使用 4+1 视图模版创建项目，并命名为“在线商城”（详见 1.4.4）后，默认打开的就是逻辑视图下的类图，可以直接在这个图中绘制类图。

如果模型中需要多个类图，那么可以在模型资源管理器中右击 Logical View 文件夹，在弹出的快捷菜单中，执行 Add Diagram→Class Diagram 命令创建一个新的类图，进入图 3-39 所示界面，模型资源管理器中会显示新建的类图（图 3-39 中①）；在“启动图”面板中，可以看到当前启动的类图（图 3-39 中②）；工具箱（TOOLBOX）是所有当前类图可以使用的元素和关系（图 3-39 中③）；在导航栏的编辑器（EDITORS）中可以给类图命名，这里设置类图名为“在线商城领域类模型”（图 3-39 中④）。

在工具箱（TOOLBOX）区域的 Classes（Advanced）中单击 Frame，再单击绘图区，在弹出的 Select an element to be represented as Frame 对话框中，选中要绘制的类图“在线商城领域类模型”（图 3-39 中⑤）。

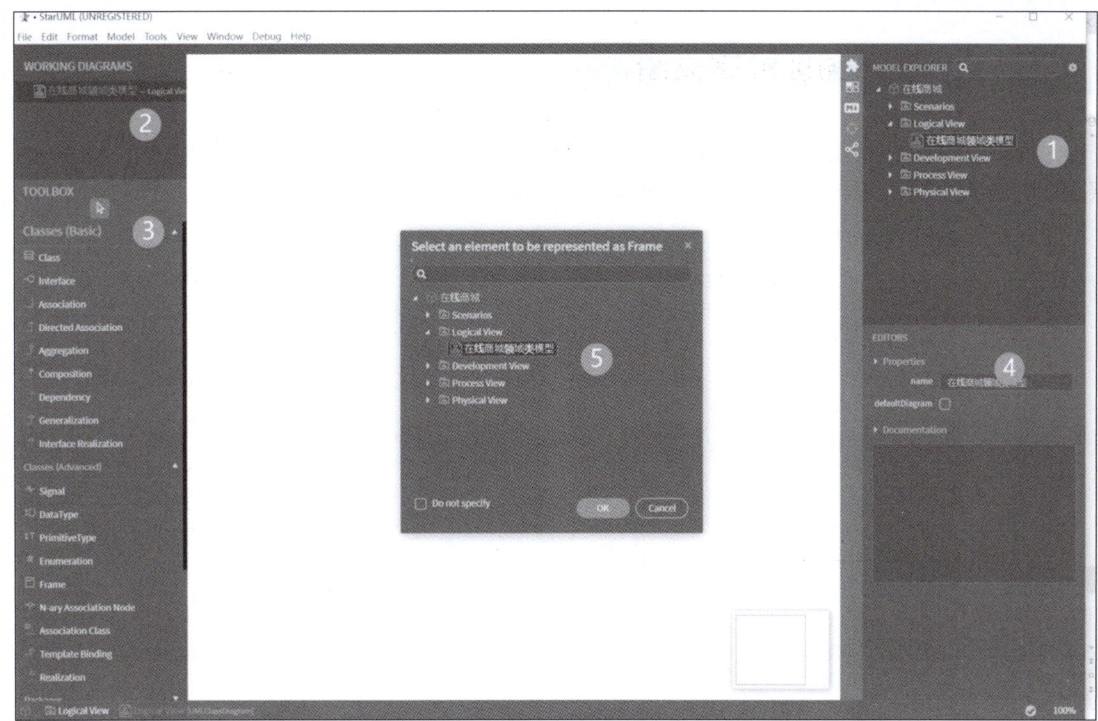

图 3-39　创建的类图

3.7.2　绘制类图的元素和关系

在工具箱（TOOLBOX）中列出了类图所有的元素和关系，如图 3-40 所示。

图 3-40　类图元素、关系一览

3.7.3 在绘图区绘制类图

以图 3-41 为例使用 StarUML 绘制类图。在工具箱（TOOLBOX）中单击元素 Class（类），再在绘图区中单击空白区域即可添加该元素。

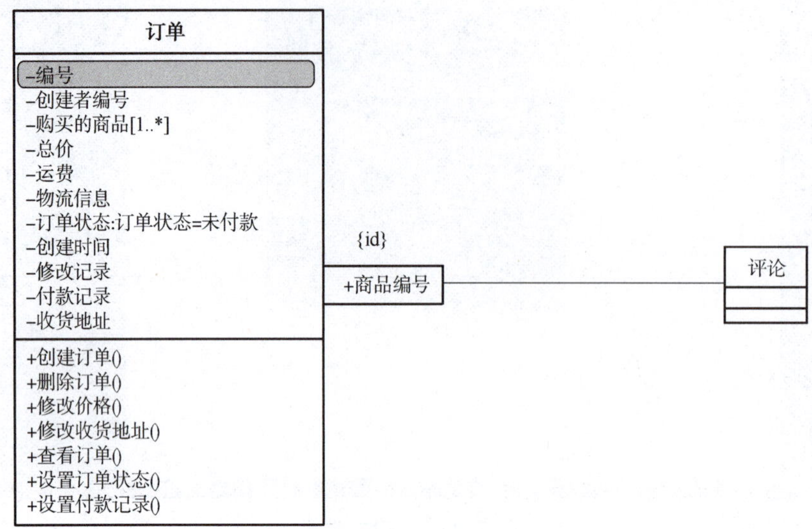

图 3-41 使用 StarUML 绘制类图

双击绘图区中的元素可直接在绘图区编辑该元素，如图 3-42 所示，在所选元素旁会显示一些快捷图标。

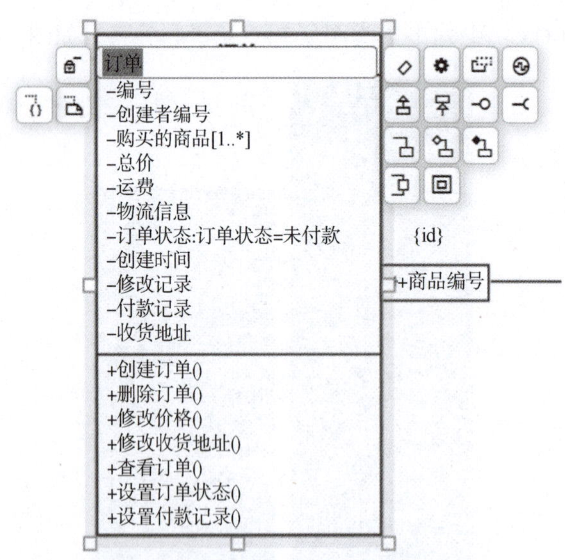

图 3-42 在绘图区中编辑元素或关系

单击元素可以在导航栏的编辑器（EDITORS）区域中设置元素和关系的详细信息。图 3-43 是选中“购买的商品”这个属性（类的成员）时的属性（Properties，这个类成员的设置）。

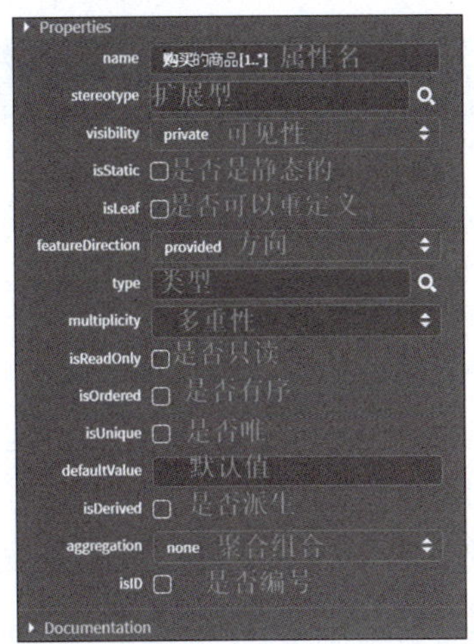

图 3-43　在编辑器区域中设置元素属性

关联关系是类图中最复杂的关系，它的属性设置也最多。在工具箱（TOOLBOX）中选中关联关系，然后在绘图区单击关联端的两个类就可以绘制关联关系。关联关系的属性设置如图 3-44 所示，关联关系的属性分为 3 栏，第 1 栏是关联关系的属性，包括属性名、扩展型、可见性、是否派生；第 2 和第 3 栏是两个关联端的设置，每个关联端都可以设置关联端的名称（角色名）、扩展型、可见性、导航性、多重性、默认值、是否只读、是否有序、是否唯一、是否派生、是否是 ID 等。需要注意的是，限定符的设置需要在导航栏的编辑器（EDITORS）区域中勾选 isID 复选框（图 3-44 中标记①），然后在绘图区中双击“{id}”标记，在弹出的快捷图标中单击“限定符”图标即可（图 3-44 中标记②）。

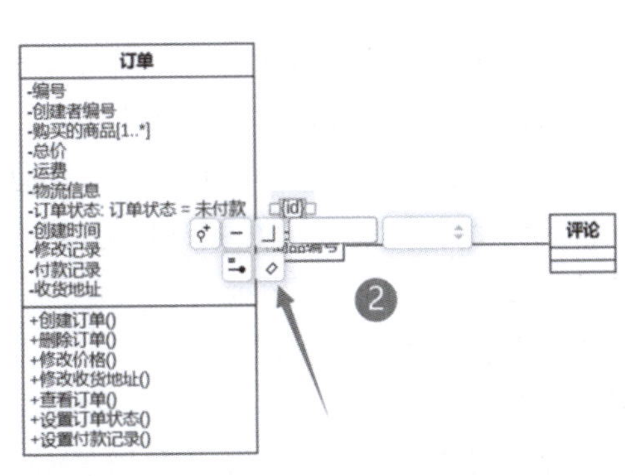

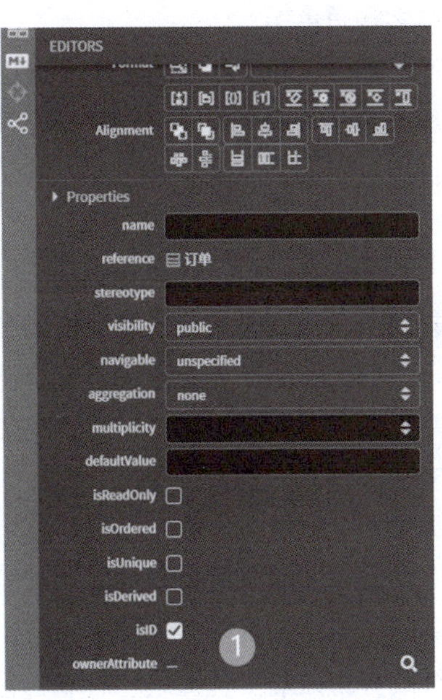

图 3-44　在编辑器区域中设置关联关系

拓展阅读

软件项目中的角色

正如在线商城系统一样，对于大型软件系统，我们需要一群具有各种技能和经验的人来开发和支持系统。人的因素是开发和支持软件的关键组成部分。从许多方面来看，软件行业仍然是劳动密集型行业。因此，学习软件工程必须包括协调人员活动和管理技能的相关问题。一般软件项目中包括以下几个角色：

（1）项目经理：项目的主要责任人，对项目的进度和质量负有主要责任。项目经理主要负责项目的日常管理，如计划制订、任务跟踪、沟通协调、团队建设、需求分析、技术审核等。

（2）产品经理：一般只有产品才会配备产品经理，主要负责市场调研、产品策划、撰写产品的需求规格说明书、跟踪产品的实现、协助市场人员进行产品的营销、获取用户反馈、产品的改进等。

（3）架构师或设计师：主要负责系统的总体设计、详细设计，撰写设计文档。

（4）软件工程师：完成需求分析、软件功能的开发和单元测试及相关文档的撰写。

（5）测试工程师：编写测试用例，制订并执行测试计划，进行集成测试和系统测试。

上面只列举了一个项目组通常包含的角色，每个项目的大小和类型不尽相同，项目对技术能力的要求及项目成员水平也各不相同，要根据自己的实际情况来安排，一个人也可以承担多种角色。

例如，很多小型项目，角色的职责也不是清晰的，如果项目组的成员水平比较平均，那么每个人都可以承担部分设计师和软件工程师的职责。在一些企业中，如果有多个项目组，可能产品经理和架构师不完全属于某个项目组，他们的工作与多个项目组都有交集。

软件开发的过程是复杂的，而团队方式可以使其简单许多，遇到问题的时候大家可以一起讨论，特别是在一个较大型的软件工程项目中，一个人的力量和智慧显然是不够的。

另外，团队操作在很大程度上可以实现优势的互补。例如，在开发项目的时候，一方面需要实现强大的功能，另一方面需有良好美观的界面，这两个方面就需要软件工程师和前端工程师的密切合作。团队合作在很大程度上要求成员具备必要的沟通和理解能力，只有通过频繁地相互交流，个别人在研发过程中遇到的困难才能最快、最有效地得到解决。

对于在线商城这样的大型软件系统，软件工程师虽然是前述5种角色中的一种，但是在实际工作中，软件工程师是一个由多个人组成的软件工程师团队，有时还会根据技术的不同继续分为前端工程师组、后端工程师组、算法工程师组。因此，一个软件工程师只是整个软件工程师团队中的一员，每个软件工程师负责系统的一个模块。对于软件项目这种人力密集型的项目，团队协作显得尤为重要。因为系统比较复杂，需要多名工程师协作完成。那么整体的设计工作，就只能由一名设计师完成。这名设计师负责保证设计风格的完整性，对产品有清晰的目标和远景。其他人在他的周围完成细节的部分。

如果设计工作也非常复杂，需要多名设计师协作，那么可以由唯一的一名产品业务人员决定产品目标和约束，以此保证设计目标和约束的一致性。

以此类推建立金字塔形的团队协作模型。

知识小结

本章对 UML 中的类图进行了介绍，类图用于软件静态结构建模，是 4+1 视图中逻辑视图中的主要组成部分。同时，类图是 UML 所有图中较为复杂的图形，它包含的元素和关系都比较多。表 3-6 中列出了类图中所有的元素和关系。

表 3-6　类图小结

定义	描述类、类的属性和方法，以及类之间的关系
元素	类、接口、抽象类和其他元素，如主动类、信号、接收器、类模板、实体类、边界类、控制类
关系	类之间的关系：关联关系（普通的关联关系、特殊的关联关系（聚合关系、组合关系））、依赖关系、泛化关系，以及类和接口之间的关系——实现关系
用途	把客观世界的对象分类，用属性描述特征，方法描述行为，建模各个类之间的关系，可以用于概念建模、数据建模、设计类建模、实现类建模。

除此之外，本章还介绍了对象图。作为类图的实例，对象图的目的是更好地理解类图。对象图中的元素只有对象，关系只有链。其中，对象是类图中类的实例，链是类图中关联关系的实例。

习　　题

一、填空题

1. 类图属于 4+1 视图中的________视图。

2. 类图中，类之间的关系有以下 4 种：

（1）________关系，UML 表示为________；

（2）________关系，UML 表示为________；

（3）________关系，UML 表示为________；

（4）________关系，UML 表示为________。

3. 对象图中的________是类的实例，________是类之间关联关系的实例。

4. 在 UML 的图形表示中，________的表示法是一个矩形，这个矩形由 3 个部分构成。

5. 类中成员的可见性包含 4 种，分别是________、________、________、________。

6. 接口是可以在整个模型中反复使用的一组行为，是一个没有________，而只有________的类。

二、单选题

1. 以下关于对象的描述，正确的是（　　）。

A. 对象是类的一个实例　　B. 同一类的对象共享属性和方法

C. A 和 B　　D. 以上都不正确

2. 下列关于类的属性的表示，错误的是（　　）。

A. -uid：Long == 0　　B. #userName：String

C. -icon：byte[0-*]　　D. #icon：byte[0..*] = NULL

3. 当一个类的部分对象与另一个类的部分对象存在属性值或结构上的联系时，这两个类之间应当存在（　　）。

A. 关联关系　　B. 依赖关系　　C. 实现关系　　D. 泛化关系

4. 当一个类的方法的参数的数据类型是另一个类的定义，或者一个类的方法使用了另一个类的属性或方法，则这两个类之间存在（　　）。

A. 关联关系　　B. 依赖关系　　C. 实现关系　　D. 泛化关系

5. 两个类之间存在部分和整体的关系，则两个类之间的关系是（　　）。

A. 依赖关系　　B. 泛化关系　　C. 聚合关系　　D. 实现关系

6. 两个类之间存在一般和特殊的关系，则两个类之间的关系是（　　）。

A. 关联关系　　B. 依赖关系　　C. 实现关系　　D. 泛化关系

7. 接口和它的实现类之间存在（　　）。

A. 关联关系　　B. 依赖关系　　C. 实现关系　　D. 泛化关系

8. 在 UML 中，边界类表示为（　　）。

A.　　B.　　C.　　D. 以上都不正确

9. 下列关于领域模型类图的描述中，不正确的是（　　）。

A. 领域模型类图产生于软件设计阶段

B. 领域模型类图描述了系统的静态领域结构

C. 领域模型类图中的一个类一定对应了实现阶段的一个类

D. 领域模型类图中类的属性与操作仅关注与业务相关的部分

10. 下列关于类图中关联关系的描述，错误的是（　　）。

A. 对象图中链是类图中关联关系的实例

B. 聚合和组合是特殊的关联关系

C. 一个类 A 的方法返回值类型是另一个类 B，则类 A 和类 B 是关联关系

D. 角色名表示所属关联端连接的类在这一关联关系中担任的角色

11. 下面不属于类之间关系的是（　　）。

A. 依赖关系　　B. 泛化关系　　C. 外部关系　　D. 关联类

12. 计算机由 CPU、内存、硬盘、显示器、鼠标等构成，那么计算机类和鼠标类之间的关系是（　　）。

A. 继承关系　　B. 关联关系　　C. 聚合关系　　D. 依赖关系

三、简答题

1. 简述聚合关系和组合关系的区别和联系。

2. 简述领域模型类图和实现类图的区别。

3. 图 3-45 是问答型网站中的“问题类”，简述该图建模的内容。

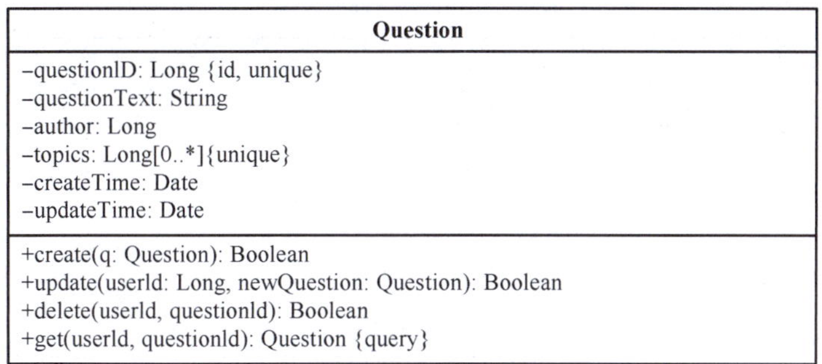

图 3-45　回答型网站中的"问题类"

4. 请用文字描述图 3-46 所示类图建模的内容，并列出类图中的两处错误及其改正方法。

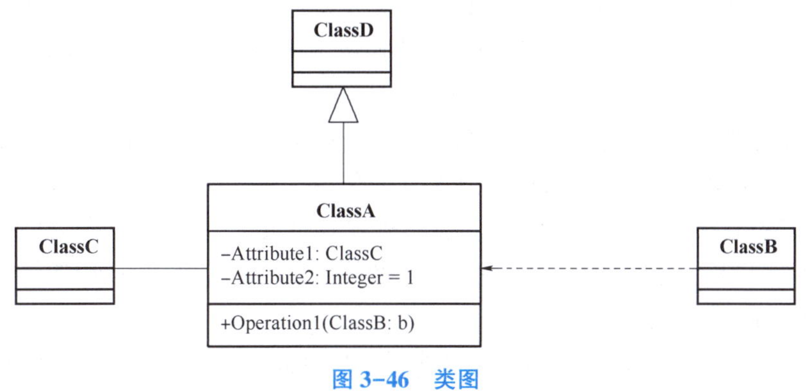

图 3-46　类图

5. 某公司拟研发用工合同管理系统来管理公司签订的劳动合同。该系统包括公司类、人类、劳动合同类，类图如图 3-47 所示。请用文字描述类图建模的内容。

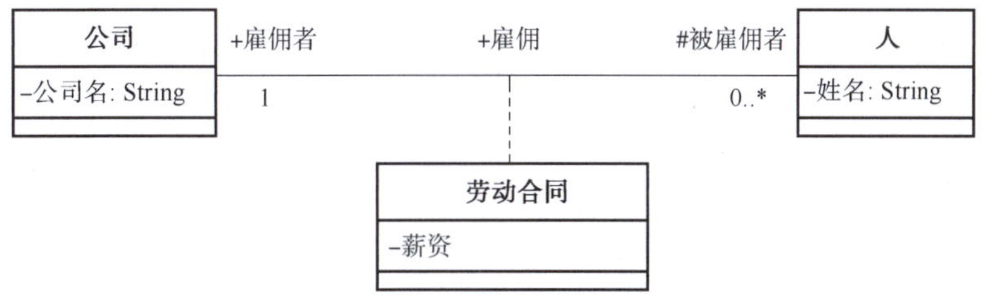

图 3-47　用工合同管理系统类图

四、分析题

1. 某校园二手货交易平台的需求分析如下。为了便于管理，将该系统的重要功能确定为一个子系统，该系统被划分为以下几个子系统：登录注册子系统、浏览商品子系统、商品管理子系统、需求管理子系统。由于该系统是限制于校内二手货交易平台的，因此为了提高买方的主动性，给买方一个"提出需求"的功能。这样，当卖方手中有相应的闲置物品时，若双方认为价格合理，也可以进行交易。各子系统的功能如表 3-7 所示。

表 3-7 各子系统的功能

子系统	功能
登录注册	会员注册、会员登录、查看基本信息、修改基本信息、注销
浏览商品	分类浏览商品、搜索商品、查看商品详情、添加收藏商品、查看收藏商品、删除收藏商品、清空收藏等
商品管理	添加商品、删除商品、修改商品信息等
需求管理	发布需求、查看需求、修改需求、删除需求

在浏览商品子系统中，涉及的类主要有浏览信息控制类、收藏商品控制类、商品信息类、用户需求信息类等。请绘制该子系统的类图，要求列出控制类的方法、实体类的属性，以及这些类之间的关系。

2. 在图书管理系统中，有借书证类和图书类。读者借书，表示为借书证类和图书类的关联类——借书记录。一名读者可以借阅多本图书，一本图书可以被多名读者借阅。根据前述需求，绘制该系统的类图。

3. 某奶茶店拟开发自助点单小程序，部分功能如下：员工设置菜单，标记商品状态（是否售罄），查看客户订单，设置订单进度（制作中、制作完成等）；客户可以查看菜单，选择商品，设置口味偏好，设置数量，付款，查看订单进度。根据需求，该系统包括商品类、员工类、客户类、订单类等。请为订单类设置适当的属性，建模识别前述 4 个类的关系（如果需要可增加类）；并绘制类图。

4. 根据习题 2.4.2（第 2 章第 4 题第 2 小题）中某大学教务管理系统，识别该系统有用户类、学生类、教师类、课程类、选课记录等类，以选课记录类为核心绘制类图，要求列出选课记录类的属性和方法，并识别各个类之间的关系。

第 4 章　顺序图

本章导读

顺序图主要用于软件功能的动态行为建模。本章将首先介绍顺序图的基本概念，然后介绍顺序图中的参与者、对象/生命线、执行规范、消息、交互框等，最后以在线商城系统中的加入购物车为例介绍如何使用 StarUML 绘制顺序图。

本章学习目标

能力目标	知识要点	权重
了解顺序图的基本概念；对顺序图的使用有一个初步的认识	顺序图的基本概念；建立顺序图的时机	15%
熟悉顺序图中所包含元素的基本概念及元素之间的关系	参与者、对象、生命线、执行规范、消息、交互框	50%
熟悉顺序图建模的步骤，能够识别出用例模型中的各个元素	识别顺序图中的各个元素	15%
通过分析一个比较典型的顺序图模型，具备独立建模的能力	通过一个案例具备独立建模的能力	20%

在面向对象软件开发过程中，进行静态结构分析后，就要进入对象之间的动态交互行为分析，即将用例图中用例表达的行为序列通过动态交互行为表现出来，这就是动态交互模型。在 UML 1. x 中，动态交互模型主要包括顺序图和协作图两种模型；在 UML 2. x 中，还添加了时序图和交互概览图。时序图实际上是顺序图的一种变体表示方法，它显示了对象在给定时间内的行为。交互概览图是后面将学习的活动图的变体，它侧重于交互控制流的概览。本章主要介绍顺序图模型。

顺序图也是逻辑视图的成员之一，它是最常用的一种动态交互模型，主要通过对象之间交换的消息顺序来描述对象之间的交互过程，从而完成某个事件或某个行为操作。

4.1 顺序图的基本概念

顺序图也称序列图，是一种按照时间顺序显示对象之间进行交互的模型。顺序图显示了参与交互的对象及交互信息的先后顺序，可以用来表示用例中的行为或某种操作。

顺序图是一种动态交互模型。“交互”就是指一组相关的类、对象、子系统或参与者等在动作执行过程中，通过发送一系列消息来完成一个用例中的功能或服务或操作。因此，交互一般是多个类的协作，也可以是多个类的操作。类或对象通过交互模型最终达到了参与者使用系统的目的。

在软件建模中，专门采用了一类图表来描述模型中不同元素之间这种类型的交互，这类图表称为“交互图”。因此，交互图的作用就是形象地展现系统的交互行为。这是一项比较大的工程项目，单靠一个图表无法覆盖系统的所有动态行为。在 UML 中，采用了不同类型的模型来捕获交互的不同方面。在 UML 1. x 中，主要采用两种模型来描述系统的交互行为，即顺序图和协作图，这两种不同的模型从不同的角度捕获系统的动态性。顺序图主要描述对象按照时间顺序的消息进行信息交换；协作图着重描述对象是如何协同工作的，即在空间上的协作关系。在 UML 2. 0 版本中，将协作图称为通信图，并新增加了交互概览图和时序图。因此，交互模型就有了顺序图、通信图、交互概览图和时序图 4 种。

实际上，顺序图就是在对模型理解的基础上对模型进行的翻译，即把各个对象之间操作的步骤抽象成为消息及消息传递的序列，在系统实现中供程序员们使用。

顺序图是我们对系统动态方面进行建模的第 1 个模型，它描述了一组对象的整体行为，究其本质，也是对象间相互协作的一个模型。

4.2 顺序图的组成元素

顺序图是将对象（即参与者的实例）之间的交互关系表示为一个二维图形。顺序图的水平方向代表的是交互过程中各个独立对象的类元角色，也可以理解为对象。顺序图的垂直方向代表的是时间轴，时间沿竖线向下延伸，并按时间递增顺序排列了对象之间发送的消息及接收的消息。可以用阿拉伯数字来表示消息之间的先后顺序。

顺序图中包含的元素有参与者对象（参与者的实例也是对象）、生命线、执行规范和消息。

4.2.1 对象/生命线

顺序图中对象的概念与类图中对象的概念一致，都是类的实例。顺序图中的对象可以是参与系统的参与者，也可以是任何有效的系统对象。

1. 对象的表示方法

在顺序图中，对象的表示方法主要有 3 种，如图 4-1 所示。对象用一个实线矩形框表示。每个对象都有一个类型，对象的类型就是这个对象所属的类目。对象的标准表示方法就是在对象名后面加上冒号再跟类名，即在实线矩形框中用“对象名：类名”这种格式表示的一种完整表示方法，如图 4-1（a）所示。

与对象图中对象的表示类似，对象的名称可以省略，即只有对象的类名，但要保留前面的冒号，这就表示该对象是一个匿名对象，即在实线矩形框中用“：类名”这种格式表示，如图 4-1（b）所示。

例如，在对对象所属的类别不存在争议的情况下，也可以省略类名，只保留对象名，即在实线矩形框中用“对象名”这种格式表示，如图 4-1（c）所示。

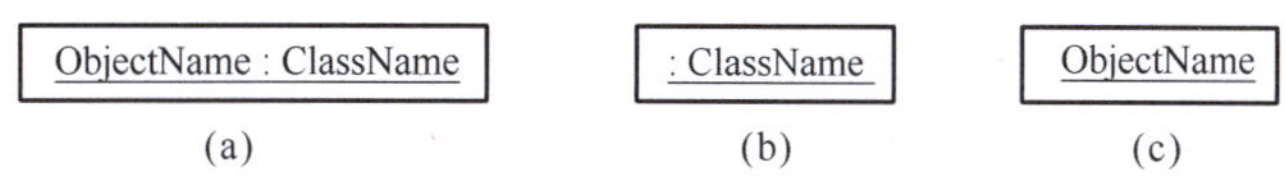

图 4-1 对象的表示方法

（a）完整表示；（b）匿名对象表示；（c）隐藏类名表示

2. 对象的命名

对象名使用一串字符串表示，对象的命名遵循一般标识符的命名规则，但在命名时尽量做到使用逻辑清晰的名称来表示。对象名一般采用小写字母开头的驼峰命名。

例如，对象名 stuName 和 className 都是合法的。

3. 对象的创建

在顺序图中，对象可能刚进入该交互过程就存在，也可能是在交互过程中被创建出来的。

若对象一开始就存在，则该对象位于顺序图的顶端；若对象是在交互过程中被创建出来的，则该对象在顺序图中的位置就会低于那些一开始就存在的对象，如图 4-2 所示。

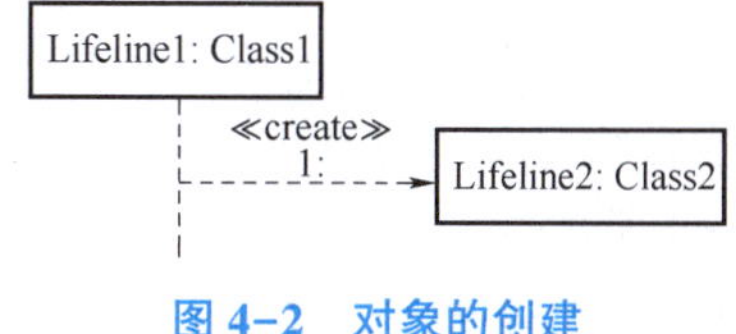

图 4-2 对象的创建

在 UML 2.0 的规范中，顺序图中的对象与生命线合为一体，如图 4-2 所示，并省略了下划线。

4. 对象/生命线的排序

在顺序图中，水平方向表示的是参与交互过程中的对象，因此，当存在多个对象时，它们在水平方向的排序一般遵循以下原则：

（1）对象横向排列在顺序图的顶端。

（2）主参与者位于顺序图的最左边，次参与者位于顺序图的最右边。

（3）启动这个互动活动的参与者位于顺序图的最左边，接收消息的参与者或活动者位于顺序图的最右边。

（4）把表示人的参与者放在顺序图的最左边，把表示系统的参与者放在顺序图的最右边。

（5）交互密切的对象尽可能相邻。

（6）在交互过程中创建的对象，位置要低于一开始就已经存在的对象。

例如，在图 4-3 所示的用户在机房登录系统的顺序图中，用户这个参与者位于顺序图的最左边，根据用户交互时的对象的先后顺序，对用户、系统和数据库这 3 个对象作了排序。

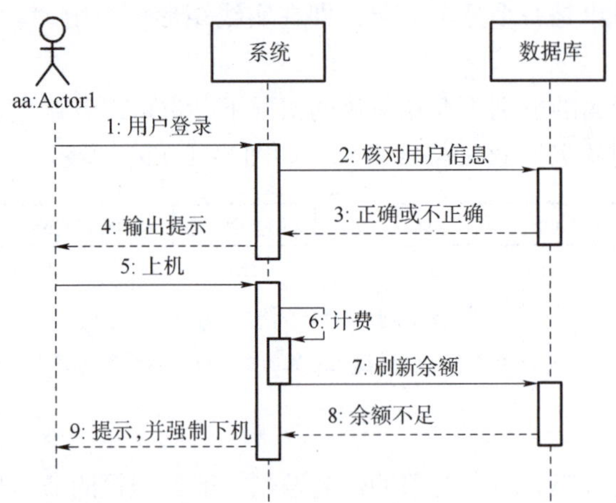

图 4-3　用户在机房登录系统的顺序图

用户对象 aa 向系统发送用户登录的消息，系统调用数据库的信息对用户名和用户密码等用户信息进行核对，信息正确或不正确，系统都会向用户输出提示。若信息正确，用户则可以登录系统进行上机，系统自行计费，并实时通过数据库对用户的余额进行刷新。若用户的余额不足，则系统将提示用户，并强制让用户下机。

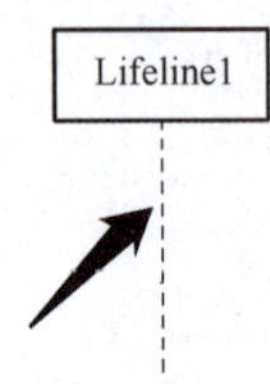

图 4-4　虚线

每个对象/生命线的下方都有一条垂直的虚线，用来表示该对象在本次交互过程中存在的时间。这条虚线展示了一个对象在交互过程中的生命期限，也就是对象在系统中参与一个功能时的存在时间。因此，在该对象的生存期内，对象/生命线是一直存在的，是可以被访问的，也是可以接收/发送消息的，如图 4-4 所示。

顺序图中的大部分对象/生命线的生存期都是从对象底部的中心位置一直延伸到整个顺序图的底部，用来表示在整个交互过程中，该对象从接收到消息就一直存在。

5. 虚线的销毁

在交互过程中，对象/生命线也有可能被销毁，这时该对象/生命线的生存期就会结束。

如图 4-5 所示，当 Lifeline 2 接收到一条销毁该对象的消息时，就会使用销毁标记“×”来表示该对象的销毁，该对象的生命线也截止了。在面向对象语言中，使用析构函数来表示对象/生命线的销毁。

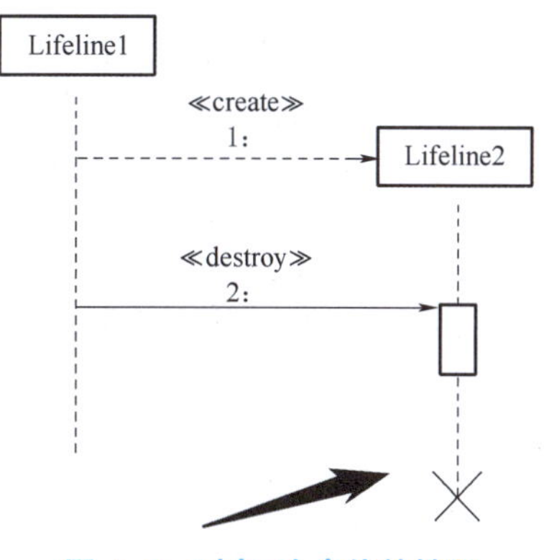

图 4-5　对象/生命线的销毁

4.2.2　执行规范

执行规范（Execution Specification）也称执行说明，在 UML 1.0 规范中，它被称为控制焦点，也称激活，即用它来表示一个对象读取某些属性信息进行信息传递，或者表示对象在交互过程中执行的动作或操作，但该动作或操作仅与一个事件关联。

执行规范用生命线上的一个细长的白色或灰色小矩形条表示，如图 4-6 所示。

一般使用矩形条的顶部表示该对象执行的动作或操作的开始时刻，用矩形条的底部表示该对象执行的动作或操作的结束时刻。

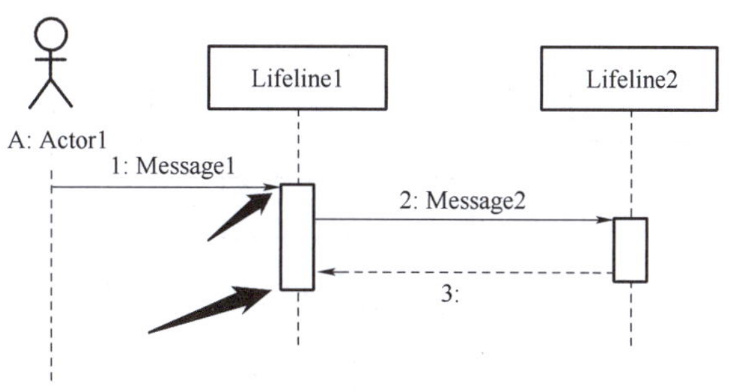

图 4-6　执行规范的表示

执行规范对象被激活后，对象就处于活跃期，表示该对象在这段时间内不会处于空闲状态，正在执行某项任务或正在被其他对象使用等。

一般来说，当一个对象接收到一条消息后，就会被激活，处于活跃期，即进入该消息的处理事件，需要执行某些相关的操作，然后将处理的结果进行反馈或传递到下一个对象中。因此，对象的激活往往伴随着消息的发出或接收。

执行规范还可以嵌套，也就是说，正处于激活期内的对象是可以调用它自身的方法或接收到另一个对象的消息或回调，在它已有的激活点上表示出一个新的激活点。通过激活点的嵌套可以更精确地表示消息的开始时刻和结束时刻。图 4-7 表示在消息 Message1 执行过程中又自我调用了消息 Message2。

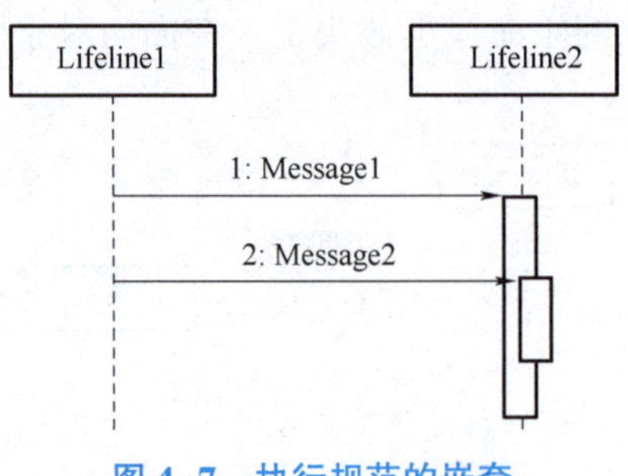

图 4-7　执行规范的嵌套

4.2.3　消息

在顺序图中，可以使用消息来表示从一个对象传递信息或信号到另一个对象，前面的对象是消息或信号的发送者，后面的对象是消息或信号的接收者。

在顺序图中，一个对象调用另一个对象的操作也可以用消息来表示，前面的对象是调用者，后面的对象是被调用者。

在顺序图中，消息就是对象之间进行交互或协同工作时传递信息的载体，在消息上装载了对象间进行通信的一系列信息，可以是对象与对象之间的信息，也可以是对象发给自己的信息。

因此，消息的实现方式有多种，例如对象的过程调用、执行一个操作、创建一个对象实体、销毁一个对象实体、产生一个事件、活动线程之间的内部通信等，都可以看作通过对象之间发送消息来实现。

在顺序图中，消息表示为从一个对象的生命线指向另一个对象的生命线，一般使用带箭头的实线表示，每条消息表示从发送对象指向接收对象，如图 4-8 所示。接收到消息的对象将会被激活。

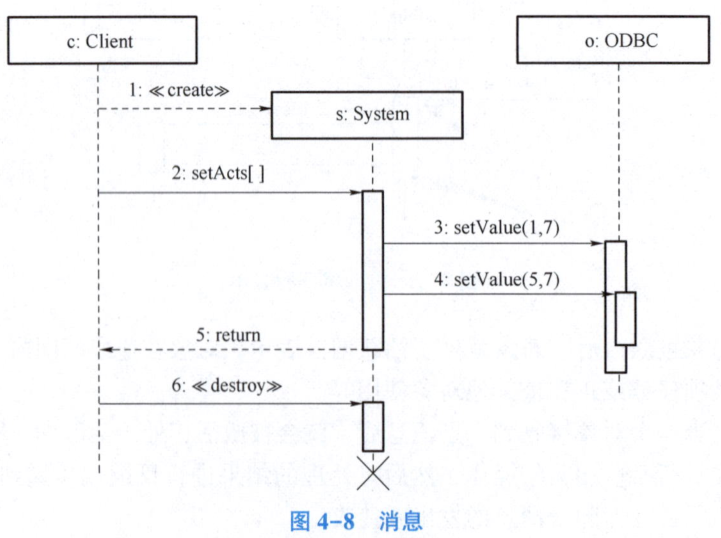

图 4-8　消息

消息按时间顺序在顺序图中从上到下依次排列。在图 4-8 中，消息采用阿拉伯数字从上到下排序。

消息的来源可能是已被确定的类对象，也可能是从外部发送过来的，当不确定外部对象的类型时，可以使用顺序图的无触发消息来表示这个外部消息。

顺序图中不同对象的生命线上的时标是相互独立的，所以箭头和生命线所处的角度没有任何意义。

【例 4.1】 在图 4-8 所示的顺序图中，共有 3 个对象、6 条消息。对象 c 向类 System 发送消息 create 并创建对象 s，对象 c 向对象 s 发送消息 setActs，对象 s 向类 ODBC 的对象 o 接连发送了两条 setValue 消息后，对象 s 又向对象 c 回发了消息 return，当对象 c 接收到这条消息后，又向对象 s 发送了消息 destroy 来销毁对象 s。

在 UML 动态建模中，消息的类型包括消息、返回消息、创建消息、销毁消息、自我调用消息、异步消息、无触发消息、无接收消息等。

1. 消息

当对象发送一条消息，接收者接收到该消息时往往会产生一个动作，这个动作可能会引起接收对象的状态发生改变。

消息（Message）就是发送者把消息发送给接收者，然后停止活动，等待接收者放弃或返回信息。

消息在 UML 规范的早期版本中，是采用同步消息这个术语来表示的。但在 UML 的后期版本中，更多的是使用消息来表示同步的意义，所有消息属于同步机制。

消息也可以表示为调用一个对象的执行操作，即接收者这个被动对象是一个需要通过消息驱动才能执行动作的对象。例如，当对象 A 发送消息给对象 B 时，A 会等待 B 执行完所调用的方法后再继续执行。

消息用带实心三角形箭头的实线表示，如图 4-9 所示。

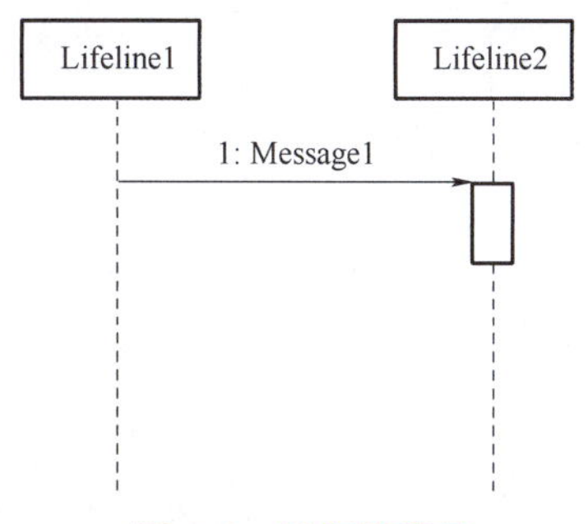

图 4-9 消息的表示

消息一般会对应一段简单的代码，图 4-10 所示的代码表示消息的调用，被指向的类 B 拥有箭头所表示的方法，发出箭头的类 A 调用该方法。

2. 返回消息

返回消息（Reply Message）不是主动发出的消息，而是接收者接收到消息后，向发送者发送的一条信息。

在很多情况下，接收者都会发送一条返回消息给发送者，但如果在模型中把所有的返回消息全部表示出来，模型上的消息就会变得杂乱而影响阅读。因此，很多返回消息是不需要

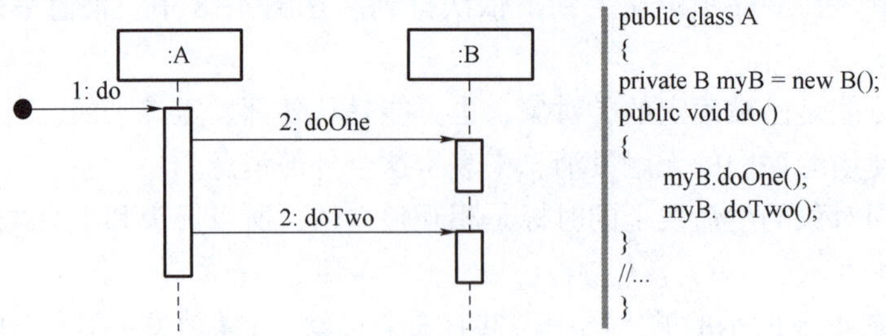

图 4-10　消息的调用

绘制出来的，只需要绘制那些比较重要的返回消息。

过程调用的返回消息可以是隐含的，不需要绘制出来；而非过程调用的返回消息需要明确地绘制出来。非过程调用是指消息是事件发生，该事件的出现修改了全局变量或局部变量的值，从而导致接收对象的某个方法的执行。

返回消息都是异步消息，表示并发运行。

返回消息用带实心三角形箭头的虚线表示，如图 4-11 所示。

3. 创建消息

创建消息（Create Message）是指当创建一个对象时发送的消息。被创建的对象在顺序图中的位置会低于那些一开始就存在的对象。

参与交互的对象不一定在整个顺序图交互的完整周期中一直存在，对象可以根据需要，通过发送消息被创建出来，也可以通过消息被销毁掉。

创建消息用≪create≫构造型表示，如图 4-12 所示。

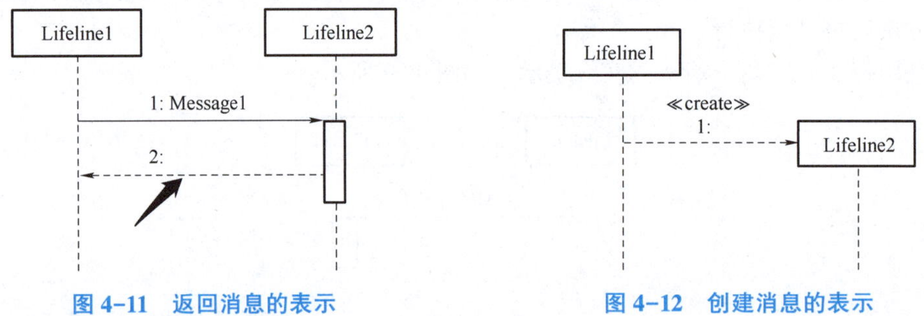

图 4-11　返回消息的表示　　图 4-12　创建消息的表示

4. 销毁消息

销毁消息（Delete Message）是指当销毁一个对象时发送的消息。销毁消息可以销毁其他对象，也可以销毁对象本身。

销毁消息用≪destory≫构造型表示，在被销毁的对象的生命线下方加一个“×”表示该对象的结束，如图 4-13 所示。

在 Java 中，使用垃圾回收机制来处理对象的销毁。

5. 自我调用消息

自我调用消息（Self Message）是指当一个对象发送消息到它本身时的消息。

自我调用消息通过活动条的嵌套来表示，如图 4-14 所示。

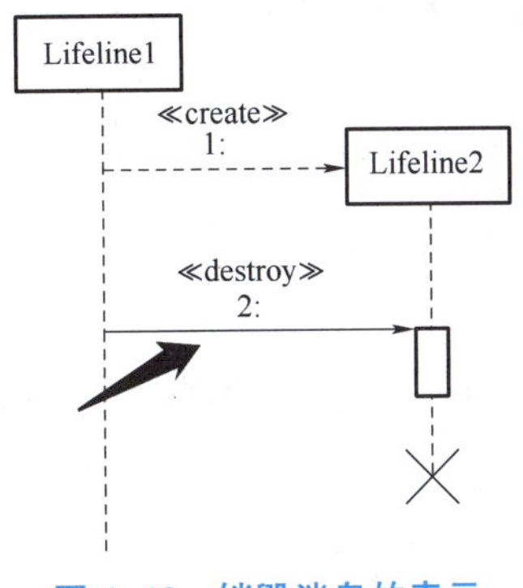

图 4-13　销毁消息的表示

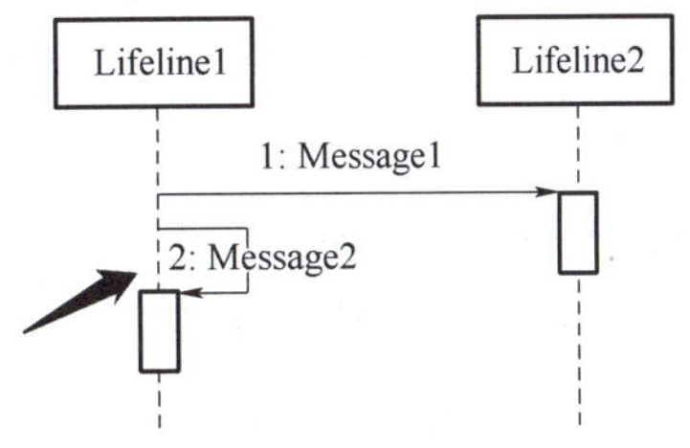

图 4-14　自我调用消息的表示

6. 异步消息

异步消息（Async Message）是指事物之间是并发执行的一种状态。例如，消息的发送者把消息发送给消息的接收者，然后继续自己的活动，不必等待接收者的返回消息或控制。也就是说，发送者和接收者是并发工作的。

异步消息用带实心三角形箭头的实线表示，如图 4-15 所示。

7. 无触发消息

无触发消息（Found Message）表示消息的来源是一个随机的消息源，即消息的发送者没有被详细指明，或者消息的发送者是未知的。

当我们无法确定消息的来源时，就可以使用无触发消息。

无触发消息用实心圆圈作为开始端的带实心三角形箭头的实线表示，如图 4-16 所示。

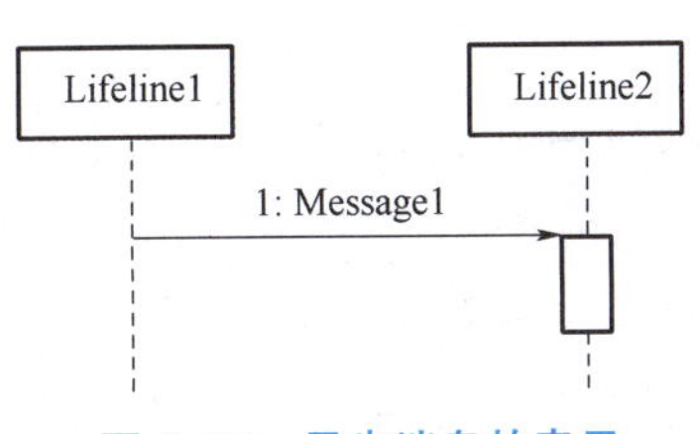

图 4-15　异步消息的表示

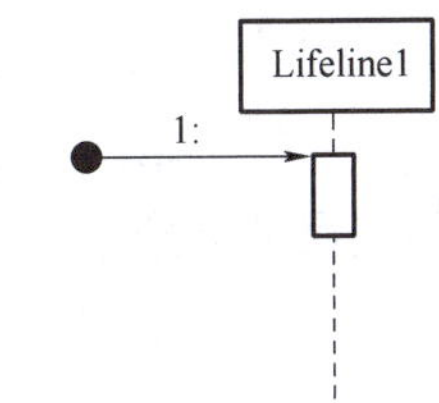

图 4-16　无触发消息的表示

8. 无接收消息

无接收消息（Lost Message）用来描述消息的接收者没有被详细说明，或者消息的接收者是未知的，或者消息在某一时刻没有被接收到。

无接收消息用实心圆圈作为接收端的带实心三角形箭头的实线表示，如图 4-17 所示。

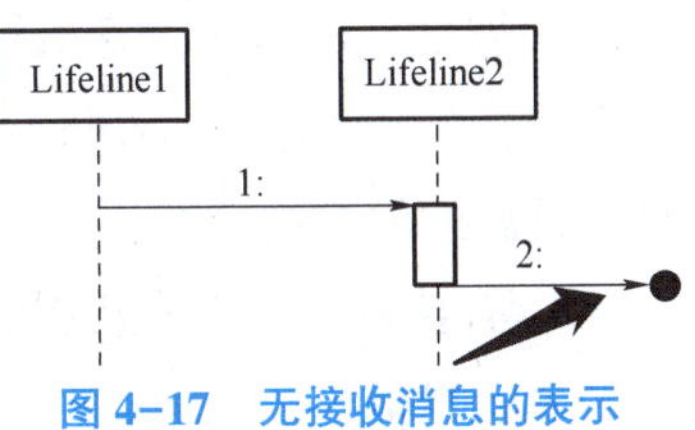

图 4-17　无接收消息的表示

4.2.4　消息的表示格式

消息定义了对象在交互过程中传递的信息，这种信息可以表示调用的一个操作、创建或销毁一个实体、发送的一个信号等。

每条消息都必须有一个名称。在表达消息的箭头上，需要放置表示消息名称的标签，其语法格式如下：

[警戒条件] [序号:] [属性 =] 消息名'('[参数列表]')'['.'[返回值]]

在上述语法格式中，用方括号括起的是可选部分，可有可无，但消息名是必须要有的。

参数说明如下：

(1) 警戒条件：指明消息发送的警戒条件，如果满足该条件，则发送该消息。该消息一般用布尔表达式表示，其格式如下：

[Boolean-expression]

当消息中存在警戒条件时，这个方括号也必须有，因为它是消息的组成部分。

例如，[x>2]exchange(x,y)表示当满足 [x>2] 这个警戒条件时，执行 exchange(x,y) 这条消息。

该条件除了可以表示警戒条件外，还可以表示循环执行的条件。当表示循环执行的条件时，其格式如下：

*[迭代条件]

其表示消息要根据迭代条件循环发送。

例如，*[x>2]exchange(x,y)表示当满足 [x>2] 这个迭代条件时，循环执行 exchange(x,y)这条消息。

在 UML 中没有对循环子句和条件子句的格式进行规定，一般是由分析人员根据具体情况来选择合适的子句表达式格式进行表示的。

(2) 序号：指明该消息的序号。

消息的序号表示消息发送的顺序，一般按阿拉伯数字 1，2，3…的顺序进行排序，但也可以按消息发送的层次进行排序。

例如，2. 1. 1 表示的是第 3 层的第 1 条消息，也就是第 1 层的消息是最前面的数字 2，第二层的消息是 2. 1，2. 2…，第 3 层的消息则是 2. 1. 1，2. 1. 2…。

如果表示两个消息是并发的，则可以使用格式 2. 1a、2. 1b 表示这两个并发的控制线程。

(3) 属性：表示该消息执行后的返回值赋予对象的属性。

例如，[x>2]2:d=max(x,y)表示当满足 x>2 这个条件时，执行 max(x,y)消息，并把该消息执行后的值赋给属性 d。

(4) 消息名：指该消息或信号的名称，该名称不能被省略。消息名的命名一般遵循标识符的命名规则。

例如，[x>2]2:d=max(x,y)，这条消息中的消息名称就是 max。

(5) 参数列表：指该消息执行时所携带的参数，包括参数名称和参数类型，当有多个参数时，各参数之间用逗号隔开。

例如，[x>2]2:d=max(x,y)，这条消息中的参数是 x 和 y。

(6) 返回值：指当该消息执行后值的数据类型。

表示一些消息的例子如表 4-1 所示。

表 4-1 消息的例子

消息	消息类型
display()	简单消息
display(x,y)	带参数的简单消息
2:display(x,y)	有序号的带参数的简单消息
1.3.1:display(x,y)	嵌套消息
[x>2]2:display(x,y)	带警戒条件或消息发送条件的消息
[x>2]2:d=display(x,y)	有返回值的消息
3.2 * :update()	循环发送消息
2.1a,2.1b/2.2:update()	同时发送的并发消息作为先发消息序列

表 4-1 中各消息的解释如下：

display()：表示消息的名称为 display。

display(x,y)：表示消息的名称为 display，消息的参数是 x 和 y。

2:display(x,y)：表示序号为 2 的消息，也就是第 2 个发出的消息，消息的名称为 display，消息的参数是 x 和 y，这也是一条简单消息。

1.3.1:display(x,y)：表示序号为 1.3.1 的消息（1.3.1 是嵌套的消息序号，表示消息 1 的处理过程中的第 3 条嵌套消息的处理过程中的第 1 条嵌套的消息），消息的名称为 display，消息的参数是 x 和 y。该消息若能执行，就表示消息序号 1.2 及后续的 1.2.x 的消息已经处理完毕。

[x>2]2:display(x,y)：表示序号为 2 的消息，消息的名称为 display，消息的参数是 x 和 y，[x>2] 是警戒条件，表示当满足警戒条件 x>2 时，发送第 2 条消息 display。

[x>2]2:d=display(x,y)：表示序号为 2 的消息，返回值是 d，消息的名称为 display，消息的参数是 x 和 y，[x>2] 是警戒条件，表示当满足警戒条件 x>2 时，发送第 2 条消息 display。

3.2 * :update()：表示序号为 3.2 的消息（3.2 是嵌套的消息序号，表示消息 3 的处理过程中的第 2 条嵌套的消息），消息名称为 update，不带参数。由于该消息携带“ * ”，所示表示循环发送第 3.2 条消息 update。

2.1a,2.1b/2.2:update()：表示同时发送消息 2.1a 和 2.1b 后，再发送消息 2.2，消息名称为 update，不带参数。2.1a 和 2.1b 表示消息的前序，用来描述同步消息。2.2 是消息的顺序项，表示嵌套的消息序号。

4.3 顺序图的交互框

在 UML 1.x 规范中，顺序图在表示循环行为和条件行为时是很困难的。因此，在 UML 2.0 以上的规范中，顺序图中添加了交互框（Interaction Frame）。交互框是顺序图模型中的一块区域（Region），也称片段（Fragment）。

一个交互框有一个关键字，这个交互框中可以包含一个消息序列，也可以包含更多子片段。可以将新增的这些关键字操作符称为标签，这个标签还可以包含一个警戒条件，这样顺序图就能表达更加复杂的动作序列。

在 UML 2.0 中，将这些关键字操作符表示在顺序图的一个矩形区域，矩形区域左上角有一个小五边形的标签，表明这个操作符的类型。操作符对穿过它的生命线发挥作用。如果一条生命线刚好运行到操作符某一位置，则操作符可以决定是否将其中断，并在操作符的另一位置重新开始。

UML 2.0 中的关键字操作符如表 4-2 所示。

表 4-2　UML 2.0 中的关键字操作符

类型	参数	含义
opt	[条件]	可选片段，表示单条件的分支，即当警戒条件为真值时执行该片段
alt	[条件 1] [条件 2] [else]	多选片段，表示多条件分支的选择片段，类似于选择结构中的 if…else…语句，警戒条件表达的是互相排斥的逻辑条件
par	无	并行片段，表示片段内的两个或更多个并行子片段的并发执行
loop	最小值，最大值，[循环警戒条件]	循环片段，表示一个循环片段，当条件为真时执行循环，也可以使用 loop(n)来表示循环 *n* 次，类似于 for 循环
ref	无	表示一个交互被定义在另一个图中。可以将一个规模较大的图划分成若干个规模较小的图，方便对图的管理和复用
break	无	表示退出，在交互或循环片段中，当遇到 break 时必须退出，类似于 Java 或 C#中的 break 语句
neg	无	表示一个无效的交互
region	无	表示一个区域，在这个区域内只能运行一个线程

下面举例说明主要的交互框中的关键字操作符。

4.3.1　opt

操作符 opt 表示的是一种单条件分支片段。如果对象生命线在进入操作符的时候满足括号中的警戒条件，那么操作符的主体就会得到执行。

操作符 opt 举例如图 4-18 所示。

在图 4-18 这个有操作符 opt 的顺序图中，当警戒条件密码的值为真时，对象：User 顺序地向对象：Date 发送消息“登录系统”。

opt 表示若满足条件则执行的单分支结构，这种单分支结构也可以单纯地使用条件表示，而不使用片段表示。图 4-18 和图 4-19 中的两种结构是等价的。

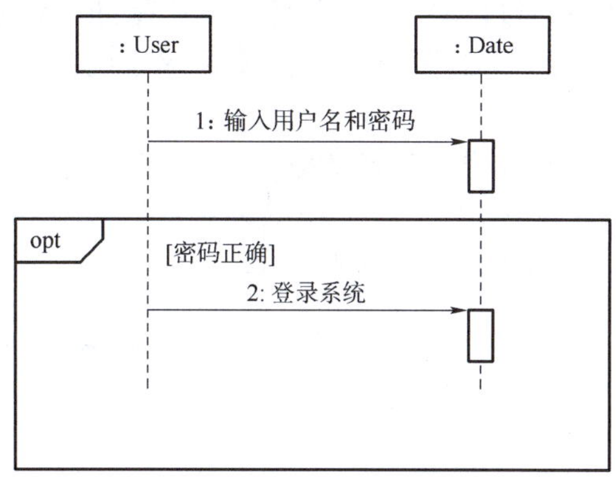

图 4-18　操作符 opt 举例

【例 4.2】表示单分支条件的另一种等价结构如图 4-19 所示。

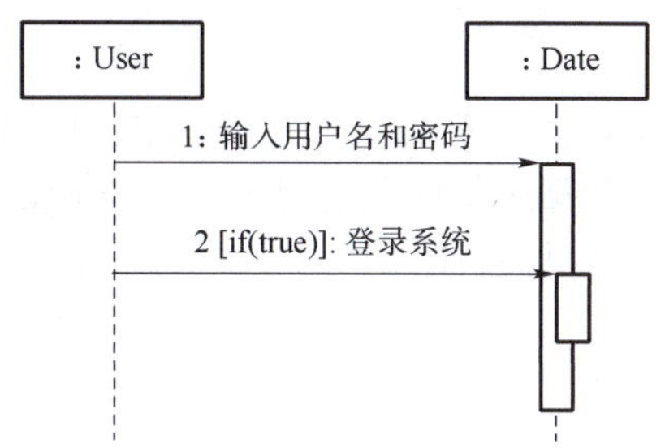

图 4-19　单分支选择结构

4.3.2　alt

操作符 alt 表示的是多条件分支的选择结构片段。根据是否满足警戒条件而作出不同的执行决策时，可以在条件执行的片段内部使用虚线隔开不同区域，当对象的生命线运行到这一区域时，根据片段中的条件，选择其中一个区域执行。

操作符 alt 举例如图 4-20 所示。

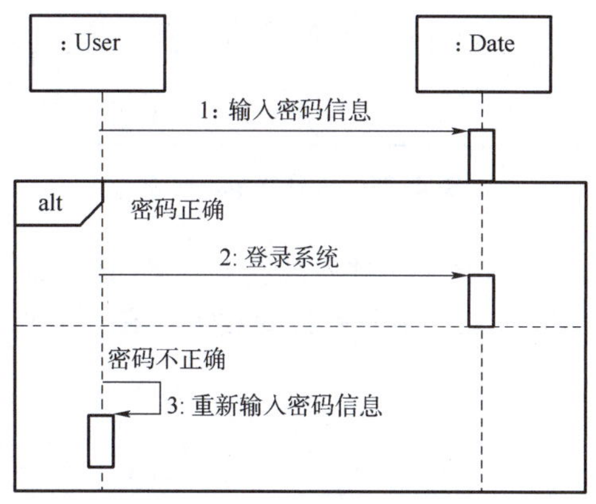

图 4-20　操作符 alt 举例

在图 4-20 这个交互图中，包含一个多条件的交互片段 alt。对象：User 先发送“输入密码信息”这条消息给对象：Date，如果密码正确，则登录系统；如果密码错误，则要求重新输入密码信息。

【例 4.3】图 4-21 也是一个多分支选择结构。

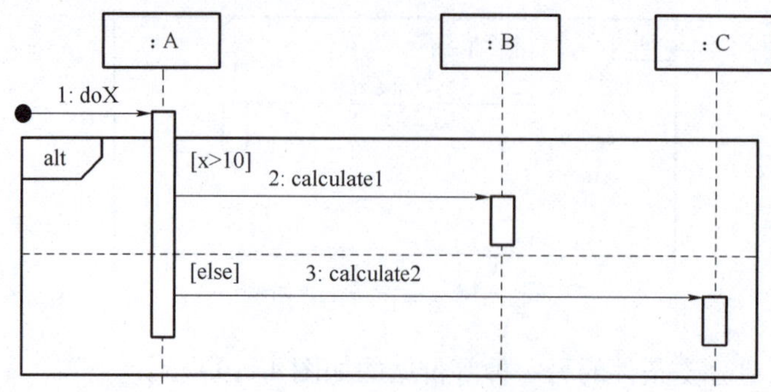

图 4-21　多分支选择结构

在图 4-21 这个包含多个条件的交互片段 alt 的交互图中，对象：A 先接收到一条外来的消息 doX，若满足［x>10］这个警戒条件，则对象：A 发送消息 calculate1 给对象：B；否则对象：A 发送消息 calculate2 给对象：C。

4.3.3　par

操作符 par 表示的是并发的交互片段，用来表示两个或多个片段并发执行。

操作符 par 举例如图 4-22 所示。

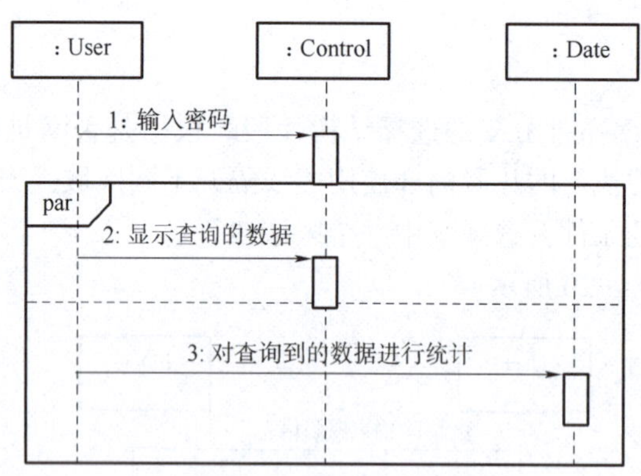

图 4-22　操作符 par 举例

在图 4-22 这个交互图中，包含一个并发的交互片段 par。对象：User 先发送“输入密码消息”这条消息给对象：Control，“显示查询的数据”和“对查询到的数据进行统计”这两条消息并发执行。

4.3.4　loop

操作符 loop 表示的是循环的交互片段，可以用来表示该交互片段可以被执行多次，还

可以用来注明循环的次数。例如，循环 5 次时的表示方法是 loop(5)，循环 1 次或 n 次时的表示方法是 loop（1，n）。

操作符 loop 举例如图 4-23 所示。

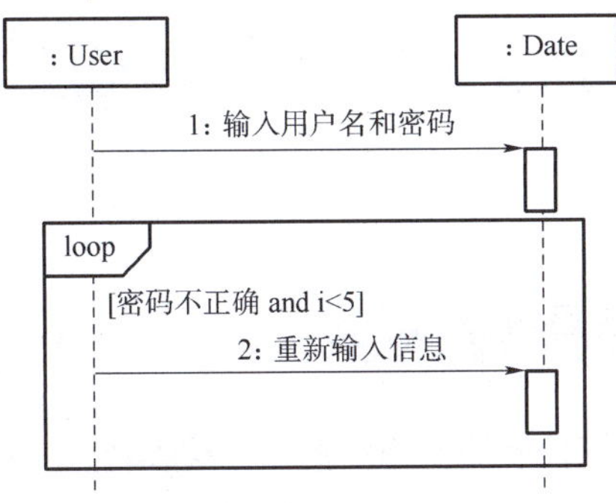

图 4-23　操作符 loop 举例

在图 4-23 这个交互图中，包含循环的交互片段 loop 用来表示该交互片段可以循环执行多次。在本例中，对象：User 先向对象：Date 发送“输入用户名密码”这条消息，若密码不正确，则进入循环交互片段 loop，然后对象：User 向对象：Date 发送“重新输入信息”这条消息，允许重新发送消息的次数不能超过 5 次。

4.3.5　break

break 片段表示的是终止，其实它与高级语言中的 break 语句表达的含义类似，经常用在循环或条件语句中。

通常用 break 定义一个含有监控条件的子片段。如果监控条件为真，则结束这个子片段，而且不执行这个子片段后面的其他交互；如果监控条件为假，则按正常流程执行。

操作符 break 举例如图 4-24 所示。

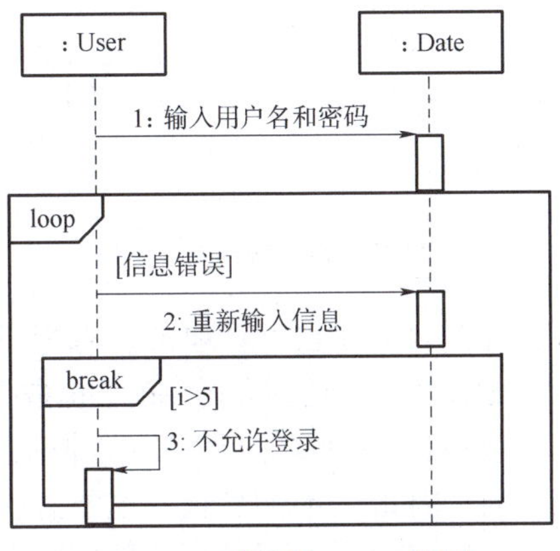

图 4-24　操作符 break 举例

在图 4-24 这个交互图中，包含一个循环的交互片段 loop 和终止片段 break。交互片段 loop 可以循环执行多次。在本例中，对象：User 先向对象：Date 发送“输入用户名和密码”这条消息，若信息错误，则进入循环交互片段 loop，然后对象：User 向对象：Date 发送“重新输入信息”这条消息，允许重新发送消息的次数不能超过 5 次；若重新发送消息的次数超过 5 次，则进入终止片段 break，终止登录，也表示程序跳出交互片段 loop，终止了循环。

4.4 顺序图中常见的问题

4.4.1 调用消息与异步消息

调用消息是消息的发送者把控制流传递给消息的接收者，然后停止活动，等待消息的接收者给它发送一个返回信号。因此，在控制流完成期间，消息的发送者会中断其原有的活动。

异步消息是消息的发送者把控制流传递给消息的接收者，然后继续自己的活动，不必等待消息的接收者给它发送一个返回信号。因此，在控制流完成期间，消息的发送者不会中断其原有的活动。

总之，调用消息就是控制流在完成之前需要中断信息，而异步消息是不需要中断控制流信息的。

【例 4.4】 在教务管理系统中，当教师成功登录教务管理系统后，在线输入学生成绩的过程分析如图 4-25 所示。

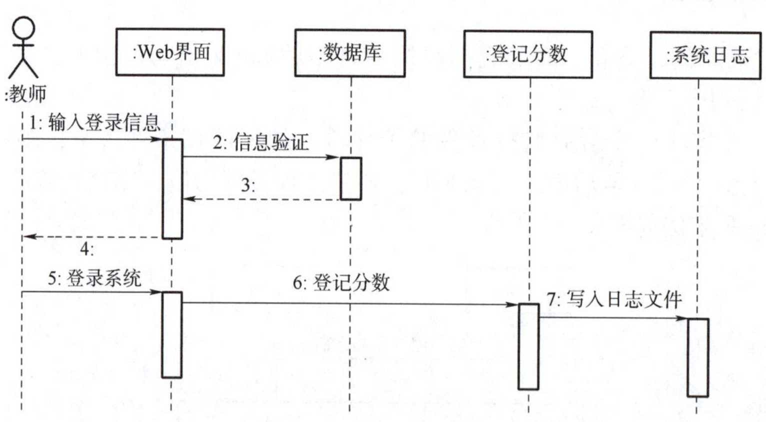

图 4-25 教师输入学生成绩

在图 4-25 这个顺序图中，首先教师在教务管理系统的 Web 界面输入教师的登录信息，Web 界面接收到这个信息后就会把该信息发送到数据库中，由数据库完成对教师登录信息的验证。在教师登录信息验证期间，教师登录系统的过程必须要中断，即对象：Web 界面的第 1 个控制焦点所表达的活动必须被中断。因此，“信息验证”这条消息就是调用消息。

当信息验证结束，教师成功登录教务管理系统后，就可以进行分数的登记了。在登记分数期间，出于安全性等考虑，系统会进行日志文件的写入，以此来记录教师在登记分数时的整个操作过程。在登记分数时，同时会写入日志文件，这时候，“登记分数”这条消息是不会被中断的。也就是说，对象：登记分数的控制焦点所表达的活动不会被中断。因此，“写入日志文件”这条消息就是异步消息。

调用消息要求发送消息的对象发出调用消息后，停止自己的活动，将控制权转交给接收消息的对象，而异步消息不会。因此，在表现上，调用消息可以表现嵌套的控制流，而异步消息表现的是非嵌套的控制流。

4.4.2　消息的普通嵌套和递归嵌套的表示

在顺序图中，消息的调用存在嵌套，可以有普通嵌套和递归嵌套两种。

普通嵌套指的是对象在它的激活期时又调用了另一个对象。例如，在图 4-26（a）中，对象：C1 发送消息 open1 给对象：C2，对象：C2 发送消息 open2 给对象：C3，对象：C3 在它的激活期又发送消息 open3 给对象：C2。对象：C2 的消息就出现了嵌套。

递归嵌套又可以分为两种：自身调用和间接调用。

如果一个对象在激活期又直接调用其自身，就是自身调用，也称自反递归。例如，在图 4-26（b）中，对象：C1 发送消息 open1 给对象：C2，对象：C2 在它的激活期又发送消息 open2 给自身，这样的调用就是自身调用。

当一个对象在激活期时调用了另一个对象，而另一个对象在它的激活期时又调用了这个对象，则称为间接调用。例如，在图 4-26（c）中，对象：C1 发送消息 open1 给对象：C2，对象：C2 发送消息 open2 给对象：C3，对象：C3 在它的激活期又发送消息 open1 给对象：C2，这样的调用就是间接调用。

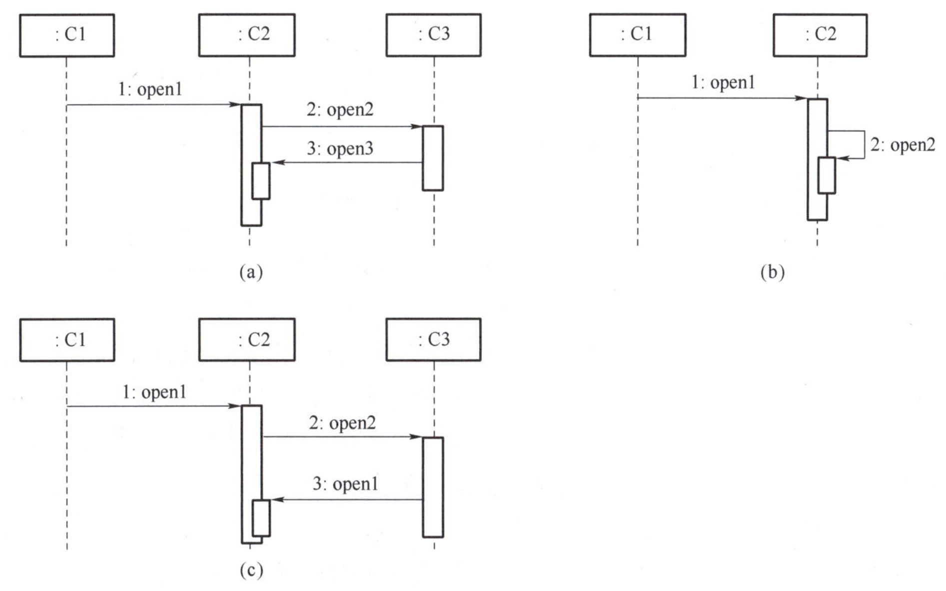

图 4-26　消息的普通嵌套、自身调用和间接调用

（a）普通嵌套；（b）自身调用；（c）间接调用

4.4.3　调用消息和信号消息

在交互模型中，对象之间的交互是通过消息传递的，消息一般都是操作调用，但也可以是信号。

调用一般是指发送对象给接收对象发送的一个方法调用，也就是一个方法的执行。若发送对象发送的是信号，则接收对象先收到这条消息，然后会触发一个事件。在大多数情况下，当事件发生时往往会激活一个方法的执行。

当消息被非循环发送时，调用消息和信号消息的区别不大，都会激活接收对象的某个方法的执行。但当消息被循环发送时，调用消息和信号消息就有着本质的区别：调用消息时接收消息对象的同一个方法被执行多次，而信号消息时接收消息对象对同一个方法只执行一次，但这个事件会多次发生。

【例 4.5】在在线商城系统中，用户登录系统的交互过程如下。若用户输入的密码错误，则需要重新输入，但允许输入的次数不能超过 3 次；若用户输入的密码正确，则退出循环。在建模这个用户登录的顺序图时，就需要使用交互框中的循环片段，并嵌套选择片段，变量 count 表示输入密码的次数。如图 4-27 所示。

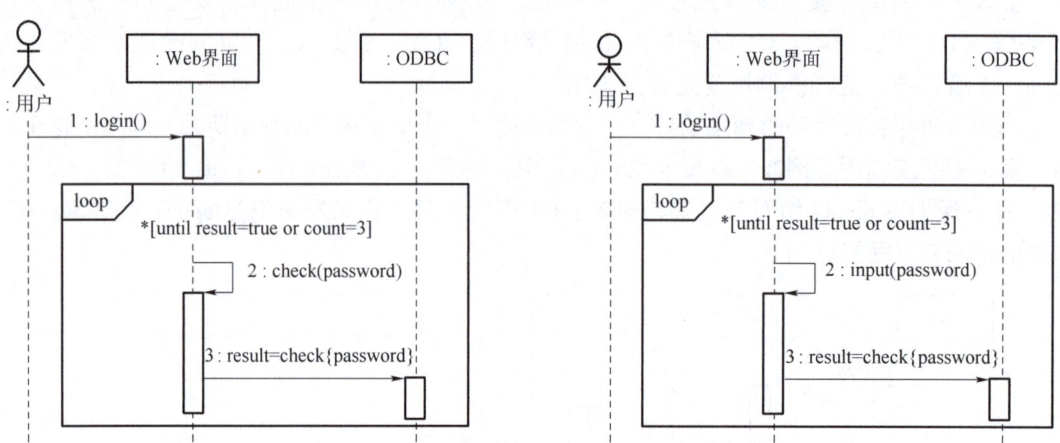

图 4-27　调用消息与信号（事件）消息的区别

在图 4-27 中，消息 check(password) 是调用消息，也就是说，check( ) 是对象“：Web 界面”的方法。当多次输入的密码错误时，方法 check( ) 最多执行 3 次。方法 check( ) 的每一次执行，都需要输入密码。消息 input(password) 是信号（事件）消息，也就是说，input( ) 对应了面向编程语言中的输入语句，它只是完成一个变量的输入与赋值。假设对象：Web 界面也需要使用方法 check( ) 来验证密码，当 input( ) 完成一次输入后将会激活这个对象的方法 check( ) 来验证密码。但无论 input(password) 被发送了多少次，最多只能被发送 3 次，方法 check( ) 只会执行一次。

在该顺序图中，result=check(password) 是调用消息，要使用类 ODBC 的对象的方法 check( ) 验证密码，并把结果返回给 result。该调用消息最多执行 3 次。

4.4.4　顺序图的约束

在顺序图中，若需要对图中的消息在时间、条件等方面进行约束，那么就可以使用 UML 的 3 种扩展机制中的约束 {constraint} 来表示。图 4-28 对两条消息的发送时间间隔进行了约束。

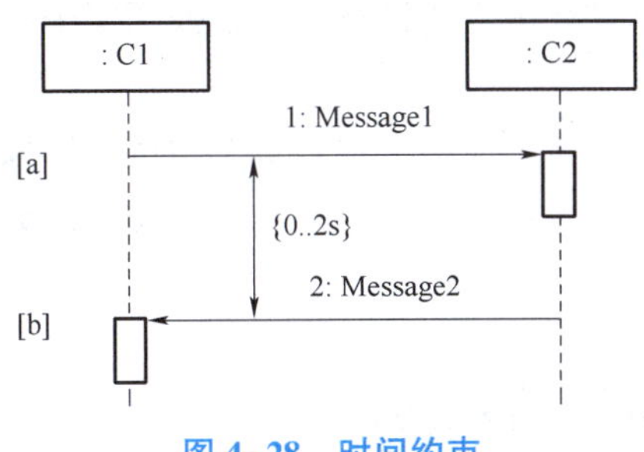

图 4-28　时间约束

在图 4-28 中包含一个持续时间约束｛constraint｝，用来表示时间的间隔。在本例中，表示消息 Message2 与消息 Message1 的时间间隔是 0~2 s。

4.4.5　顺序图的两种形式

顺序图有两种描述形式：实例形式和一般形式。

实例形式的顺序图指的是在特定的场景下，对象之间的一次可能的交互，在交互中没有任何条件、循环和分支。

一般形式的顺序图指的是在一个场景下，对象之间可能出现的所有交互，在交互中可能有条件，也可能有循环或分支。

一般形式的顺序图包括在一个场景下的对象之间交互时出现的所有可能情况，而实例形式的顺序图只指一种特定的交互情况。

例如，在描述“登录系统”的交互场景下，若采用一般形式的顺序图描述，则包括登录时所有出现的交互，即登录成功时的交互和登录不成功时的交互；若采用实例形式的顺序图描述，则可以描述特定的场景，如登录成功的场景，也可以描述登录不成功的场景，但一次只能描述一种场景下的交互，而其他场景下的交互需要再用一个实例形式的顺序图描述。

4.4.6　顺序图与用例描述的关系

用例描述指的是一个参与者与系统是如何交互的规范说明。在用例描述中，最主要的信息是参与者与系统进行交互时，参与者与系统所执行的一系列的动作序列。这个动作序列包括两个方面：参与者与系统正常交互的各种动作序列和非正常交互时的动作序列，在用例描述中也称为基本事件流和扩展事件流。

顺序图描述的是对象与对象之间交互时的消息传递。一个顺序图只能描述一个控制流，如果控制流比较复杂，则可以对这个控制流进行分解，然后使用多个顺序图来描述。

在用例描述中，描述了参与者使用系统的一个功能，这个功能的执行过程被细化成基本事件流和扩展事件流，基本事件流和扩展事件流都是通过动作序列来描述的。基本事件流这个完整的动作序列，在顺序图中通过对象与对象之间的消息发送序列，展示出了事件流的具体对象的实施方案。同理，扩展事件流也是对象与对象之间的消息发送序列，只不过是非正常情况下的对象与对象之间的交互。

因此，可以这样理解，一个顺序图对应用例描述中的一个事件流。如果用例描述中的事件流比较复杂，则可以对这个复杂事件流进行分解，使用多个顺序图进行描述，然后使用包机制对这些顺序图进行管理。

因此，系统分析人员可以通过顺序图来检查每个用例中所描述的用户需求，审核这些需求是否在具有这个功能的类图中得以实现，以及是否有遗漏的类或类图中的方法等，从而能更好地完成类图。

4.4.7 顺序图与类图的关系

类图描述的是类之间的静态结构关系，类之间的关联关系显示了信息之间的静态联系；类之间的依赖关系、泛化关系显示了类之间属性或操作上的静态关系。这些类之间的联系，反映在了程序代码的实现上，没有反映在类方法的调用上。

顺序图描述的是对象之间的动态关系，在顺序图上通过对象之间消息传递，显示了对象之间方法上的调用关系及次序（消息的次序）。

顺序图中展示的是对象之间的消息传递，表现出了对象之间的一种协作关系，对象与对象通过这种协同合作，可以共同完成某一个功能。

类图中只有关联关系、依赖关系及泛化关系，没有协作关系。

4.5 顺序图建模

顺序图建模，就是对整个系统行为的控制流建模，包括对用例、模式、机制、框架和类的行为，甚至对一个操作的建模。

顺序图侧重于按时间顺序进行控制流建模，它强调按照时间顺序展开对消息的传递。

对于复杂的控制流，一个顺序图可能无法把它完整地展现出来，可以建立多个顺序图，其中包括一个主顺序图和多个分支的从顺序图，然后通过包机制对这些顺序图进行统一管理。

4.5.1 顺序图建模的步骤

按时间顺序对控制流进行建模，步骤如下：

（1）根据当前的交互语境，确定要建模的工作流。例如，当前的交互语境包括哪个系统、子系统，哪些类和对象，对应哪个用例或哪个协作的脚本等。

（2）根据当前的场景，识别在当前场景中扮演角色的对象。根据对象的重要性，在顺序图模型中对对象进行顺序排列。一般来说，发起交互的对象、比较重要的对象放在顺序图的左边，这些对象是在结构建模中建立类图时进行分析得到的结果，可以是一般类、边界类等；控制类一般放在顺序图的中间；而实体类是被操作的对象，一般放在顺序图的右边。

（3）为识别出的对象设置生命线。在多数情况下，对象的生命线贯穿对象的整个交互过程，但对于那些在交互过程中被创建出来的对象或要销毁的对象，它们的生命线的起始点和结束点就需要识别出来，这样就需要在适当的时候设置这些对象的生命线，并用消息 Create Message 和 Delete Message 指向相应的对象。

（4）根据时间顺序对对象间发送的消息进行排序。一般按照从引发这个交互的起始消息开始，在对象的生命线之间自上而下依次画出交互过程中的各条消息。

（5）确定各条消息的类型。从起始消息开始，分析它需要哪些对象为它提供操作、它为哪些消息提供操作等，还需要通过分析确定消息的类型，如消息、异步消息、返回消息、自我调用消息等，并且在消息的上方标明消息的名称，根据需要还可以提供消息的其他属性，如条件、类型、参数等，直到分析完所有的消息。

（6）设置对象的激活期。根据各个对象发送消息和接收消息的起始点等，设置各个对象的激活期。还可以根据需要，确定是否设置消息的嵌套。

（7）在此交互过程中，若需要用到 UML 2.0 的框架来表示条件、循环、结束、引用等，则添加相应的框架片段。

（8）添加约束。如果消息需要时间或空间上的约束，例如某条消息需要在它接收到上一条消息后延迟 5 s 发送，那么就可以在该消息上附加相关的约束信息。

（9）设置前置和后置条件。可以对消息添加前置和后置条件，这样能更形式化说明这个控制流。

4.5.2 在顺序图中创建的对象

顺序图中对象的创建由头符号表示，对象的创建可以通过以下两种方式来进行。

（1）直接使用顺序图中的生命线 Lifeline，把这个对象拖曳到对应位置即可，选中这个对象，然后双击该对象，即可对这个对象命名，也可以在导航栏的编辑器（EDITORS）区域的 Properties 中修改对象的名称。

（2）使用类的实例来表示顺序图中的对象。对象可以是人，也可以是模块或其他子系统。当使用类中的小人图形来表示对象时，由于在顺序图的工具栏中是找不到这个小人图形的，因此有一种方法是直接把用例图中的小人图形 Actor1 拖曳到顺序图中即可；还有一种方法是在创建的顺序图名称上右击，在弹出的快捷菜单中执行 Add→Actor 命令，添加角色，即可在该顺序图中创建出一个参与者图标 Actor1，接着用鼠标长按 Actor1，把它拖曳到绘画区中即可，如图 4-29 所示。

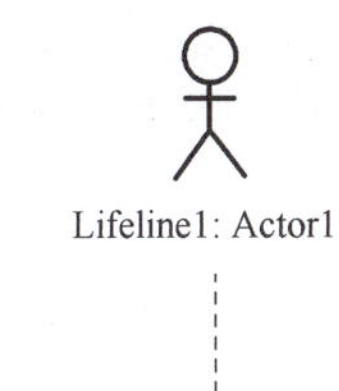

图 4-29 使用 Actor 的对象

4.5.3 顺序图应用的场合

顺序图可以应用于多种软件建模的场合，下面举例说明顺序图应用的场合。

1. 对类操作进行顺序图建模

顺序图可以用来表示一个类中的对象与其他对象之间进行调用、关联等的交互关系建模。例如，在一个表示班主任类（ClassAdmin）、班级类（Class）、学生类（Student）的类图中，一个班主任只负责一个班级，一个班级有多个学生，一个学生只能属于一个班级，这 3 个类之间的关系如图 4-30 所示。

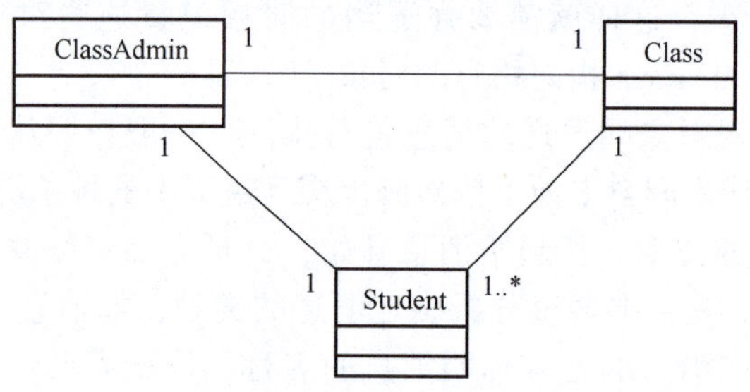

图 4-30　班主任类、班级类与学生类之间的类图

现建立该类操作的顺序图。假设班主任 A 需要负责的班级是班级 C，那么班主任 A 就需要创建出班级 C，然后为该班级添加学生，并且可以设置一个临时班长。该顺序图如图 4-31 所示。

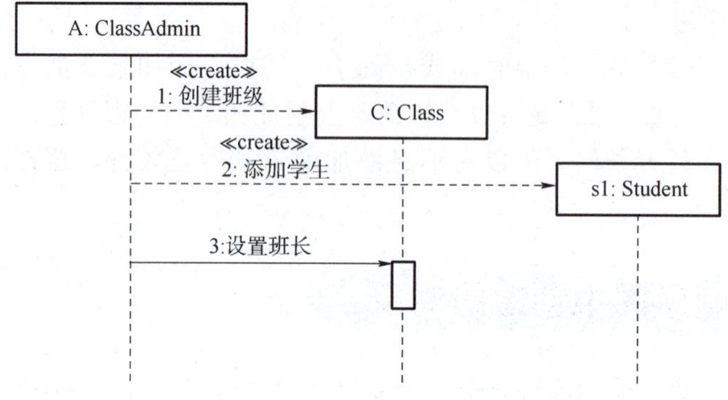

图 4-31　建立班级顺序图

2. 对用例进行顺序图建模

在前面的需求分析阶段使用用例图描述软件的功能，而在分析阶段就需要确定有哪些对象通过执行一组操作来完成某个用例的功能。这些对象执行的这组操作过程就是一个交互过程，可以用顺序图来描述。图 4-32 描述了在一个在线商城系统中，“加入购物车”这个用例的顺序图。

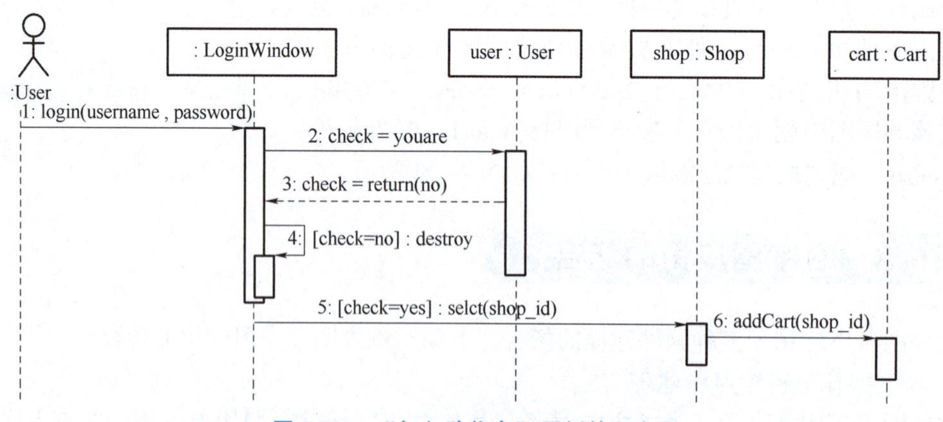

图 4-32　“加入购物车”用例的顺序图

3. 对系统的体系结构进行顺序图建模

在系统体系结构建模中，使用顺序图描述为了完成某项任务软件的多个功能单元之间的

交互关系。例如，某个商场的采购员要完成采购货物这个任务，就会涉及供货系统、财务系统这两大功能模块之间的交互，如图 4-33 所示。采购员要完成一次采购，需要先查询财务系统，查询是否有资金，若有可供使用的资金，则再在供货系统中查询货物，完成下单，即完成了一次采购。

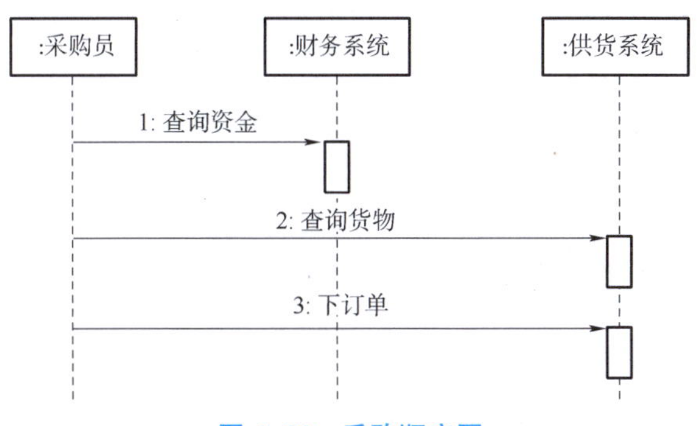

图 4-33　采购顺序图

4. 对人机交互进行顺序图建模

顺序图还可以用于人机交互建模中。例如，用户使用 ATM 与系统进行交互，完成取款的功能。图 4-34 描述了在用户与系统进行交互的过程中，用户与系统交互的信息。

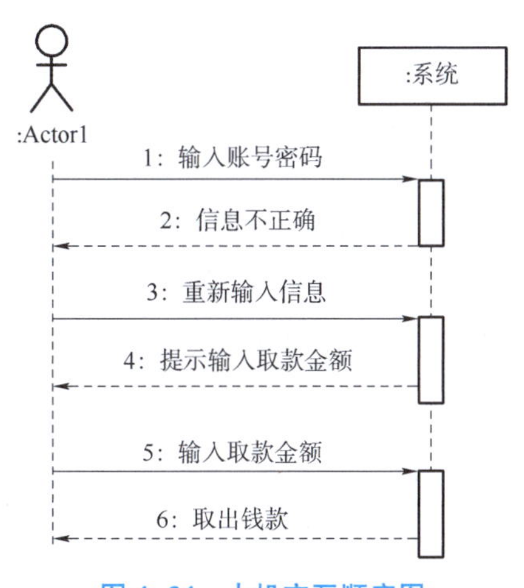

图 4-34　人机交互顺序图

4.5.4　顺序图建模举例

本小节选择在线商城系统绘制顺序图，说明交互建模的过程。对在线商城系统的需求分析参考 2.4.5 小节的内容。

本小节对用例进行顺序图建模。

1. 识别对象类

在绘制交互模型时，可以根据已有的用例图和用例描述，以及分析出的类图来绘制交互图。在交互模型中主体是对象，但在用例描述中没有指明具体是哪个对象，同类型的对象有多个。因此，交互模型中的主体可以使用对象类。

根据前面对类图的学习，分析获得该系统的类，再辅之边界类、控制类和实体类。在前面学习类图时，获得的类一般都是实体类，是要存储信息的类。在用例图建模中，每个参与者与用例之间都可以设计一个边界类，以便输入、输出数据。

“会员”参与者直接关联的用例有“浏览商品”“加入购物车”“查看订单”“评价商品”。“浏览商品”用例还有3个扩展用例，这些扩展用例也是“浏览商品”这个用例的一项基本职责。这些扩展用例和基用例之间的交互，就可以设计一个边界类“浏览商品界面”来完成相关的输入和输出。同理，“加入购物车”用例可以设计一个边界类“购物车界面”；“查看订单”用例可以设计一个边界类“订单界面”；“评价商品”用例可以设计一个边界类“评价界面”。

所有参与者都要登录系统，设计一个边界类对象登录窗口：LoginWindow 来完成系统的登录的输入交互。

在本小节中，通过主要完成对“加入购物车”用例的交互建模的详细分析。在这个交互过程中，主要通过会员（user：User）、商品（shop：Shop）、购物车（cart：Cart）这几个对象类及它们实例出的对象来协同完成“加入购物车”用例的交互过程。

2. 识别消息

由于是对用例进行顺序图建模，所以要以本用例描述的活动为中心。识别对象在用例中的交互行为时，需要把这些活动以消息的形式委派到相应的对象，通过消息的发送及响应来完成整个活动过程。

一般整个用例活动都是以参与者发出的第1条消息来启动这个用例开始，所以应从参与者开始，来识别出在整个交互过程中的活动，并把这些活动以消息的形式保留下来。

在“加入购物车”用例的交互过程中，会员类匿名对象 User 通过边界类对象：LoginWindow 来启动这个用例，因此，可以把这个交互过程归结如下：

会员类匿名对象：User 启动“加入购物车”这个用例，所以会员类匿名对象：User 到边界类对象：LoginWindow 之间存在消息 login( )，该消息携带参数，即用户名（username）和用户密码（password）。

边界类对象：LoginWindow 会验证会员类匿名对象：User 是否已经登录该系统，因此，边界类对象：LoginWindow 给会员类对象 user：User 发送一条消息 youare。

如果会员类匿名对象：User 没有登录该系统，则验证不合格，本次购物活动结束。因此，会员类对象 user：User 返回给边界类对象：LoginWindow 一条消息 return(no)，然后边界类对象：LoginWindow 发送一条自我消息 destory( )来销毁自己。

如果会员类匿名对象：User 登录该系统，验证合格，则可以添加商品到购物车中，同时修改购物车中商品的信息与数据库中商品的信息。边界类对象：LoginWindow 给对象 shop：Shop 发送消息 select( ) 并携带参数 shop_id，表示选中商品。然后对象 shop：Shop 发送加入购物车消息 addCart( ) 到对象 cart：Cart，表示把商品加入购物车。

3. 确定消息的类型和内容

在本例中，每一个消息启动后，都会中断其执行，等待该对象发出的消息完成后，才继续执行，所以，除了自我消息外，本例中的每一个消息都是调用消息，也是同步消息。

在本例中，在发送消息时，会携带某些参数。用户登录会携带用户名 username 和密码 password 信息；验证该会员是否登录系统就有 yes 和 no 两种结果，使用 check 来表示验证结果。

4. 画出顺序图

通过上面分析，画出“加入购物车”用例的顺序图模型，如图 4-35 所示。

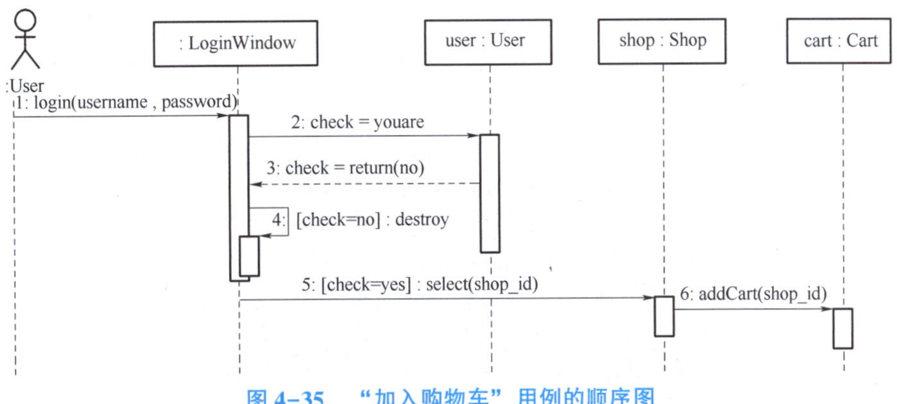

图 4-35　“加入购物车”用例的顺序图

4.6　使用建模工具绘制顺序图

本节将主要介绍如何使用 StarUML 绘制顺序图。

4.6.1　创建顺序图

在模型资源管理器中右击 Logical View 文件夹，在出现的快捷菜单中执行 Add Diagram→Sequence Diagram 命令，就会新建一个顺序图，进入图 4-36 所示界面并在导航栏的编辑器（EDITORS）区域设置该顺序图的名称为“购物顺序图”。

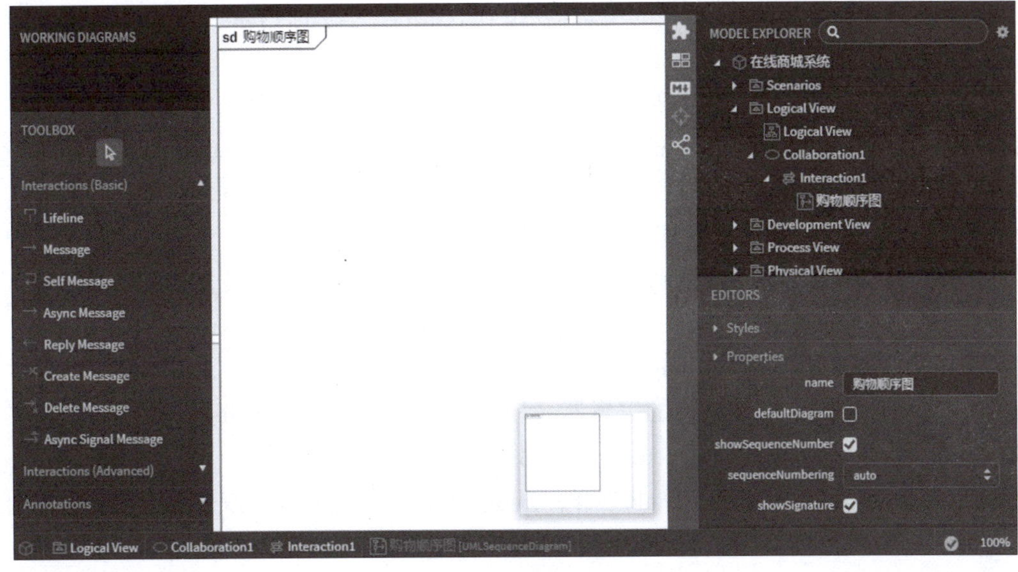

图 4-36　新建购物顺序图

4.6.2 绘制顺序图的元素

在 StarUML 左边的工具箱（TOOLBOX）中列出了顺序图中所有的元素和关系，如图 4-37 所示。

图 4-37 顺序图元素、关系一览

4.6.3 在绘图区绘制顺序图

从工具箱中选中需要的元素，然后在绘图区中单击就可以绘制这个元素。如果是消息，则需要在工具箱中选中需要的消息，在绘图区中把这条消息连接到要连接的元素就可以了。

但对于绘制带有 opt 片段的顺序图，需按以下步骤操作：

（1）使用 StarUML 新建一个顺序图后，就会在绘图区中出现一个交互框架 sd SequenceDiagram1，选中该框架，在导航栏的编辑器（EDITORS）区域的 Properties 中修改该框架的名称为“登录”，如图 4-38 所示。

（2）在绘图区中添加对象后再添加 opt 单条件分支片段。在工具箱（TOOLBOX）的 Interactions（Advanced）中选择 Combined Fragment，并在 Properties 的 interactionOperator 下拉列表框中选择 opt，如图 4-39 所示。Properties 的 name 文本框可以为空。

（3）在 opt 片段中添加消息即完成顺序图的绘制。

对于绘制带有 alt 片段的顺序图，主要是在 alt 片段中添加虚线，需按以下步骤操作：

（1）在工具箱（TOOLBOX）的 Interaction（Advanced）中选择 Combined Fragment，然后在绘图区中画出片段 seq CombinedFragment1。

（2）选择该片段，在导航栏的编辑器（EDITORS）区域的 Properties 中，把 name 文本框中的值删除，并在 interactionOperator 下拉列表框中选择 alt。

（3）单击 alt 片段框左上角的 alt 字样，出现一个 alt 快捷图标，双击这个快捷图标会出现分栏，即可以把虚线添加进去。

图 4–38　新建“登录”顺序图

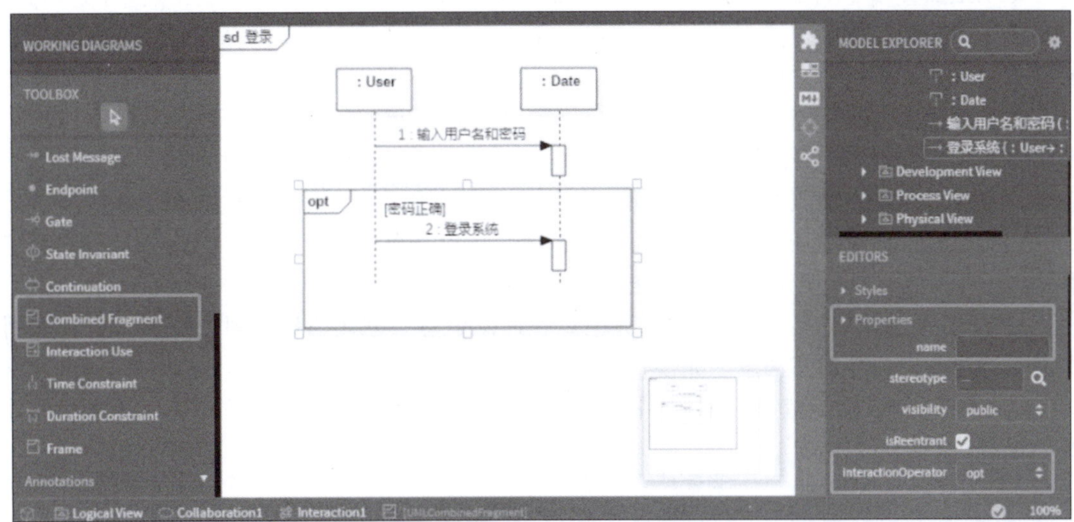

图 4–39　添加 opt 单条件分支片段

拓展阅读

面向对象设计的原则

1. 开闭原则

开闭原则（Open Closed Principle，OCP）指软件实体应对扩展开放，对修改关闭。

2. 里氏替换原则

里氏替换原则（Liskov Substitution Principle，LSP）指所有应用其基类的地方，必须都能透明使用其子类的对象，即子类对于父类应该是完全可替换的。

3. 依赖倒置原则

依赖倒置原则（Dependence Inversion Principle，DIP）指高层模块不应该依赖低层模块，两者都应该依赖抽象；抽象不应该依赖具体，具体应该依赖抽象。

4. 单一职责原则

单一职责原则（Single Responsibility Principle，SRP）指对一个类来说，应该仅有一个引起它变化的原因，即每个类都应该只含有单一的职责，并且该职责由这个类完全封装起来。

5. 接口分离原则

接口分离原则（Interface Segregation Principle，ISP）指一个接口应该只包含客户端所需要的方法，不应该包含客户端不需要的方法。

6. 迪米特法则

迪米特法则（Law of Demeter，LoD）也称最小知识原则，一个类对于其他类知道得越少越好，即一个对象应对其他对象有尽可能少的了解，只与朋友交谈，不和陌生人说话。

知识小结

本章主要介绍了顺序图的概念，以及顺序图中包含的主要元素等。

顺序图一般是用来描述多个对象共同参与的一个交互过程。这个交互过程可以表示成系统的一个功能、类的一个操作等。

顺序图用于对象实体之间的交互建模。它强调在交互过程中，参与交互的对象实体之间消息传递的时序关系。在顺序图中，消息传递的时序通过对象的生命线自上而下排序。

执行规范就是生命线上的小矩形条，用来表示该对象实体此时处于活跃期。

消息就是实体对象在交互中传递信息的载体，可以是调用一个操作、创建一个对象实体和销毁一个对象实体，也可以表示发送了一个信号。

在 UML 动态建模中，消息的类型有消息、返回消息、创建消息、销毁消息、自我调用消息、异步消息、无触发消息、无接收消息等。

在 UML 2.0 以上规范中，在顺序图中加入了交互片段，可以用来表示复杂的选择、并行、循环、终止、引入等。

习　题

一、填空题

1. 在 UML 1.x 中，动态交互模型主要包括________和________。

2. 交互表示一组相关的________为了完成某项任务，相互交换________的情况。

3. 在 UML 的表示中，________将交互关系表示为一个二维图。其中，水平方向排放的是________，垂直方向排放的是________。

4. 顺序图中的模型元素有________、________、________和________。

5. 顺序图强调在交互过程中，各交互的________之间消息传输的________关系。

6. ________是一条垂直的虚线，用来表示顺序图中的对象在一段时间内的存在。

7. 在顺序图中，________表示对象操作的执行。

8. 在 StarUML 中，消息的类型可以有________、________、________、________、________、________、________和________。

9. 消息中的嵌套可以分为________和________。

10. 在 UML 2.0 的规范中，表示循环的交互框的关键字是________，表示分支的交互框的关键字是________，表示并发的交互框的关键字是________。

二、选择题

1. 在 UML 的顺序图中，将交互关系表示成一个二维图，其中水平方向是（　　），垂直方向是（　　）。

A. 对象　时间轴　　B. 交互　消息

C. 对象角色　消息　　D. 消息　交互

2. 在顺序图中，一个对象被命名为：D，该对象名的含义是（　　）。

A. 一个属于类 D 的对象 D　　B. 一个属于类 D 的匿名对象

C. 一个属于类不明的对象 D　　D. 非法对象名

3. 对象生命线的控制焦点表示该时间段此对象正在（　　）。

A. 发送消息　　B. 接收消息　　C. 被占用　　D. 空闲

4. 顺序图中的消息是以（　　）顺序排列的。

A. 调用　　B. 时间　　C. 发送者　　D. 接收者

5. 在顺序图中，返回消息的箭头是（　　）。

A. 直线箭头　　B. 虚线箭头　　C. 直线　　D. 箭头

6. 顺序图描述了（　　）对象之间消息的传递顺序。

A. 某个　　B. 单个　　C. 一个类产生的　　D. 一组

7. 顺序图中创建对象的消息是（　　），销毁对象的消息是（　　）。

A. Create　Destroy　　B. Destroy　Create

C. Message　Reply Message　　D. Found Message　Lost Message

8. 顺序图中有一条消息的格式为 [x>5]1.3:max = search_max(x, y)，下面说法错误的是（　　）。

A. 该消息的警戒条件是 [x>5]　　B. 该消息的消息序号是 3

C. 该消息的返回值是 max　　D. 该消息的参数是 x 和 y

9. 顺序图中的返回消息用（　　）表示。

A. 带箭头的实线　　B. 带实心三角形箭头的实线

C. 带返回箭头的虚线　　D. 带实心三角形箭头的虚线

10. 在 loop 交互片段中测试的警戒条件是（　　）。

A. 布尔循环条件　　B. 最小循环次数

C. 最大循环次数　　D. 以上全都正确

三、简答题

1. 简述调用消息和异步消息之间的区别。

2. 简述顺序图建模的步骤。

3. 简述顺序图与类图的关系。

4. 简述顺序图与用例描述的关系。

四、分析题

1. 在图 4-40 所示的顺序图中，类 Class1 必须实现的方法有哪些？并简述理由。

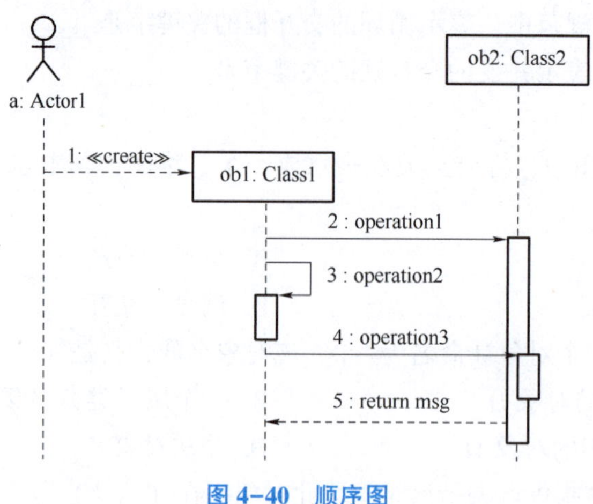

图 4-40 顺序图

2. 在图 4-41 所示的类图和顺序图中，请根据类图，分析顺序图中的 XXX 和 YYY 的类名是什么？并简述理由。

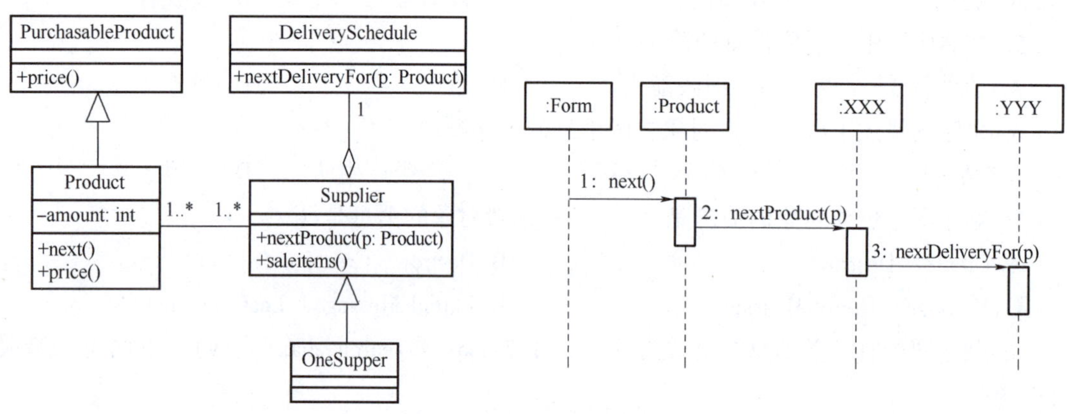

图 4-41 类图和顺序图

3. MP3 播放器的主要功能是播放多媒体文件。一般情况下，MP3 播放器有正常播放、电池不足播放、播放下一首歌曲、播放当前歌曲这 4 种情况。请给出分析的步骤并建模相应的顺序图。

第5章 通信图

本章导读

通信图也是用于软件功能的动态行为建模。本章将首先介绍通信图的基本概念，通信图中的对象、消息、链、主动对象、多重对象等，然后以在线商城系统中的“加入购物车”为例，介绍如何使用 StarUML 绘制通信图。

本章学习目标

能力目标	知识要点	权重
了解通信图的基本概念；对通信图的使用有一个初步的认识	通信图的基本概念；建立通信图的时机	15%
熟悉通信图中包含的元素的基本概念及元素之间的关系	对象、消息、链	50%
熟悉通信图建模的步骤	识别通信图中的各个元素	15%
通过分析一个比较典型的通信图模型，具备独立建模的能力	通过一个案例具备独立建模的能力	20%

通过前面的顺序图建模，完成用例描述及用例的实现。本章介绍的通信图可以替代顺序图对用例的实现进行描述，所以顺序图和通信图都属于交互模型。但通信图与顺序图表现的侧重点不同，通信图主要描述在交互过程中对象之间的交互与信息传递，是对对象的一种空间结构建模。

5.1 通信图的基本概念

通信图也是常用的一种动态交互模型，它主要通过在对象实体交互过程中发送消息来传递信息，更体现了对象实体之间的相互协作关系。因此，在通信图中，最主要的是理解“协作”这个概念。我们可以把“协作”形象地理解为一组实体对象之间通过消息传递来进行的相互合作关系。

通信图和顺序图虽然都是交互模型，但通信图与顺序图之间还是有区别的。通信图是用来表示一组对象为了达到某个目的，通过信息的传递而相互合作，在这个合作中，有对象实体，也就是类元角色，还有关联角色，也就是链。实际上，通信图也是在对模型理解的基础上对模型进行的一个翻译，把各个对象之间操作的步骤、发送的信息等抽象成了消息及消息传递的序列，在系统实现中也用来提供给程序员们使用。

5.2 通信图的组成元素

通信图是一种交互图，是用来描述参与到一个交互中的多个实体对象之间的结构关系，所以它显示了一系列的对象和这些对象之间的联系及对象之间发送和接收的消息。

通信图中包含的元素有对象（可以是参与者的实例、多重对象、主动对象）、链和消息。

5.2.1 对象

通信图中对象的概念与类图中对象的概念、顺序图中对象的概念一致，都是类的实例。通信图中的对象可以是系统的参与者，也可以是任何有效的系统对象。

在通信图中，对象的表示方法与在顺序图中一样。对象用一个实线矩形框表示，对象的命名方法也同顺序图中对象的命名方法。

通信图中的对象还可以是在交互中创建的对象。

在通信图中还可以有多重对象和主动对象。

1. 多重对象

在通信图中，有时候会出现多重对象。多重对象指由多个对象组成的对象集合。一般来说，这多个对象都属于同一个类。

多重对象使用多个重叠的字线矩形框来表示，如图 5-1 所示。

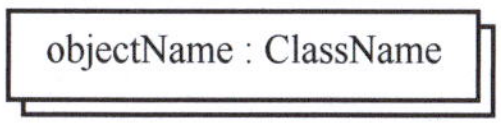

objectName : ClassName

图 5-1 多重对象的表示

在通信图中，当需要把消息同时发送给多个对象时，就要使用多重对象。

当发送一条消息给多个对象时，这条消息往往会携带参数，通过参数，从多重对象集合中找到要接收消息的那个特定的对象。若传递的消息没有携带参数，就表示这一组同类型的多个对象在交互过程中会执行同一个操作。

2. 主动对象

主动对象是主动类（详见 3.4.1 小节）的实例，是指该对象可以在不接收其他对象发来的消息或外来消息的情况下，自己开始一个控制流的执行。

主动对象所属的类是由一组属性和一组方法封装起来的封装体，这组方法中至少有一个主动方法，使主动对象不需要接收任何外来消息就能主动执行。当然，在这组方法中，除了主动方法，还可以包括其他方法。

主动对象的主动方法的每一次执行都将开启一个进程或线程，因此，主动对象能够并发执行。例如，在嵌入式系统建模中，如果需要描述并发性的多个传感器的检测，就需要开启多个线程同时监听。

5.2.2 链

通信图中对象之间的关系通过链进行连接。对象之间有多种关系，如关联关系、组成关系、聚合关系等。在通信图中，这些关系都是用链表示的。

链用一根实线表示，在链的两端连接了在交互过程中有关联的对象，如图 5-2 所示。也可以把链看作类图中关系的实例。

Object1
Object2

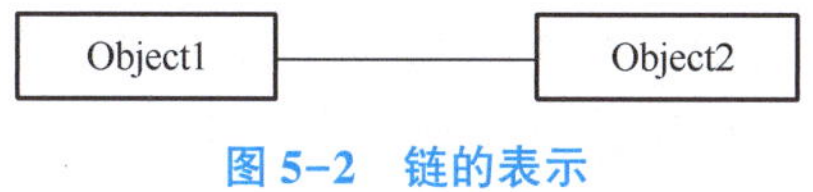

图 5-2 链的表示

通信图中的链还允许对象自身与自身之间建立一条链，用来表示对象自身之间的关系，如图 5-3 所示。

Object1

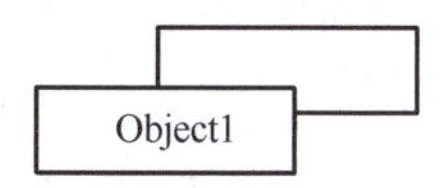

图 5-3 自身链的表示

在链上虽然可以像类图中的各种关系一样添加一些修饰，如角色名、导航等，但是一般不在链上添加这些修饰。并且在通信图中的链端没有多重性这个标记。

5.2.3 消息

在通信图中，消息的表示与在顺序图中的一致，用来表示一个对象传递信息或信号到另一个对象。前面的对象是消息或信号的发送者，后面的对象是消息或信号的接收者。

在通信图中，消息就是对象之间协同工作时传递信息的载体，在消息上装载了对象之间进行通信的一系列信息，可以是对象之间的信息，也可以是对象发给自己的信息。

通信图中的消息用在链的上方或下方添加一个带方向的箭头来表示，箭头表示从发送对象指向接收对象，如图 5-4 所示。

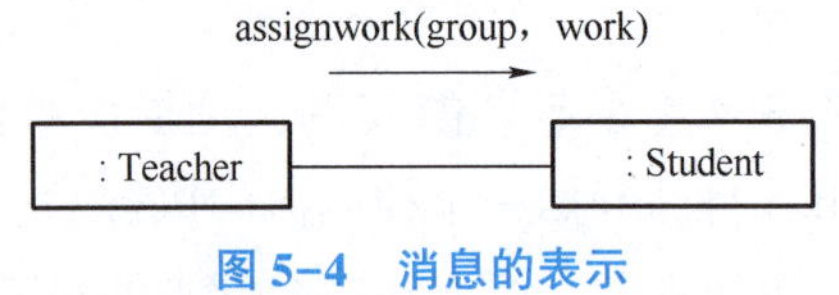

图 5-4 消息的表示

在图 5-4 中，类元角色：Teacher 把消息传递给了类元角色：Student，消息名称是 assignwork，该消息携带两个参数：group 和 work。

通信图中的消息格式同顺序图中的消息格式，可以携带参数，带有返回值，或者带有警戒条件等，可以参考第 4 章中的消息及其消息格式。

在通信图中，一条链上还可以有多条消息，并且使用阿拉伯数字表示多条消息的发送顺序。

5.2.4 对象的生命周期

通信图中的对象，既可以是在对象进入交互时就已经存在，也可以是在交互过程中创建出来，还可以是在交互后销毁该对象。

若表示一个在交互过程中被创建出来的对象，则要在这个对象名后加上 {new} 约束来表示这个被创建出来的对象；若表示一个对象在交互后又被销毁，则在这个对象名后加上 {destroy} 约束来表示这个被销毁的对象；若一个对象在交互过程中先被创建出来，又被销毁，那么这个对象就是临时对象，在这个对象名后加 {transient} 约束来表示。

【例 5.1】 在在线购物系统中，用户购买新商品后就会更新购物车，在该操作中需要实现对“购物车信息界面”对象的创建与销毁，如图 5-5 所示。会员：Customer 购买新商品后发送信息 updateCart 给对象：MainWindow，准备更新购物车的信息。对象：MainWindow 创建对象：Cart（该对象用于记录会员：Customer 提供的商品信息），同时创建对象：CartWindow（该对象将接收会员：Customer 输入的商品信息），然后将对象：Cart 传递给对象：CartWindow（通过链上的对象：Customer 的角色约束 {parameter} 来体现）。对象：CartWindow 负责接收客户输入的信息，然后发送消息 update（date）给对象：Cart，完成购物车信息的更新。对象：MainWindow 发送消息 destroyed，销毁对象：CartWindow。至此，整个交互过程结束。

在图 5-5 中，3 个对象：MainWindow、：Cart 和：CartWindow 有 3 种不同的生命周期。

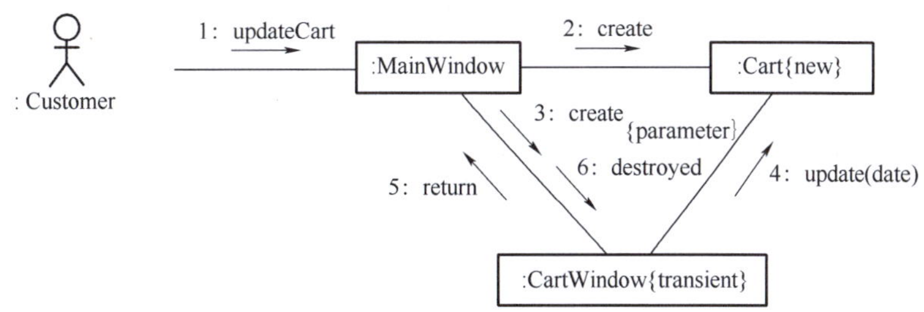

图 5-5 更新购物车

对象：MainWindow 是永久对象，它的生命周期存在于整个系统的运行期间。对象：Cart 是动态存在对象，它的生命周期开始于被对象：MainWindow 创建，结束于整个系统的停止运行。对象：CartWindow 是临时对象，它的生命周期只存在于一次的交互过程的时间段中，当交互过程结束时，它的生命周期也就结束了。

5.3 通信图中常见的问题

5.3.1 消息的发送顺序和嵌套顺序

在顺序图的对象下方连接的有虚线，自上而下的时间维度表示了消息的发送顺序，使用了执行规范的重叠来表示消息的嵌套。

但在通信图中，使用阿拉伯数字的序列号来表示消息的发送顺序，使用了阿拉伯数字的层次关系来表示消息的嵌套。

例如，在图 5-6 中，用消息的阿拉伯数字的序列号来描述消息的发送顺序，消息 1 发送在消息 2 发送之前。

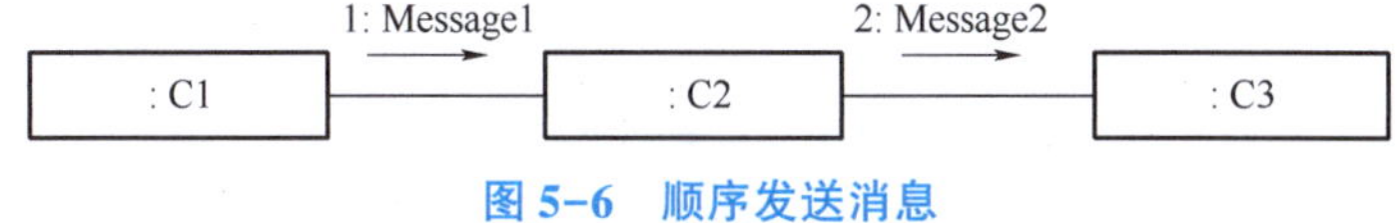

图 5-6 顺序发送消息

在图 5-7 中，使用了阿拉伯数字的层次关系来描述消息的嵌套，消息 1.1 和消息 1.2 是消息 1 的两个嵌套子消息：消息 1.2.1 和消息 1.2.2 又是消息 1.2 的两个嵌套顺序子消息；消息 1.1.a 和消息 1.1.b 是消息 1.1 的两个并发子消息。

对于这种嵌套消息，外层的消息必须等里层的消息调用完成后才能执行。只有当消息 1.1.a 和消息 1.1.b 并发执行完成后才表示消息 1.1 执行完毕，只有当消息 1.2.1 和消息 1.2.2 顺序执行完成后才表示消息 1.2 执行完毕，只有当消息 1.1 和消息 1.2 都执行完成后才表示消息 1 执行完毕。

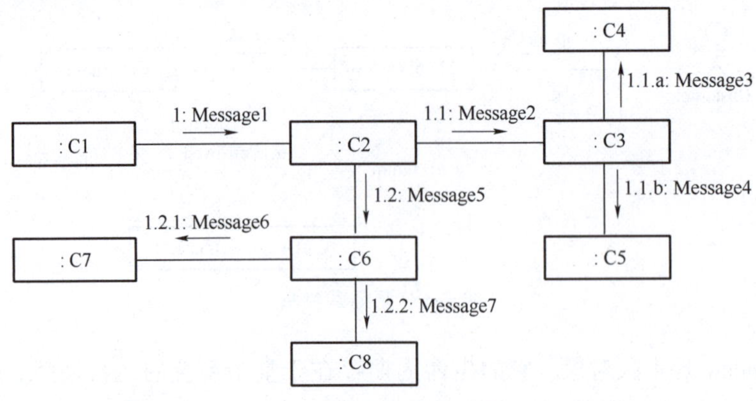

图 5-7　嵌套发送消息

5.3.2　通信图的两种形式

通信图有两种描述形式：描述符形式和实例形式。

描述符形式的通信图指的是使用类元角色及类元之间的关系来描述的通信图，类元之间的关系实际上就是类之间的关联关系，也称为关联角色。图 5-8（a）就是描述符形式的通信图，在这种通信图中，没有指明类元和类元关系的具体实例，只是用角色来代表特例。图 5-8（b）表示的是类图。

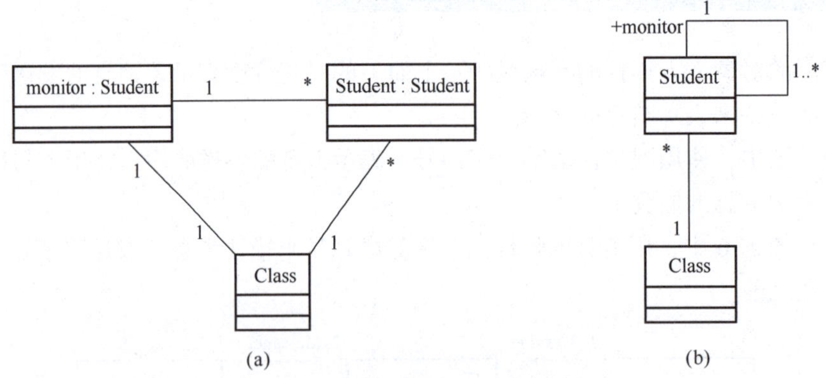

图 5-8　描述符形式的通信图和类图

（a）描述符形式的通信图；（b）类图

实例形式的通信图指的是使用类元的实例（类元角色）及类元之间关系的实例（链）来描述的通信图。图 5-9 就是实例形式的通信图，其指明了类元实例和类元关系实例。

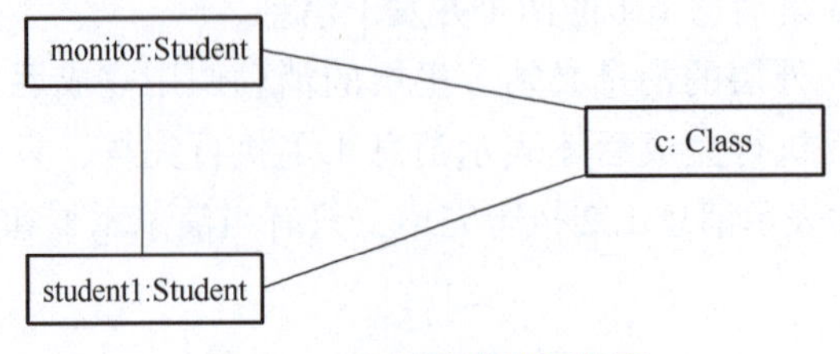

图 5-9　实例形式的通信图

这两种形式的通信图，虽然缺少了消息的描述，但都表示了在一定的语境下，或者在某种上下文环境下的对象之间的交互作用。

5.3.3 通信图与顺序图的比较

顺序图与通信图都属于交互模型，都是用于描述系统中对象之间的动态关系，所以这两种图在语义上是等价的，可以互相转换而不会丢失信息，但是也不能完全相互替代。

顺序图中的主要元素是对象/生命线、执行规范和消息，而通信图中的主要元素是对象、链和消息，两种图中的关键元素都有对象和消息，并且两种图中的对象责任相同，都担任了发送者和接收者两种角色，承担了发送消息和接收消息的责任；图中的消息都支持所有的消息类型。

但是，顺序图与通信图强调的重点不同，顺序图侧重对象之间交互信息的时间顺序，而通信图侧重的是参与交互对象的组织结构关系，即空间结构关系。

通信图侧重将对象的交互映射到连接它们的链上，这有助于验证类图中对应的类之间关联关系的正确性或建立新的关联关系的必要性；而顺序图侧重描述交互中消息传递的逻辑顺序。

顺序图中的消息可以用顺序号表明，也可以按时间顺序从上到下依次排序，省略顺序号；但在通信图中消息必须有顺序号。

顺序图显性地表现出对象的创建和销毁的过程，而在通信图中是隐性地表现。

顺序图中是不能直接表示主动对象和多重对象的，而在通信图中可以直接表示。

顺序图中的执行规范表现了对象的活跃期，而通信图无法表达对象的激活情况。

与通信图相比，顺序图在表示算法、对象的生命期、具有多线程特性的对象等方面更容易，但在表示并发控制流方面就比较困难了。

5.3.4 通信图与用例描述的关系

用例描述实际上就是一个描述参与者与系统是如何交互的规范说明，通信图描述的是参与到一个交互中的多个实体对象之间的结构关系。

通信图这种交互模型，是可以用来描述用例中的对象与其他对象之间的交互关系的。

对照通信图，系统分析人员可以检查在用例描述中的用户需求，审查这些需求是否在表示完成系统功能的类图中实现，若在类图中没有实现，则提醒系统分析人员检查类图，既能起到查漏补缺的作用，也能进一步完成类图。

一个通信图只能描述一个控制流，如果控制流比较复杂，则可以将控制流分解到几个不同的通信图中。

用例图中描述的是比较复杂的动作序列的用例，表示的事件控制流也比较复杂，可以将这个复杂的事件控制流分解成几个部分，每个部分都可以使用一个通信图来描述对象之间的交互关系。

5.3.5 通信图与类图的关系

类图描述的是类、类的特性及类之间的关系，主要由类、接口及类之间的关系组成，我们一般也称作类元角色和关联角色。通信图描述的是在一定的语境下的一组对象为了实现某种共同目的，这些对象之间的相互协作关系。因此，类图中类的实例就是通信图中的对象，类之间的关系也映射为通信图中的链。

类图是用来对系统的静态结构建模的，而通信图是针对对象之间相互协作关系的动态结构建模的。但通信图的动态建模建立在类图这个静态模型的基础之上，因此通信图可以看作类图中的某些对象在一定的语境下，为完成某个功能而进行交互的一个实例。类图描述了类固有的内在属性，而通信图描述了类实例的行为特性。

类包含类名、类的属性和类的操作，类之间的关系实质上是通过类的操作来体现的。在通信图中，对象之间的交互关系是通过消息来传递的。通信图中的消息反映了对象之间的联系。因此，通信图中的消息实质上也是类图中各种关系的具体体现。

5.3.6 通信图与对象图的关系

对象图是类图在系统中某一时刻的实例，它作为系统在某一时刻的快照，是类图中的各个类在某一时间点上的实例及关系的静态写照。对象之间通过链来表示它们之间的关系。

通信图描述的是在一定的语境下的一组对象为了实现某种共同目的，这些对象之间的相互协作关系。

从结构上来看，通信图和对象图一样，包含了对象及它们之间的“链”连接关系，通信图中的链和对象图中的链的概念和表示形式相同。从这个意义上，可以把通信图看作一种特殊的对象图。也就是说，通信图是类图的一个特例。

从行为上来看，对象之间的相互作用是通过消息传递来实现的。因此，在通信图的链上附加了消息，可以把通信图看作链上有消息的对象图。从这个意义上，对象图只是表达了具有关联关系的对象之间的结构，而通信图除了表现这种结构，还表达了对象之间存在协作，对象是通过消息传递的交互作用来完成特定的任务的。因此，通信图是对有交互作用的对象及对象之间的关联建模。换句话说，在一个通信图中，只有那些参与协作的对象才会被表示出来。对象图是一个静态图，而通信图是一个动态图。

5.4 通信图建模

通信图建模，也是对整个系统中行为的控制流建模，包括对用例执行或一个交互场景或一个操作执行建模。

通信图侧重描述系统中对象之间的相互协作关系，显示了对象及其交互关系的空间组织结构，强调对象在结构语境中的消息的传递，因此通信图建模也称为按组织对控制流建模。

5.4.1 通信图建模的步骤

按对象之间的交互关系对控制流进行建模，步骤如下：

（1）根据要建模的工作流，确定当前的交互语境，即确定交互的环境。

（2）根据当前的交互语境，识别出该通信图中应包括的对象。这就需要仔细分析这个通信图的交互过程，识别出在交互过程中扮演了角色的对象，然后把这些对象放到通信图中。一般来说，把在交互过程中比较重要的对象放在通信图的中央，把与这个对象交互的对象放在该对象的周围。

（3）根据对象所属类之间的关系，以及为了完成用例或某个操作等，在有关系的对象上建立链。

（4）根据对象之间的链及关系，设置在链上的消息。在这个还没有消息的通信图上，依次考察那些存在链的对象，找出这些对象之间是如何传递信息的，即这些对象之间进行了怎样的调用、发送了什么消息或信号、是否携带参数等，把这些调用、信号、参数等转换成消息，附加在对象之间的链上。一般是从引起交互的消息开始查找的。

（5）如果有对象是在交互过程中产生的，则在这个对象名后加上 {new} 约束；如果有对象在交互后又被销毁，则在这个对象名后加上 {destroy} 约束。

（6）若需要对时间或空间进行约束，则可以加上适当的时间或空间约束修饰信息。

（7）如果需要，还可以为消息附加前置条件或后置条件，也可以添加注释信息，给出更为详细的解释。

当完成顺序图后，右击右上方的 Collaboration，在出现的快捷菜单中执行 Add Diagram→Communication Diagram 命令，如图 5-10 所示。

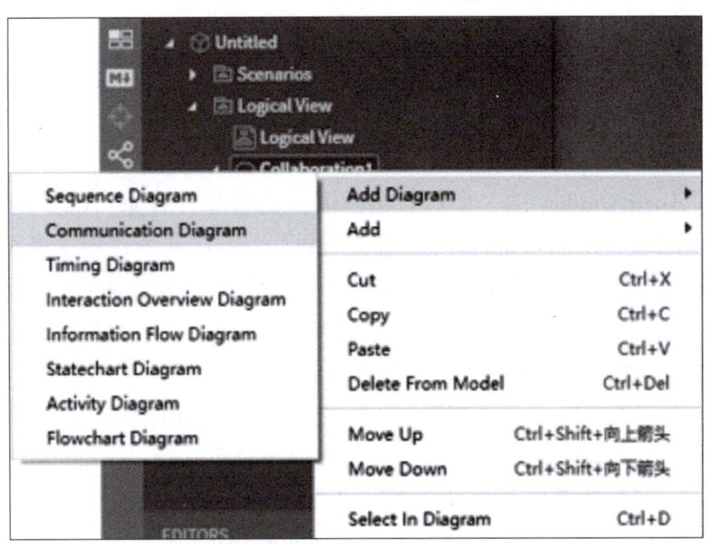

图 5-10 将顺序图转换成通信图

然后把顺序图中的对象与消息拖曳到通信图中即可。

同理，将通信图转换成顺序图采用类似的操作步骤。

5.4.2 通信图建模举例

本小节选择在线商城系统绘制通信图，说明交互建模的过程。对在线商城系统的需求分析参考 2.4.5 小节的内容。

本小节也对用例进行通信图建模。

1. 识别对象类

同前面顺序图建模的分析，可以根据已有的用例图、用例描述及分析出的类图来绘制通信图。交互模型中的主体是对象，但在用例描述中没有指明具体是哪个对象，所以同类型的对象有多个。因此，交互模型中的主体可以使用对象类。

根据前面对类图的学习，可分析获得该系统的类，再辅之边界类、控制类和实体类。

在本小节中，主要完成对“加入购物车”用例的交互建模的详细分析。在这个交互过程中，主要通过会员（user：User）、商品（shop：Shop）、购物车（cart：Cart）这几个类及它们实例出的对象来协同完成“加入购物车”用例的交互过程。

2. 识别消息

由于是对用例进行通信图建模，所以要以本用例描述的活动为中心。识别对象在用例中的交互行为时，需要把这些活动以消息的形式委派到相应的对象，通过消息的发送及响应来完成整个活动过程。

消息的识别也同顺序图建模时的分析。

一般整个用例活动都是以参与者发出的第 1 条消息来启动这个用例开始，所以应从参与者开始，来识别出在整个活动中的活动，并把这些活动以消息的形式保留下来。

在“加入购物车”用例的交互过程中，会员类匿名对象：User 通过边界类对象：LoginWindow 来启动这个用例，因此，可以把这个交互过程归结如下：

会员类匿名对象：User 启动“加入购物车”这个用例，所以会员类匿名对象：User 向边界类对象：LoginWindow 发送第 1 条消息 login( )，该消息携带参数，即用户名（username）和用户密码（pasword）。

边界类对象：LoginWindow 的一个对象会验证会员类匿名对象：User 是否已经登录该系统，因此，边界类对象：LoginWindow 向会员类对象 user：User 发送第 2 条消息 youare。

如果会员类匿名对象：User 没有登录该系统，则验证不合格，本次购物活动结束。因此，会员类对象 user：User 对象给边界类对象：LoginWindow 发送第 3 条消息 return(no)，然后边界类对象：LoginWindow 再给自己发送第 4 条消息 destroy 来销毁自己。

如果会员类匿名对象：User 登录该系统，验证合格，则可以添加商品到购物车中，同时修改购物车中商品的信息与数据库中商品的信息。边界类对象：LoginWindow 给对象 shop：Shop 发送第 5 条消息 select( ) 并携带参数 shop_id，表示选中商品。然后对象 shop：Shop 发送第 6 条消息 addCart( ) 到对象 cart：Cart，表示把商品加入购物车。

3. 确定消息的类型和内容

同顺序图一致，确定消息的类型和内容。

4. 画出通信图

通过上面分析，画出“加入购物车”用例的通信图，如图 5-11 所示。

还可以使用“顺序图到通信图的转换”来完成“加入购物车”用例的通信图。

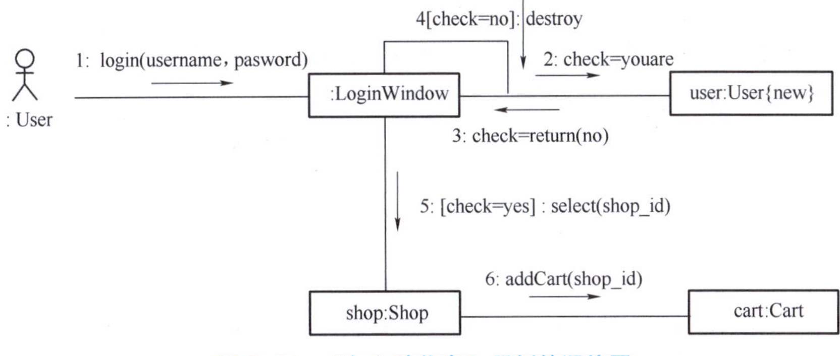

图 5-11　“加入购物车”用例的通信图

5.5　使用建模工具绘制通信图

5.5.1　创建通信图

在模型资源管理器中右击 Logical View 文件夹，在出现的快捷菜单中执行 Add Diagram→Communication Diagram 命令，就会新建一个通信图。并在导航栏中的编辑器（EDITORS）区域设置该通信图的名称为“购物通信图”。

5.5.2　绘制通信图的元素

在工具箱（TOOLBOX）中列出了通信图所有的元素和关系，如图 5-12 所示。

图 5-12　通信图元素、关系一览

5.5.3　在绘图区绘制通信图

1. 在绘图区中添加对象

在工具箱（TOOLBOX）中单击 Lifeline，然后在绘图区的空白区域单击，即可添加一个对象/生命线，双击该对象即可修改对象名；还可以选中该对象，在导航栏的编辑器（EDITORS）的 name 文本框中修改对象名。

若该对象是类图中某个类的实例，找到对象所在的类，拖曳这个类到绘图区的空白区域，就可以把这个对象添加到通信图中，如图 5-13 所示。

图 5-13　添加对象

2. 绘制对象之间的链

在工具箱（TOOLBOX）中单击 Connector 或 Self Connector，然后在绘图区中找到要建立链的对象，用鼠标从一个对象拖曳到另一个对象上，即可在对象之间建立一条链，如图 5-14 所示。

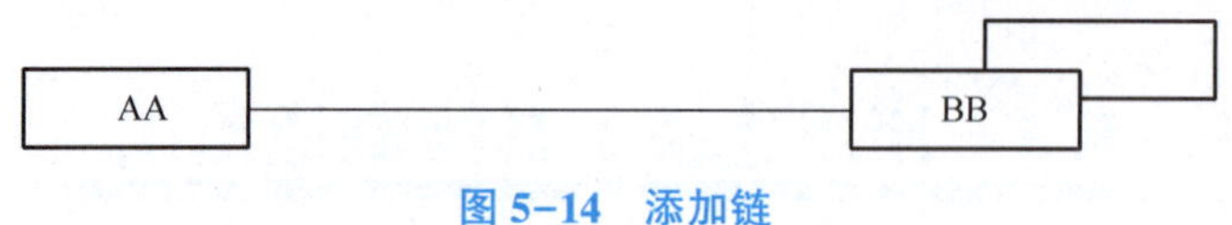

图 5-14　添加链

3. 绘制消息

在工具箱（TOOLBOX）中单击 Forward Message 或 Reverse Message，然后在绘图区对象之间的链上方，用鼠标从一个对象拖曳到另一个对象，即可在链上添加消息，如图 5-15 所示。选中消息，在导航栏的编辑器（EDITORS）区域的 Properties 中可以修改消息的名称，并给消息添加警戒条件、参数等。

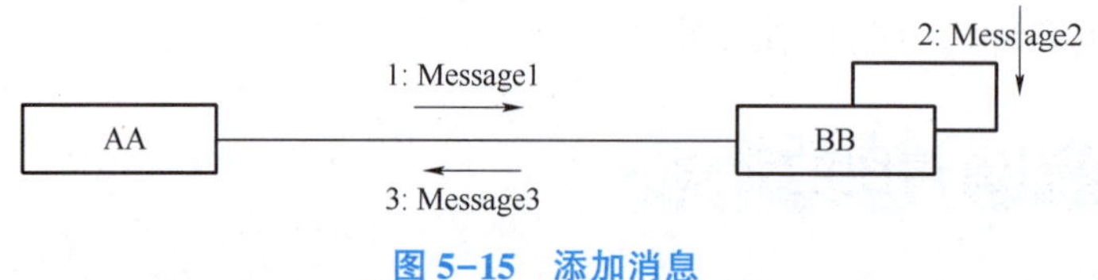

图 5-15　添加消息

拓展阅读

团队合作的基本原则

在如今这个高度协作的时代，团队合作已经成为实现共同目标、推动项目成功的关键因素。一个高效和谐的团队，凝聚了成员的智慧与力量，往往能够创造出比个人能力更辉煌的成就。团队合作的基本原则如下：

1. 目标明确且一致

团队的所有成员有共同的目标，并且所有成员为该目标共同努力。只有目标明确，才能保证团队合作的效率及取得的成就。

2. 成员定位清晰

团队的成员应该根据各自的优势和能力进行任务分工，明确自己的定位，形成协同合作的模式。这样可以最大程度地发挥每个成员的潜力，提高整个团队的工作效率。

3. 成员间有效的沟通

与成员之间进行沟通时，要积极表达自己的意见和想法。只有采用有效的沟通与交流，

才能避免在合作中产生误解和不必要的麻烦。

4. 成员间互相信任

当团队成员相信彼此时，更愿意开诚布公地交谈，分享彼此的观点，反馈各自的想法等。这更利于团队成员相互理解、产生共识，有助于实现更好的协同合作。

知识小结

本章主要介绍了交互模型中的通信图，包括通信图的概念，以及通信图中的主要元素等。

通信图也是常用的一种动态交互模型，主要是通过对象实体交互过程中的消息来传递信息的，更体现了对象实体之间的相互协作关系。

通信图中对象的概念与类图和顺序图中对象的概念一致，都是类的实例。通信中的对象可以是参与系统的参与者，也可以是任何有效的系统对象。

通信图中的多重对象就是指由多个对象组成的对象集合，这些对象都属于同一个类。

主动对象是指该对象可以在不接收其他对象发来的消息或外来消息的情况下，自己开始一个控制流的执行。

通信图中的对象通过链进行连接，表示对象之间的各种关系。

通信图中的消息与顺序图中的消息一致，都是用来表示对象传递的信息或信号的。

顺序图与通信图都属于交互模型，都用于描述系统中对象之间的动态关系，所以这两种图形在语义上是等价的。但是这两种图形强调的重点不同，顺序图侧重对象之间交互信息的时间顺序，而通信图侧重的是参与交互的对象的组织结构关系，即空间结构关系。

习　　题

一、填空题

1. 交互模型中的消息是指____________把控制传递给____________。

2. 在通信图中，描述对象之间关系的元素是________。

3. 在通信图中，描述从一个对象向另一个对象发送的信号，是用________表示的。

4. ________和________合称为交互模型。

5. 通信图中的对象若是由多个对象组成的集合，则这个对象称为________。

6. 通信图中的________是主动类的实例。

7. 通信图中的对象若是在交互过程中被创建出来的，则要添加的一个约束是________。

8. 通信图有两种描述形式，分别是________和________。

9. 在通信图中，用________表示在交互过程中被创建出来的对象，用________表示一个对象在交互后又被销毁。

10. 通信图中使用________表示消息的发送顺序。

二、选择题

1. 在一次交互过程中对有意义的对象间关系建模，并且侧重刻画对象间如何交互以执行用例的图是（　　）。

A. 用例图　　B. 类图　　C. 顺序图　　D. 通信图

2. 下面（　　）元素不属于通信图的组成。

A. 消息　　B. 生命线　　C. 对象　　D. 链

3. 在通信图中，用来连接对象与对象的元素是（　　）。

A. 链　　B. 生命线　　C. 消息　　D. 关系

4. 下面的 UML 图中，与通信图建模表达内容相同的是（　　）。

A. 类图　　B. 顺序图　　C. 用例图　　D. 状态机图

5. 下面关于通信图的描述，错误的是（　　）。

A. 通信图是一次交互过程中有意义的对象间的交互建模

B. 通信图明确展示了对象的激活期和生存期

C. 通信图中的消息顺序是从消息的编号中获得的

D. 通信图可以显示对象及其交互关系的空间组织结构

6. 通信图的作用是（　　）。

A. 显示对象间传递消息的时间顺序

B. 表示一个类的操作

C. 表示类中一个方法的操作

D. 通过描绘对象之间的消息的传递情况来反映具体的使用语境的逻辑表达

7. 下面关于顺序图与通信图中的对象的描述中，正确的是（　　）。

A. 对象在两种图中的位置没有任何限制

B. 对象名在两种图中的表示完全一致

C. 两种图中都能显式表示出对象的生存期

D. 两种图中都可以表示对象的创建和销毁的相对时间

8. 下面关于顺序图与通信图的描述中，错误的是（　　）。

A. 两种图中的主要元素都是对象与消息，并且支持所有的消息类型

B. 对象在通信图中的位置没有任何限制，在顺序图中要在顶部排列

C. 顺序图中可以表示对象创建和销毁的相对时间，通信图不可以

D. 两种图中的消息都必须有顺序号

9. 下面关于顺序图与通信图共同点的描述中，错误的是（　　）。

A. 表达语义相同，都是对系统中的交互建模

B. 对象职责相同，都担任了发送消息和接收消息的责任

C. 对象表示相同，都可以显式表示出对象的生命周期

D. 主要元素相同，对象和消息是图中的主要元素

10. 下面关于表示消息的嵌套的描述中，正确的是（　　）。

A. 将多条消息都包含的共同部分概括到一条消息中

B. 一个状态中包含部分状态

C. 表示两个以上的处理同时结合的状态

D. 以上都不正确

三、简答题

1. 简述通信图中的组成元素。
2. 简述顺序图与通信图的异同。
3. 简述通信图与用例描述之间的关系。
4. 简述通信图与类图的关系。
5. 简述通信图与对象图的关系。

四、分析题

1. 分析图 5-16，并回答下列问题。

（1）该图展示了汽车导航系统中（　　）。

A. 对象之间的消息流及其顺序　　B. 对象的状态转换及其事件顺序

C. 对象之间消息的时间顺序　　D. 完成任务所进行的活动流

（2）在该图中，对象：Mapping 获取汽车当前位置（GPS Location）的消息是（　　）。

A. 1：getGraphic( )　　B. 2. 1：getCarLocation( )

C. 2：getCarPos( )　　D. 1. 1：CurrentArea( )

（3）描述该通信图的执行过程。

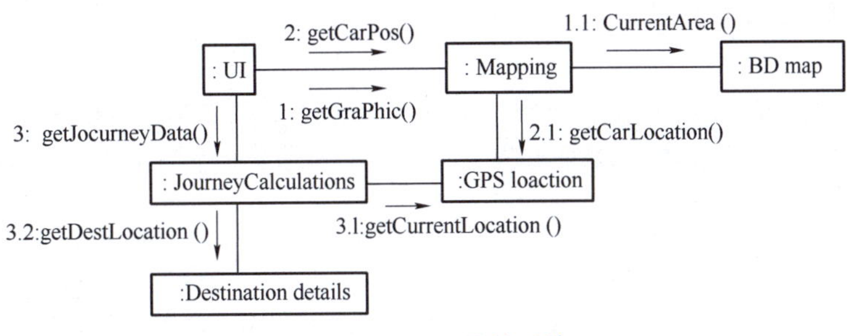

图 5-16　GPS 导航系统

2. 绘制车主用车钥匙关车门的通信图。车主按钥匙上的按钮，车钥匙给车发出信号，车门上锁，车灯忽闪两下，同时发出两声“滴滴”的声音，车主就知道车门已关好。

第 6 章　状态机图

本章导读

状态机图是用来从结构模型或交互模型中识别类的状态及引起状态改变的事件，是对对象的行为进行建模。本章将首先介绍状态机图的基本概念，包括状态机图中的状态、转换、事件、内部活动等，然后以在线商城系统中的订单对象为例，介绍如何使用 StarUML 绘制状态机图。

本章学习目标

能力目标	知识要点	权重
了解状态机图的基本概念；对状态机图的使用有一个初步的认识	状态机图的基本概念；建立状态机图的时机	15%
熟悉状态机图中包含元素的基本概念及元素之间的关系	状态、转换、事件、内部活动	50%
熟悉状态机图建模的步骤	识别状态机图中的各个元素	15%
通过分析一个比较典型的状态机图模型，具备独立建模的能力	通过一个案例具备独立建模的能力	20%

在UML中，行为模型包括状态模型、交互模型和活动模型。状态模型关注的是一个对象在它的生命周期内的状态及引起状态转换的事件和对象实体在状态中的活动等。交互模型关注的是多个对象为了实现某一个共同目的而进行的相互合作，对象间通过消息传递来完成与系统的交互。活动模型关注的是对象从一个活动到另一个活动时的控制流、活动的序列等，也用来描述事件的工作流程等行为。

在前面的章节中，我们学习了描述交互模型的顺序图和通信图，接下来我们学习描述状态模型的状态机图。

大多数的面向对象技术建模都是使用状态机图来描述单个对象在其生命周期中的行为的。状态机图这种模拟对象生命周期的模型，可以帮助分析人员、设计人员及开发人员理解系统中各个对象的行为。

6.1 状态机图的基本概念

状态机图（State Machine Diagram）简称状态图，用于使用有限状态机形式建模分析事件驱动行为，描述对象实体基于事件反应的动态行为，它显示了该对象实体根据当前所处的状态对不同事件作出反应。状态机除了用来表示系统各部分的行为，还可以用来表示系统各部分的有效交互序列，也称为协议。这两种状态机分别称为行为状态机（Behavior State Machines）和协议状态机（Protocol State Machines）。因此，状态机图就是表示对象状态和状态转换的模型。

所有的对象都是有状态的，状态就是对象执行了一系列活动的结果。当某个事件发生后，对象的状态发生了改变，它会从一个状态转换到另一个状态。状态机图用于对模型元素的动态行为建模，也就是对系统行为中模型元素受事件驱动的方面建模。

在计算机科学领域中，状态机图的使用非常普遍，例如，在编译技术中就使用了有穷状态机来描述词法分析的过程。

一般情况下，一个状态依附于一个类，用来描述这个类的实例的状态与转换，以及对接收到的事件所作出的反应。状态还可以依附到一个用例、操作或协作等元素上，用来描述它们的执行过程。在使用状态机图时，可以将对象与外部世界分离，将外部事件抽象为事件，所以状态机图还适合对局部、细节进行建模。

状态机图是对一个对象的局部视图进行建模，可以用来精确描述一个对象的行为，即从这个对象的初始状态开始，对象响应事件并执行某些操作，从而引起状态转换，进入一个新的状态；在新的状态下，对象又继续响应事件并执行操作，如此循环到达对象的终结状态。

本章我们将主要学习使用状态机图进行建模。

6.1.1 状态

状态（State）指事物在其生命周期中，满足某些条件、执行某些操作或等待某些事件而持续的一种稳定的状况。一个事物在其生命周期中会有一系列状态，当处于某个状态时，就意味着它满足某些条件、执行特定活动，或者等待某些事件。也就是说，状态描述了一个对象在其生命周期中的一个时间段。

所有对象都有状态，状态就是对象执行了一系列活动的结果，当某个事件发生后，对象的状态也将发生变化。处于相同状态的对象对同一个事件作出同样的反应；当对象处于不同的状态时，它们对同一个事件作出不同的反应。

例如，在图书管理系统中，当读者办理好借书证后，借书证处于“可借书”状态；当读者需要借书，“可借书本数”未达到上限时，借书证仍处于“可借书”状态；当“可借书本数”达到上限时，借书证就进入“不可借书”状态。无论借书证处于哪种状态，只要读者还书，借书证就又进入“可借书”状态。当借书证的有效期失效或读者挂失后，借书证就进入“注销”状态。

在上面这个例子中，借书证的状态与条件特征相关，这个条件特征就是用对象的属性“可借书本数”的值来表示的。当借书证的属性“可借书本数”的值达到上限时，借书证的状态就发生了改变。

6.1.2 状态机

状态机（State Machine）描述一个事物在其生命周期中所具有的状态，以及因事件触发而引起的状态的各种转换。

一个事物在其生命周期中具有多种状态，也会因为某些事件而引起状态转换。

例如，在图书管理系统中，借书证具有“可借书”“不可借书”“注销”3 种状态。当读者办理好借书证后，借书证处于“可借书”状态；当借书证的“可借书本数”达到上限时，借书证就进入“不可借书”状态；当借书证的有效期失效或读者挂失后，借书证就进入“注销”状态。“可借书本数”是否达到上限，是引起借书证状态发生改变的条件；借书证的有效期失效或读者挂失，是引发借书证进入“注销”状态的事件。

6.1.3 状态机图

状态机图描述事物在其生命周期中所具有的各种状态和关系，以及因事件引起的状态转换。

状态机图与前面所学的交互图相比，交互图关注的是多个对象之间的交互行为，而状态机图关注的是一个对象在它整个生命周期内的所有行为。

状态机图由状态节点、状态转换及各种伪状态构成。

（1）状态节点：描述了事物所处的状态，可以分为不同的类型，如初始状态、终止状态、中间状态、简单状态、组合状态、历史状态和子状态等。在状态机图中，初始状态只有一个，终止状态可以有一个，也可以有多个，还可以没有终止状态。

（2）状态转换：描述了从一种状态到另一种状态的关系。当在某种状态下响应事件或条件满足时，就通过状态转换描述状态的改变。

（3）伪状态：一般描述在状态机图中的某瞬间的状态，如事物的开始状态、终止状态，以及分叉和汇合、选择等状态。

6.2　状态机图的组成元素

状态机图是一种状态模型，用来描述事物在其生命周期中所具有的各种状态和关系，以及因事件引起的状态转换的模型。

状态机图包含的元素有简单状态、状态转换、伪状态、复合状态和子状态等。

6.2.1　简单状态

简单状态（简称状态）是状态机图中最重要的组成要素，描述了一个事物或对象稳定在某一个持续过程所处的状况，也是动态行为的执行所产生的结果。

当对象满足一定的条件或执行某个事件时，该状态就会被激活。

1. 简单状态的表示法

简单状态用一个圆角矩形表示，一般由状态名、入口动作、出口动作、内部执行活动等构成，如图 6-1 所示。简单状态也是没有嵌套的状态。

简单状态有两种表示方法：一种是省略表示法，如图 6-1（a）所示；另一种是完整表示法，如图 6-1（b）所示。

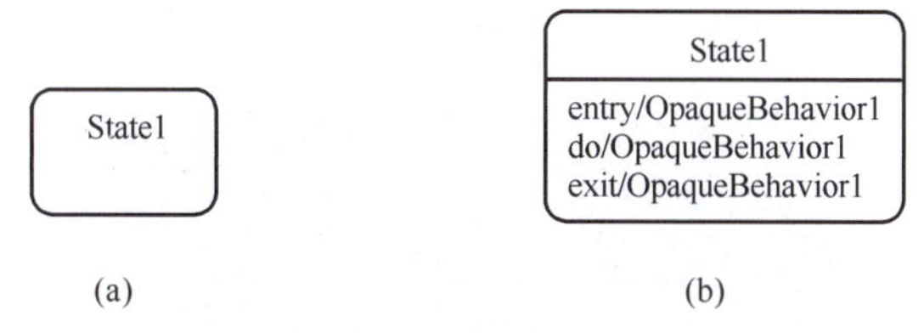

图 6-1　简单状态的表示

（a）省略表示法；（b）完整表示法

2. 状态名

状态名就是由一串字符串构成的名称，这组字符串可以只由一个单词构成，也可以由几个单词构成。一般来说，每个单词的首字母要大写，也是采用驼峰命名。

状态名一般是由那些直观易懂的名词短语构成，要能清晰表达当前状态的语义。

状态名也可以没有，这时的状态就称为匿名状态。

在一个状态机图中，状态名必须唯一。例如，在前面提到的借书证的“可借书”“不可借书”“注销”状态。

3. 入口动作

在状态中，一个状态的入口动作指的是由其他状态转换到当前状态时要完成的动作，也就是进入该状态时自动执行的第 1 个动作。进入该状态后，所发生的其他活动都在该入口动作之后发生。

入口动作只执行一次。

入口动作的表示法：entry/动作表达式。

在 StarUML 中，添加入口动作如图 6-2 所示。

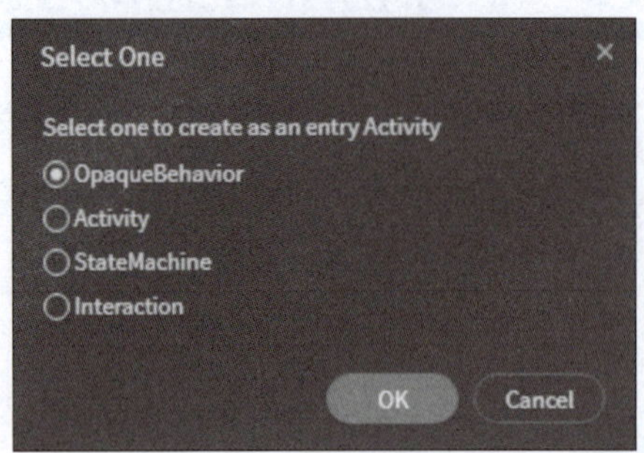

图 6-2　添加入口动作

可添加的入口动作包括不透明行为、活动、状态机和交互。

例如，在某个系统中，表示的文件类对象的状态机图中有“分析文件”这个状态，那么“分析文件”这个状态的入口动作就可以是“entry/打开文件”。

4. 出口动作

在状态中，一个状态的出口动作指的是由当前状态转换到其他状态时要完成的动作，也就是从该状态转换到其他状态时的最后一个动作。该动作被执行后，就从该状态转换到下一个状态。

出口动作的表示法：exit/动作表达式。

在 StarUML 中，添加出口动作如图 6-3 所示。

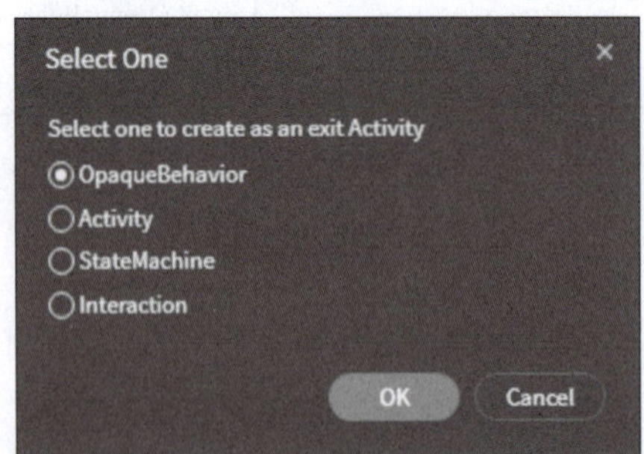

图 6-3　添加出口动作

可添加的出口动作包括不透明行为、活动、状态机和交互。

入口动作通常用来进行状态所需要的内部初始化，出口动作通常用来进行状态所需要的善后处理，可以将入口动作和出口动作声明为特殊的动作，使状态的定义不依赖状态的转换，对状态起到了封装的作用。

例如，在上面提到的“分析文件”这个状态的出口动作就可以表示为“exit/关闭文件”。

5. 内部执行活动

内部执行活动是指在该状态内部执行的动作，该动作不会引起状态的变换。当对象执行完入口动作后就开始执行内部动作。

内部执行活动的表示法：do/活动表达式。

例如，在上面提到的“分析文件”这个状态的内部执行活动就可以表示为“do/读取文件中的每一个字符并做相应处理……”。

6.2.2 状态转换

状态转换（State Transition）简称转换，是两个状态之间的一种有向关系，表示从源状态转换到目标状态。源状态在指定的事件发生后，或者在满足某个特定的警戒条件时执行指定的动作后，进入目标状态，这个状态的变换过程就称转换，也称激活。

状态转换用一根带实心三角形箭头的实线表示，箭头从源状态指向目标状态。在实线上附加转换的标签，标签的格式如下：

[转换名称]：事件名称（参数列表）[警戒条件][/效果列表]

例如，图6-4表示一个完整的状态转换及其标签。

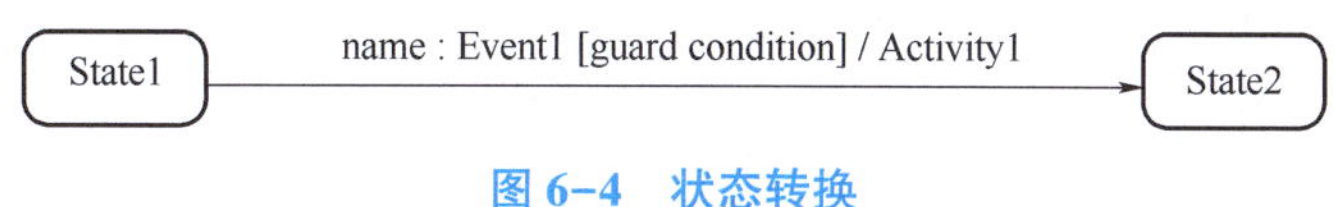

图6-4 状态转换

1. 转换名称

转换名称就是转换的标识符，后面带一个冒号，如图6-4中转换标签上的name:。在实际使用中，转换名称一般会被省略，以防止转换名称与事件名称或警戒条件等发生混淆。

2. 事件名称

状态之间的转换就是由事件引起的，因此事件是这个标签中最主要的内容，事件名称不能被省略，如图6-4中转换标签上的Event1。可以这样理解事件的重要性：事件是在某一时间或空间下所发生的有意义的事情，能够改变对象的状态，是系统执行过程中发生的值得建模的事物。

事件不会显式出现在模型中，它一般被状态或状态转换发送或接收。在状态转换中被接收的事件也称为该转换的触发器或触发事件。也就是说，只有在源状态下的对象接收到该事件后才可能发生转换。

事件可以有参数，也可以没有参数，用于从事件的产生者向其接收者传递信息。如果事件有参数，这些参数可以被状态转换使用，也可以被警戒条件或动作的表达式使用。

按照事件的性质把事件分为调用事件、信号事件、改变事件和时间事件4种类型。

（1）调用事件（Call Event）：表示发送者发给接收者的是一个调用操作的事件，并由该事件触发接收者的状态转换。调用事件就是接收者发生的接收消息事件，状态机图只关心因为该调用事件引起了接收者的状态转换及应执行的操作，而不关心这个事件是由哪个对象发送的。

例如，在任意一个系统中，当单击系统中的一个图标后，图标的状态就从“未选中”转换到了“选中”，引起这个对象状态转换的事件就是Click这个调用事件，如图6-5（a）所示。

（2）信号事件（Signal Event）：表示发送者发给接收者的是信号消息的事件，并由该事件触发接收者的状态转换。与调用事件一样，状态机图只关心因为该信号事件引起了接收者的状态转换及应执行的操作，而不关心这个事件是由哪个对象发送的。

但信号是对象之间通信的媒介。信号由一个发送对象发送给一个或一组接收对象。在实际应用中，为了提高效率，信号的发送可能通过不同的方式实现，发送给一组接收对象的信号也可能触发每个接收对象的不同转换。

信号事件和调用事件容易混淆，其实两者之间有很大差别，具体如下：

①信号事件是异步事件，调用事件一般是同步事件。

②信号事件对应一个已命名的实体，这个实体不是状态机图所对应的对象。调用事件对应状态机图中的对象的一个操作调用。

③信号事件中的实体可以有属性，可以被继承。

例如，在操作文件时，当按下〈Shift〉键时，就可以选中多个文件；当松开〈Shift〉键时，就只能选中一个文件，如图 6-5（b）所示。

（3）改变事件（Change Event）：改变事件的发生依赖事件中的某个表达式所表达的布尔条件。当该布尔表达式的值由假变成真时，该改变事件发生。

改变事件在发生前，该布尔表达式的值须先设置为假。因此，改变事件是对布尔表达式这个隐含条件的连续测试。

改变事件可以使用关键字 when 表示。

例如，在由声音控制的灯光系统中，当发出的声音高于某个值（假设为 20）时，灯的状态就由原来的“熄灭”状态转换到“打开”状态，如图 6-5（c）所示。

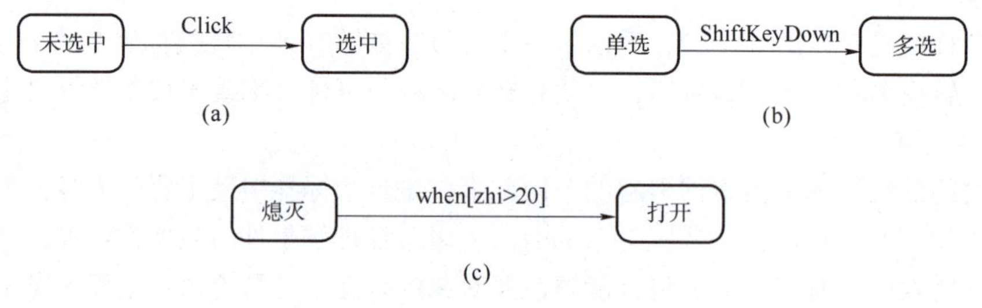

图 6-5　事件

（a）调用事件；（b）信号事件；（c）改变事件

（4）时间事件（Time Event）：时间事件的发生依赖事件中的一个时间表达式。随着时间的流逝，当时间表达式所代表的时间条件满足时，该事件发生，从而使状态发生转换。

时间事件一般使用关键字 at 或 after 或 when 或时间值表示相对时间。

例如，“at 2023-10-1”表示在 2023 年 10 月 1 日发生该事件；“after(10s)”表示从现在开始 10 s 后发生该事件；“when(system = 12:30)/test”表示 12:30 会对系统进行测试。

3. 警戒条件

警戒条件（Guard Condition）是转换被激活前必须要满足的条件。这个条件可以是一个布尔表达式，也可以是根据触发事件的参数、属性和状态机图所描述的对象的链接等。当转换接收到触发事件后，只有警戒条件为真，转换才能被激活。

对警戒条件的执行也可以作为触发器计算过程的一部分。对于警戒条件的计算，只会计算一次。若要重新计算警戒条件的值是否为真，就需要再接收一个触发事件。

4. 效果列表

效果列表（Effect List）是表示当转换被激活并被执行时所附加的产生效果。这个效果列表内容多样，可以由具体的触发事件中所包含的操作、属性、触发器事件的参数等组成。

例如，在图 6-6 表示的门禁系统中，当门打开 5 s 后，门自动关闭，并发出关闭的提示音。这个提示音就是状态转换的效果。

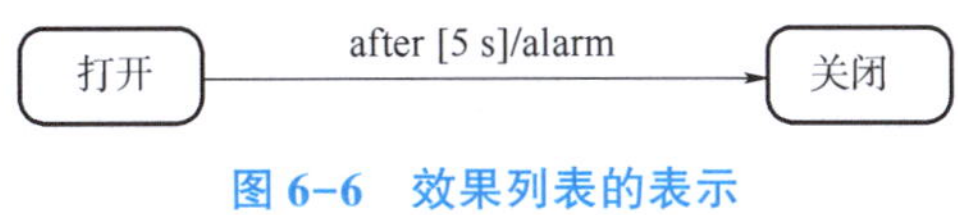

图 6-6　效果列表的表示

6.2.3　伪状态

伪状态（Pseudostate）指的是状态机图中具有状态的形式，但具有特殊行为的顶点。伪状态实际上是一个瞬间的状态，用来描述或增强状态转换时的语义细节。

当一个对象处于伪状态时，系统实际上是不做处理的，系统瞬间自动转换到另一个状态。因此，伪状态是没有事件进行显式触发的。

状态机图中的伪状态包括初始状态、终止状态、选择状态、并发和收束、历史状态、汇接等。

1. 初始状态

初始状态（Initial State）简称初态，表示状态机图的开始。初态用实心圆圈表示。

在一个状态机图中，初态可以有一个，也可以有多个。在有多个初态的状态机图中，一定存在状态的并发，在并发的区间内只能有一个初态。

初态表示一个状态机图从此节点开始，但瞬间就会从这个初态转换到与它相连的另一个状态。

初态只有输出，没有输入。从初态转换到与它相连的另一个状态是不需要触发事件或条件的。也可能从这个初态通过分叉转换到多个状态，这表示从该初态开始就启动了几个并发状态。

初态的表示如图 6-7 所示。

2. 终止状态

终止状态（Final State）简称终态，表示状态机图的结束状态。初态再加一个圆圈就表示终态。

在一个状态机图中，终态可以没有，也可以有一个，还可以有多个。当状态机图中有多个终态时，表示该状态机图的结束有多种情况。

终态只有输入，没有输出。从与终态相连的另一个状态进入终态，是不需要触发事件或条件的。

终态的表示如图 6-8 所示。

图 6-7　初态的表示　　　　图 6-8　终态的表示

3. 选择状态

选择（Choice）是状态机图中的分支结构，用一个菱形表示。在该菱形图中，有一个输入和多个输出，表示将一个转换分割成多个分支。

在这个多输出分支上，每个分支都包含一个警戒条件，当执行到选择状态节点上时，警戒条件就会被执行，警戒条件为真的那个分支就会被激活，状态就从选择状态节点转换到被激活的那个分支的状态上。

为了确保模型是良构（Well-formed）的，选择状态的多个输出分支上的警戒条件应该覆盖所有的情况，否则状态机图就不是一个良构的模型。为了避免这种情况的出现，一般会把一个输出分支的警戒条件设置成［else］，表示除了已标出的条件以外的其他情况，这样就能确保警戒条件把所有的情况全覆盖了。

例如，在线购物系统中表示用户登录的状态机图中，图 6-9 是选择状态的表示。

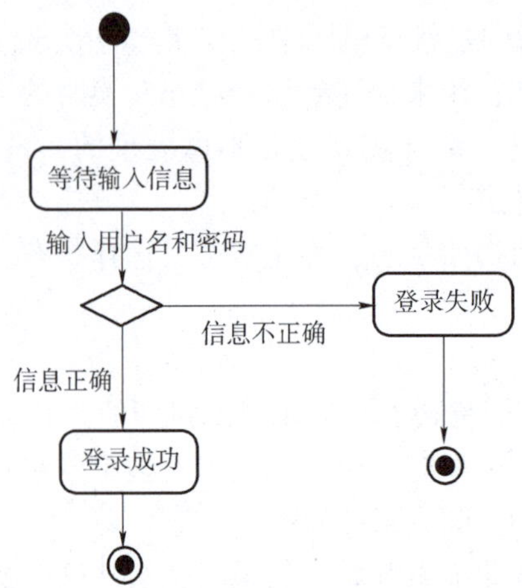

图 6-9 选择状态的表示

4. 并发和收束

并发（Fork）是将一个转换分成两个或多个并发状态的转换，收束（Join）是将从并发状态来的多个转换合并为一个转换。

并发和收束常用于控制状态的并发流程。在状态机图中，使用一根粗实线来表示并发和收束。粗实线若只有一个进入流和多个射出流，则表示并发；若有多个进入流和一个射出流，则表示收束。

图 6-10 是并发和收束的使用。状态 State1 通过并发进入并发的两个状态 State2 和 State3，当状态 State2 和 State3 并发执行完毕后进入 State4。

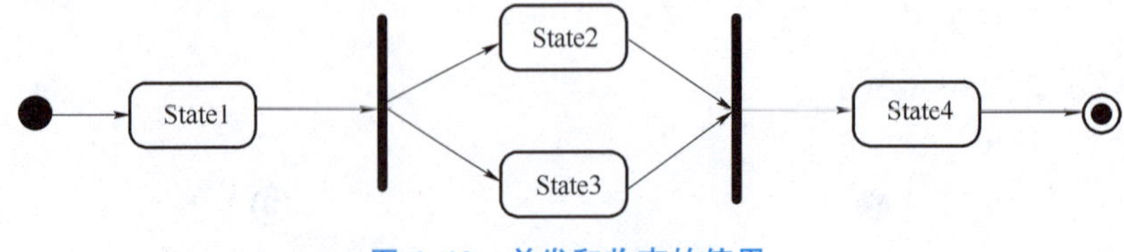

图 6-10 并发和收束的使用

5. 历史状态

历史状态（History State）是经常用于复合状态中的一种伪状态，它表示离开该复合状态时的最后一个子状态。当从该复合状态外的状态再返回到该复合状态时，复合状态最后的这个子状态被激活。

历史状态有两种，即浅历史状态和深历史状态，分别用符号 H 和 H* 表示。浅历史状态表示该历史状态只能记住最外层复合状态的历史；深历史状态表示该历史状态可以记住任何深度的复合状态的历史。

有时候，从复合状态外的状态返回到复合状态可能会出现两种情况，即返回到该复合状态的初态和返回到该复合状态的历史状态，这可以通过指向复合状态的转换箭头进行区分。如果是返回到该复合状态的初态，转换箭头指向整个复合状态的外沿；如果是返回到该复合状态的历史状态，则转换箭头指向历史状态。

例如，在 Word 编辑器中的文档有页面视图、浏览视图、大纲视图、Web 视图 4 种方式，在任何一种视图下，当接收到“打印预览”事件后，都可以进入“打印预览”这个状态。当单击“退出预览”按钮时，系统会切换到进入“打印预览”前的视图状态，也就是历史状态，如图 6-11 所示。

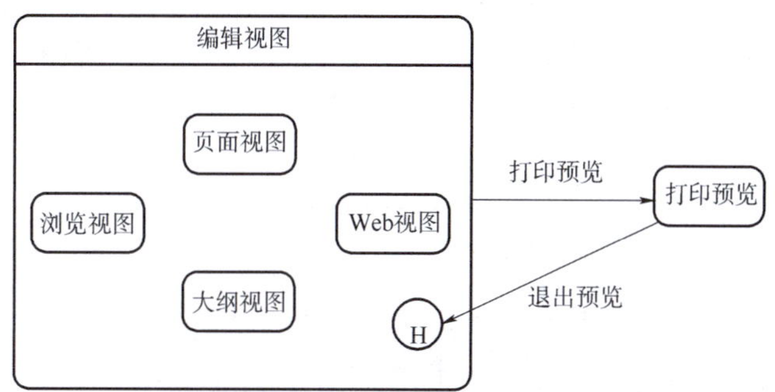

图 6-11　历史状态的表示

6. 汇接

汇接（Junction）是指汇接多个转换，用来简化转换路径。汇接可以连接多个转换的输入和输出，它的符号与初态的符号相同，但它的位置是在工具箱（TOOLBOX）的 Advanced 中，如图 6-12 所示。

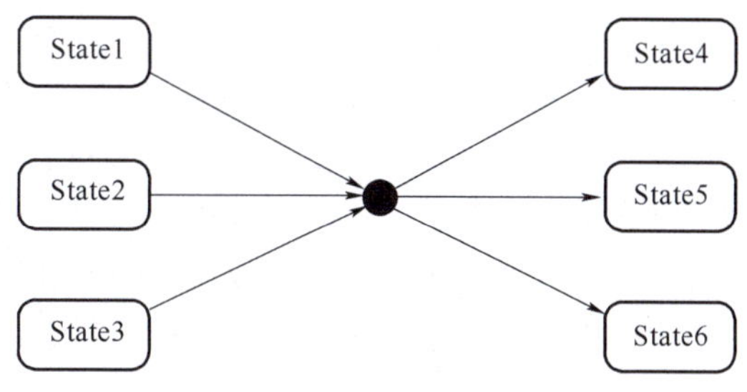

图 6-12　汇接的表示

6.2.4 复合状态和子状态

前面介绍的简单状态是不包含嵌套的状态，而复合状态指的是包含嵌套的状态。这些被嵌套的状态就是该复合状态的子状态。

状态机图中的有些状态要执行一系列动作或响应一系列事件，因此，在建模过程中，若要表现这个状态就可能会复杂，这时用简单状态难以表达，需要使用复合状态来建模。

复合状态就是指包含一个或多个嵌套状态的状态。当要使用状态机图描述复杂的状态信息时，我们就可以先用子状态来描述，然后把这些子状态组合成一个状态机，这个状态机就是整个状态机图中的一个复合状态。

复合状态分为顺序复合状态和并发复合状态两种。

1. 顺序复合状态

顺序复合状态在 UML 2.0 规范后也被称为非正交复合状态。顺序复合状态内包含的那些子状态表示的是一种顺序执行的结构，没有并发性。

当顺序复合状态被激活时，只有一个子状态会被激活。

例如，在图 6-13 所示的复合状态中，页面视图、浏览视图、大纲视图、Web 视图这 4 种视图的子状态之间就是顺序执行的结构，并且可以从任何一种视图子状态进入“打印预览”状态。这 4 种视图构成了“编辑视图”这个顺序复合状态。

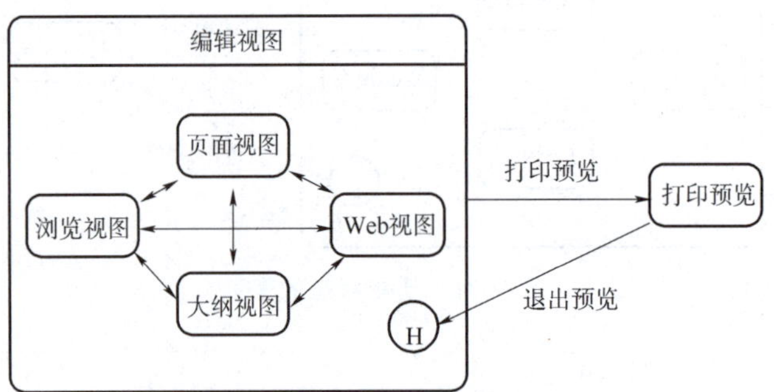

图 6-13 顺序复合状态的表示

2. 并发复合状态

并发复合状态在 UML 2.0 规范后也被称为正交复合状态。并发复合状态被分割成一个或多个区域，每个区域内都有一个独立的状态机图。当每个区域内的状态机执行完毕后，该并发复合状态才被执行完毕。区域之间通过虚线分割开来。

当并发复合状态被激活时，该复合状态中每个区域都将有一个子状态会被激活。

例如，大学的某门课程的总评成绩由实验成绩、课程设计成绩和期末考试成绩 3 部分组成，只有这 3 部分的成绩全部完成后总评成绩才能完成，如图 6-14 所示。

并发复合状态经常跟分叉和收束一起使用，表示包含的子状态的并发执行。

3. 子机状态

子机状态（Submachine State）就是把一个状态机作为另一个状态机的子状态，如图 6-15 所示。

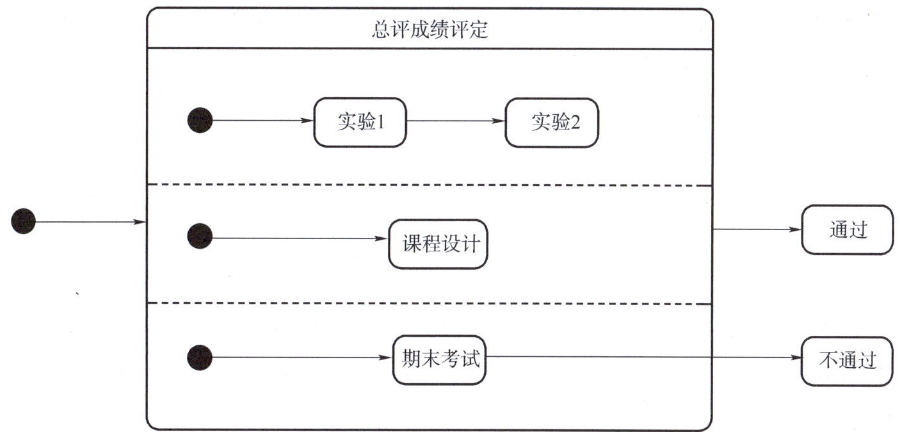

图 6-14　并发复合状态的表示

图 6-15　子机状态的表示

包含子机状态的状态机称为母状态机。母状态机通过引用的方式把一个已经存在的状态机作为它的子状态。

子机状态是状态机的一种重用机制，一个定义好的状态机可以被另外一个状态机引用为子状态机。子状态机还可以嵌套。也就是说，一个子状态机还可以引用一个子状态机作为自己的子状态机。

【例 6.1】在线购物系统中订单对象的状态机图就描述了订单从初态到终态及引起状态转换的事件，如图 6-16 所示。

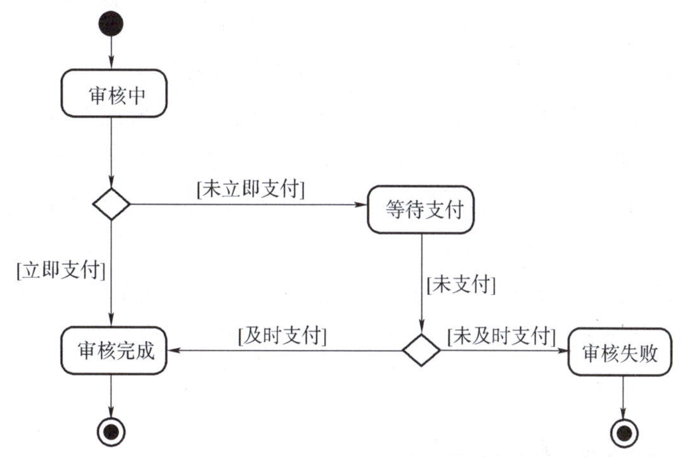

图 6-16　订单对象的状态机图

在这个状态机图中，当用户购买商品形成订单后，订单对象就处于初态，首先会进入“审核中”状态。若用户立即支付，则转换到“审核完成”状态，然后进入终态；若用户未立即支付，则进入“等待支付”状态，在此状态下，若用户在规定时限内完成了支付，也会转换到“审核完成”状态，然后到达终态，若用户在规定时限内没有完成支付，则转换到“审核失败”状态，也会到达终态。

6.3 状态机图建模

状态机图是用来描述一个事物在其生命周期中所具有的状态，以及因事件触发引起的状态之间的各种转换。因此，在 UML 中进行状态机图建模，实际上就是对类元中描述的一个实例进行建模。

状态机图的建模对象可以是一个对象、实例、交互或组件等。

6.3.1 状态机图建模的步骤

（1）首先识别出要进行建模的实体。例如，是对类元的一个实例对象建模，还是对依附一个用例的对象或整个系统的对象等进行建模。

（2）确定状态机图的语境。根据识别出的实体所依附的环境来确定状态机图的语境，如果语境是一个类或一个用例，就要关注与这个类相关联的相邻的类，因为这些类的某些动作可能是状态机图中的警戒条件或转换事件。

（3）为状态机图设置初态和终态。初态和终态是每个状态机图都有的。

（4）找出可能影响该对象状态转换的事件。这些事件需要从对象所属类的属性、方法、操作中寻找，也需要从与该对象交互的对象之间发送的消息中寻找。

（5）根据状态的概念及事件，找出对象从初态到终态过程中所经历的中间状态，并对中间状态根据具体情况加入入口动作、出口动作、内部执行活动等。

（6）使用转换把对象从初态到中间状态，再到终态连接起来。

（7）把前面找到的事件添加到转换上，还可以明确事件的警戒条件、效果列表等。

（8）检查那些中间状态是否可以作为子状态，从而构成复合状态及状态的嵌套。

（9）检查建模的状态机图中的事件是否与所期望的相匹配，检查事件是否能引起状态的转换。

（10）检查状态机图中的动作是否得到类或对象的关系、操作等的支持。

（11）检查整个状态机图，确保整个状态机图是良构的。也就是说，不存在无法到达的状态或不能到达终态的状态，也不会出现停机状况。

6.3.2 状态机图应用的场合

下面举例说明状态机图的几个应用场合：

1. 对对象进行状态机图建模

一个对象在其整个生命周期中会有多种状态，这些状态因为某些事件的触发发生状态转

换。根据对象在其生命周期中存在的状态及其在外部事件触发或条件下发生的状态转换就可以对对象进行建模。

例如，在前面提到的图书管理系统中，借书证在其整个生命周期中的状态有“可借书”“不可借书”“注销”，以及借书证由于外部事件或条件等发生状态转换，可以对借书证这个对象进行建模，如图 6–17 所示。

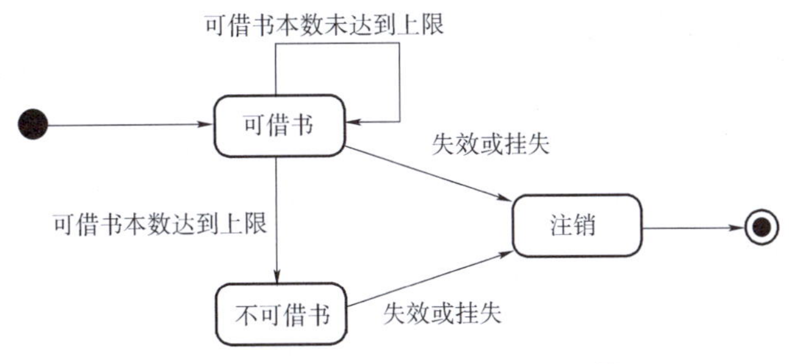

图 6–17　对对象进行状态机图建模

2. 对用例进行状态机图建模

用例是用来描述系统的一个功能或对外提供的一个服务。因此，一个用例在其执行过程中也会处于不同的状态，因此可以使用状态机图来描述用例的不同状态及状态转换。

例如，在图 6–18 所示的“登录系统”这个用例的状态机图模型中，用户在登录过程中存在“未登录”“正在登录”和“已登录”3 个状态，其中的“正在登录”是一个复合状态，它包括“验证信息”和“记录信息”两个子状态。

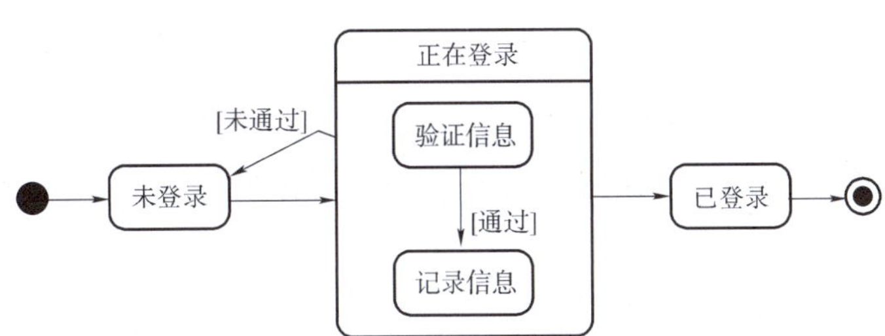

图 6–18　对用例进行状态机图建模

3. 对交互进行状态机图建模

交互是用来描述在系统中为了完成某个功能，若干个对象通过发送消息，进行相互协作的过程。因此，在一个交互过程中，会存在多种状态及其转换，因此也可以使用状态机图来描述交互中状态的转换。

交互可以用顺序图或通信图来建模。图 6–19 就对应了一个顺序图交互模型，用状态机图来描述在交互过程中的状态及状态转换。在这个顺序图中，交互过程表示的是在一个在线商城系统中，用户购买商品后并加到购物车的交互过程。在这个交互过程中，存在“未购买”“选择商品”“加入购物车”几种状态。

4. 对组件状态进行状态机图建模

在后面将要学习的组件图的组件中封装了多个类，组件在其生命周期中也会存在不同的

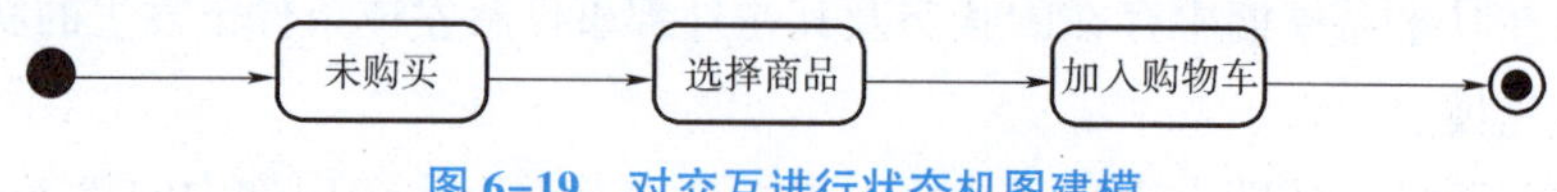

图 6-19　对交互进行状态机图建模

状态。因此，也可以用状态机图来对组件的状态及状态转换进行建模。

6.3.3　状态机图建模举例

一般情况下，对于一个系统中所有具有复杂状态及行为的类都需要建立状态机图来表示其内部的状态及状态转换。本小节以在线商城系统的订单类为例，来绘制订单类的对象的状态机图，说明状态机图建模的过程。

1. 识别订单对象的状态

订单是由用户发起的，当用户选择商品并加入购物车时，就会创建一笔未支付的订单。若用户对该订单进行支付，订单就会完成，用户还可以对订单作出评价；若用户对该订单没有进行支付，订单就会被取消。因此，在在线商城系统中，订单对象有“未支付订单”“已支付订单”“评价订单”“取消订单”4 个简单状态，以及初态和终态，如图 6-20 所示。

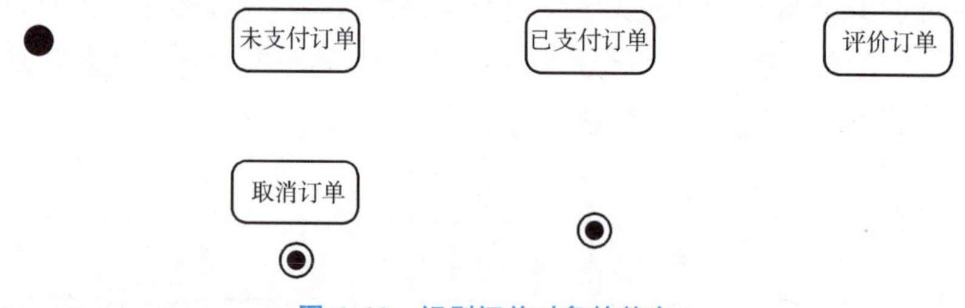

图 6-20　识别订单对象的状态

2. 添加订单对象的状态转换

有了状态，就要添加状态的转换。首先从初态进入“未支付订单”状态，当用户支付了订单后，“未支付订单”状态转换为“已支付订单”状态。在“已支付订单”状态下，若用户对订单进行评价，则进入“评价订单”状态，评价结束后进入终态。用户也可以不对订单进行评价，直接进入终态。若用户未支付订单或单击“取消订单”按钮，则从“未支付订单”状态进入“取消订单”状态，订单也就结束，如图 6-21 所示。

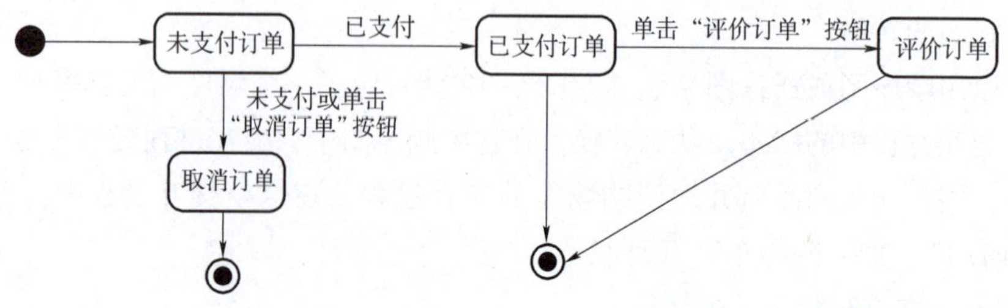

图 6-21　添加订单对象的状态转换

6.4　使用建模工具绘制状态机图

6.4.1　创建状态机图

在模型资源管理器中右击 Process View 文件夹，在出现的快捷菜单中执行 Add Diagram→Statechart Diagram 命令，就会新建一个状态机图，如图 6-22 所示。并在导航栏的编辑器（EDITORS）区域设置该状态机图的名称为“订单对象状态图”。

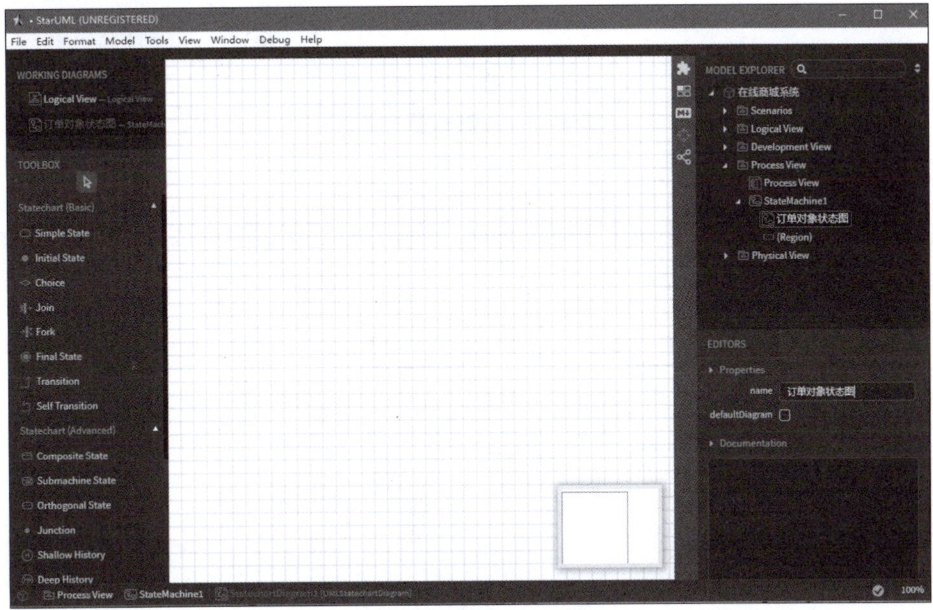

图 6-22　新建订单对象状态机图

6.4.2　绘制状态机图的元素

在工具箱（TOOLBOX）中列出了状态机图所有的元素和关系，如图 6-23 所示。状态机图的工具箱包括两个，分别是 Statechart（Basic）和 Statechart（Advanced）。

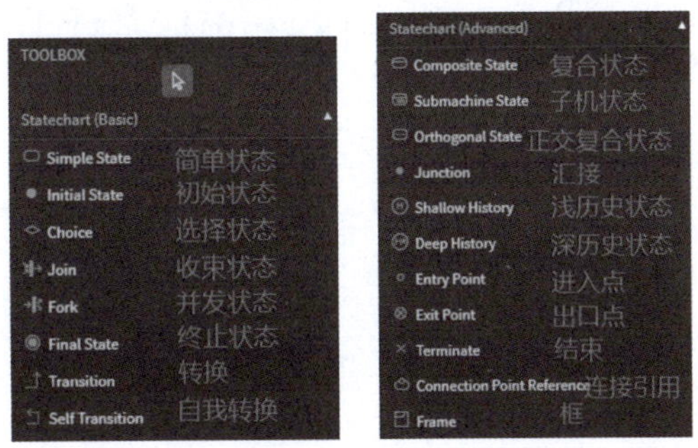

图 6-23　状态机图元素、关系一览

6.4.3 在绘图区绘制状态机图

1. 在绘图区中添加初态和终态。

在工具箱（TOOLBOX）中单击 Initial State 和 Final State，然后在绘图区的空白区域单击，即可添加一个初态和终态，如图 6-24 所示。

图 6-24 绘制初态和终态

2. 绘制其他状态

在工具箱（TOOLBOX）中单击 Simple State，然后在绘图区的空白区域单击，即可添加简单状态，如图 6-25 所示。

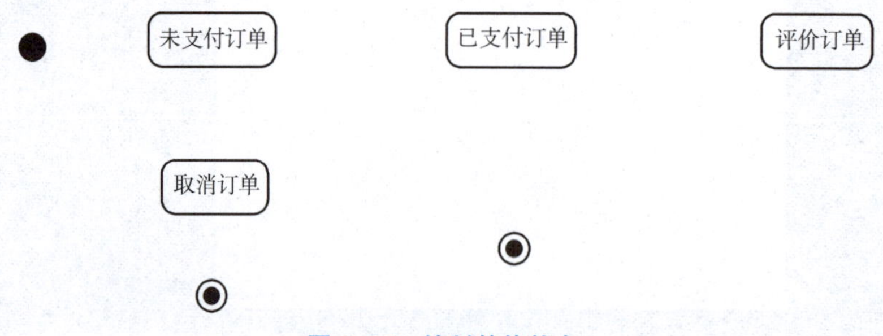

图 6-25 绘制其他状态

3. 绘制转换

在工具箱（TOOLBOX）中单击 Transition，然后在绘图区中要建立转换的两个状态上拖曳即可绘制转换。并可在导航栏的编辑器（EDITORS）区域设置转换的名称、警戒条件、参数等，如图 6-26 所示。

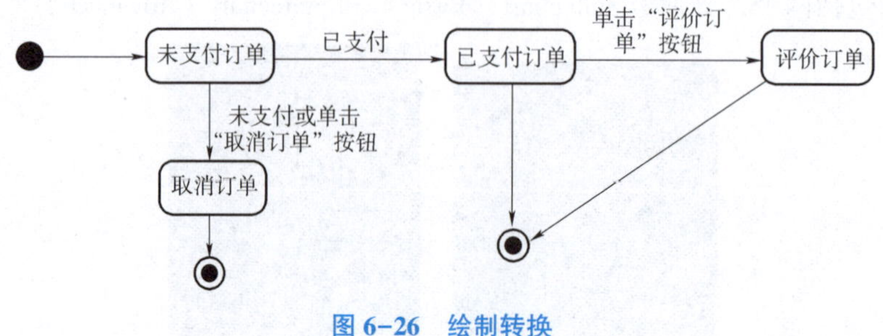

图 6-26 绘制转换

拓展阅读

软件建模的主要内容

对软件进行详细建模时，需要完成的活动有细化类，对软件静态结构建模；分析对象之间的交互，对软件动态交互建模；分析类的行为，对软件进行状态机图建模；对软件的实现进行建模。

1. 软件静态结构建模

软件静态结构建模就是对应用领域中的各种概念及相关联的内部概念进行建模，用来表示不同实体之间是如何关联的。在详细设计阶段，主要使用类图对软件进行静态结构建模，定义并细化软件系统中的类，以及类的属性和操作、类与类之间的关系。

类建模也需要详细分析和设计系统的功能、数据和行为。因此，类建模是整个建模活动的核心。

2. 软件动态交互建模

软件的运行，其实是对象之间相互协作执行系统的功能。软件动态交互建模就展现了多个对象之间的交互和协作，这些对象通过消息传递来执行系统的功能。在详细设计阶段，主要使用顺序图和通信图进行软件动态交互建模，并使用消息细化对象之间的动态交互。

顺序图侧重表达各个对象之间相互传递消息的时间顺序，而通信图侧重表达各个对象之间如何协作完成某个功能。

3. 软件状态机图建模

在详细设计阶段，对系统中重要且有明显状态变化的类，需要为其创建并细化状态机图，对该类的对象在其生命周期内的动态行为进行详细建模。该状态机图详细描述了该类的对象所拥有的状态，以及如何根据事件或消息来使自己的状态发生转换。

4. 软件实现建模

详细设计阶段也包括对系统的实现进行建模。软件实现建模包括对组件图和部署图进行细化，对系统的组件组织情况及运行时计算资源的配置情况等进行建模。组件图展示了系统中的类如何映射到组件上，部署图主要描述了组件及包如何部署到具体的计算资源上。

知识小结

本章主要介绍了状态机图的概念，以及状态机图中包含的主要元素等。

状态机图一般是用来描述对象在其生命周期内所经历的多个状态及状态之间的转换。

状态机图中的有些状态要执行一系列动作或响应一系列事件，因此可以把这些状态描述成更小规模的内部状态，把这些更小规模的内部状态称为子状态，用子状态描述一个状态内部的状态变化过程。包含子状态的状态就称为复合状态。

复合状态的子状态之间若是顺序结构的，则这种复合状态称为正交复合状态；复合状态的子状态之间若是并列结构的，则这种复合状态称为非正交复合状态。

在状态机图中，事件可以分为调用事件、改变事件、时间事件和信号事件 4 种类型。

历史状态是记录复合状态被转出时的活跃子状态，这样，当再回到复合状态时，就能进入离开复合状态前的那个活跃子状态。

习　题

一、填空题

1. 一个状态转换包括________、________和________ 3 个要素。

2. 状态机图描述一个对象在不同________的驱动下发生的状态转换。

3. 状态机图中的 3 个常用动作是________、________和________。

4. 在状态机图中，使状态发生转换的事件包括________、________、________和________ 4 种类型。

二、选择题

1. 下面不是状态机图的组成要素的是（　　）。

A. 状态　　B. 初态　　C. 组件　　D. 转换条件

2. 下面不是状态元素内部的是（　　）。

A. 入口动作　　B. 出口动作　　C. 内部执行转换活动　　D. 触发器

3. 下面不属于伪状态的是（　　）。

A. 选择　　B. 复合状态　　C. 初态　　D. 历史状态

4. 下面不属于状态的类型的是（　　）。

A. 简单状态　　B. 复合状态　　C. 激活状态　　D. 子机状态

5. 需要依赖某个表达式所表达的布尔条件才能发生的事件是（　　）。

A. 信号事件　　B. 改变事件　　C. 调用事件　　D. 时间事件

6. 有一个转换表示为“A[B]/C”，这个转换表达的意思是（　　）。

A. 该转换的触发事件是 A，条件是 B，效果列表是 C

B. 该转换的触发事件是 B，条件是 A，效果列表是 C

C. 该转换的触发事件是 C，条件是 A，效果列表是 B

D. 该转换的触发事件是 A，条件是 C，效果列表是 B

7. 状态机图可以表现（　　）在生存期的行为、所经历的状态序列、引起状态转换的事件及因状态转换引起的动作。

A. 一组对象　　B. 一个对象　　C. 多个执行者　　D. 几个子系统

8. 下面哪一项活动不是由状态机图直接表示的？（　　）

A. 状态的变化　　B. 事件的发生　　C. 动作的执行　　D. 代码的编写

9. 动作在状态机图中的作用是（　　）。

A. 描述状态　　B. 触发转换

C. 执行在状态转换时的活动　　D. 描述对象

10. 对于在线购物系统中的订单对象，下面哪一个状态不可能出现在状态机图中（　　）。

A. 待付款　　B. 已发货　　C. 购物车　　D. 已完成

三、简答题

1. 什么是状态？对象的状态和对象的属性有什么区别？

2. 状态机图通常由哪几部分组成？状态转换的要素有哪些？

四、分析题

1. 某同学有 5 个 QQ 好友，当他启动 QQ 聊天小程序后，QQ 小企鹅可以处于“在线”“隐身”“离线”“忙碌中”等状态。如果要与其中一个好友聊天，可以双击该好友的头像打开与该好友的聊天窗口。请绘制反映 QQ 工作状态及状态转换的状态机图。

2. 某超市的销售 POS 机的工作流程：当顾客要结账时，收银员使用 POS 机逐一扫描商品的条形码，扫描完成后，计算出商品总金额，然后等待顾客付款，当顾客支付成功后，该交易完成。请绘制出该 POS 机响应的状态机图。

第7章　活动图

本章导读

活动图属于UML行为图的一种，用于建模系统的动态行为特性，包括控制流、对象流及它们的顺序和条件。本章首先介绍活动图的基本概念，然后介绍活动图的组成元素及其表示方法，最后以在线商城系统中的订单管理为例，介绍如何使用StarUML绘制活动图。

本章学习目标

能力目标	知识要点	权重
熟悉活动图和软件建模的关系、活动图的定义	过程视图、行为图、活动图的概念	5%
掌握活动图的组成元素及其表示方法	动作、活动、初始、终止、活动边、分支节点、合并节点、并发节点、收束节点、泳道的定义和表示	45%
掌握活动、泳道的识别方法		10%
掌握4种行为图——活动图、顺序图、状态机图、通信图之间的区别和联系		10%
掌握活动图的建模步骤		15%
掌握使用StarUML绘制活动图的方法	元素的绘制及其属性的设置	15%

7.1　活动图的基本概念

活动图（Activity Diagram）属于 UML 行为图的一种，用于建模系统的动态行为特性，包括控制流、对象流及它们的顺序和条件。

在 4+1 视图中，活动图属于过程视图下的图形。

活动图的作用是描述一系列具体动态过程的执行逻辑，展现活动和活动之间转移的控制流，并且它采用一种着重逻辑过程的方式来描述。

活动图中的节点包括活动节点、控制节点、对象节点。

活动图中的边可以是控制流边、对象流边。

7.2　活动图的组成元素

7.2.1　动作、活动

动作（Action）是 UML 中行为规范的基本单位。一个动作可以是任何合法的行为，也可以是采取一组输入并产生一组输出。动作还可以是空的动作。某些动作还可能会修改执行该操作的系统的状态。动作可以是并且不限于：创建或删除对象、发送消息、调用接口，甚至是数学运算及返回表达式的求值结果。

活动是一组动作的有序序列，表示的是某流程中的任务的执行；它可以表示某算法过程中语句的执行。一个活动是一个对象的某个方法中的部分（或全部）语句的执行，可以对应为顺序图中的控制焦点（激活期）的矩形条。

活动节点在图例上的表达方式和动作节点相同，使用圆角矩形表示，如图 7-1 所示。

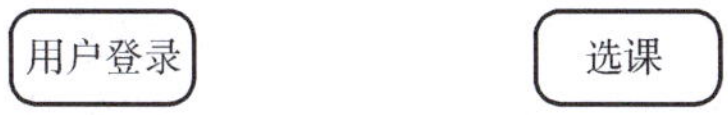

图 7-1　动作节点和活动节点的表示

7.2.2　对象

对象节点（Object Node）用于在活动的执行过程中保存数据，作为活动的输入或输出。用矩形框表示对象，如图 7-2 所示。其中，图 7-2（a）表示一般对象；图 7-2（b）表示数据存储对象，表示该数据会持久化地保存（例如，持久化到硬盘）；图 7-2（c）表示中心缓冲对象，作为输入对象流和输出对象流之间的缓冲区。

活动图中的对象和对象图中的对象不同。在对象图中，对象表示一个具体值；而在活动图中，对象更像是对象池或数据池。

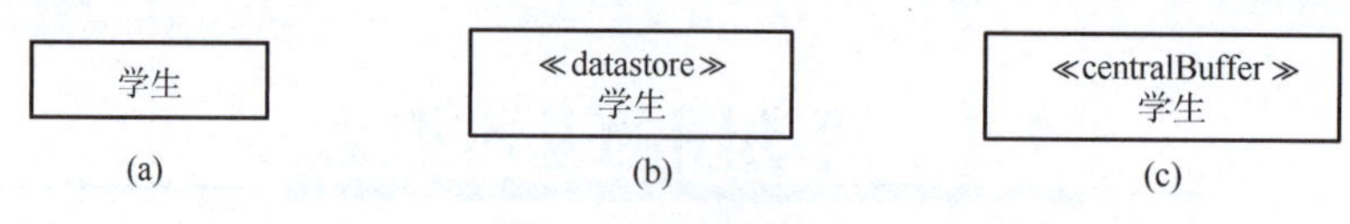

图 7-2　对象的表示

（a）一般对象；（b）数据存储对象；（c）中心缓冲对象

7.2.3　控制节点——初始和终止

活动图中的初始（Initial）和终止（Final）是两个节点符号，分别标记了业务流程的起始位置和结束位置。活动图中必须有且仅有一个初始节点，一般至少包含一个终止节点（某些特殊的无穷过程可能不存在终止节点）。

在图 7-3 中，图 7-3（a）表示初始；图 7-3（b）和图 7-3（c）表示终止，但其中图 7-3（b）表示活动结束，图 7-3（c）表示流结束。

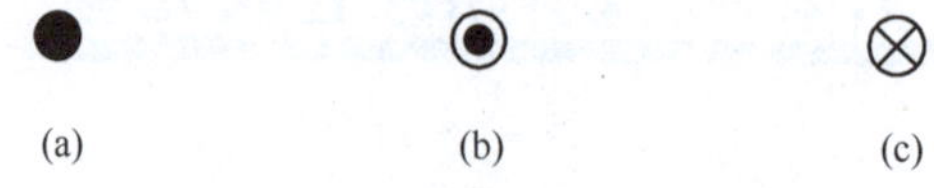

图 7-3　初始节点和终止节点的表示

（a）初始；（b）活动结束；（c）流结束

7.2.4　活动边——控制流边、对象流边

控制流是活动图中用于活动的控制路径的一种符号，使用实线加箭头连接两个节点，如图 7-4 所示。它负责当一个动作或活动节点执行完毕后，将执行主体从当前已执行节点转移至下一个动作或活动节点。

控制流从活动图的初始节点开始运行，经过顺序、分支等结构引导各个动作的连续执行。

对象流是连接活动和对象的边，表示活动的输入或输出，对应输入对象流或输出对象流。它的表示和控制流相同，使用实线加箭头连接活动和对象。如图 7-5 所示，连接活动“用户登录”和数据存储对象“登录信息”的就是对象流，这个对象流是“登录信息”的输入对象流和“用户登录”的输出对象流。另外，在这个对象流上的［登录成功］是警戒条件，只有登录成功的登录信息才会被存储下来，目的是记录用户的登录时间、登录地点等。警戒条件在控制流上同样可以使用。

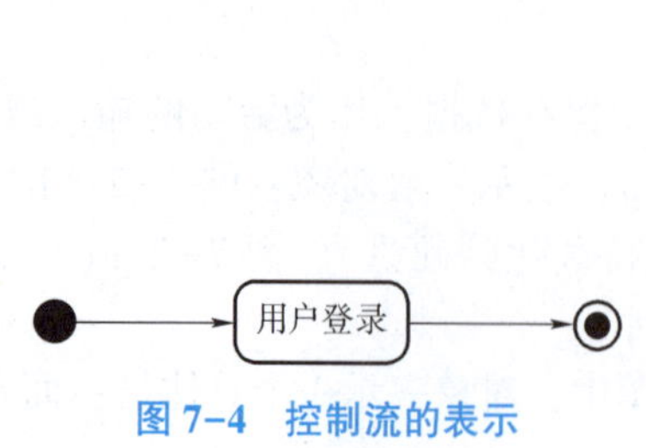

图 7-4　控制流的表示

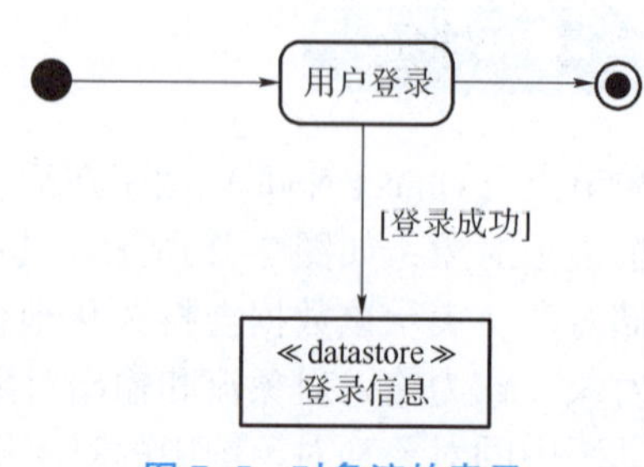

图 7-5　对象流的表示

7.2.5　引脚

吸附在活动边缘的小方块称为管脚（Pin），也称“引脚”，表示活动的输入对象或输出对象。

如图 7-6 所示，活动“获取用户信息”吸附了两个引脚，其中“用户编号”是活动的输入引脚，“用户信息”是活动的输出引脚。表示该活动执行时，需要输入“用户编号”对象，执行完后输出“用户信息”对象。

用户编号　获取用户信息　用户信息

图 7-6　引脚的表示

7.2.6　分支节点和合并节点

分支节点也称判断节点，是活动图中进行逻辑判断并创造分支的一种方法。分支节点具有一个输入控制流和至少两个输出控制流。对于每条导出流而言，应当在表示该控制流的箭头上附加控制条件（警戒条件）。

如图 7-7 所示，菱形框表示分支节点，它有一个输入控制流、两个输出控制流。活动“核对用户名和密码”执行后，进入分支节点，然后根据用户名和密码是否一致决定控制流的走向。如果用户名和密码一致，则跳转到首页；如果用户名和密码不一致，则重新输入用户名和密码。分支节点的多个输出控制流会根据条件进入符合条件的活动进行执行。

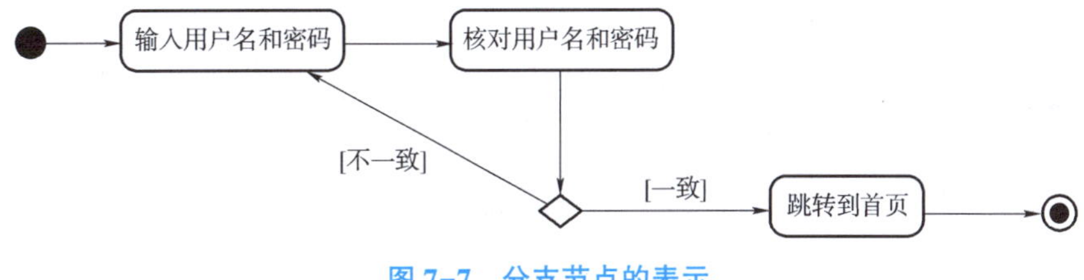

图 7-7　分支节点的表示

合并节点有多个输入控制流和一个输出控制流，它和分支节点的图例一致。如图 7-8 所示，活动“跳转到登录页”和活动“跳转到首页”的输出控制流都流到了一个合并节点，作为该合并节点的输入，流经合并节点后，两个控制流合并为一个控制流流向终止节点。

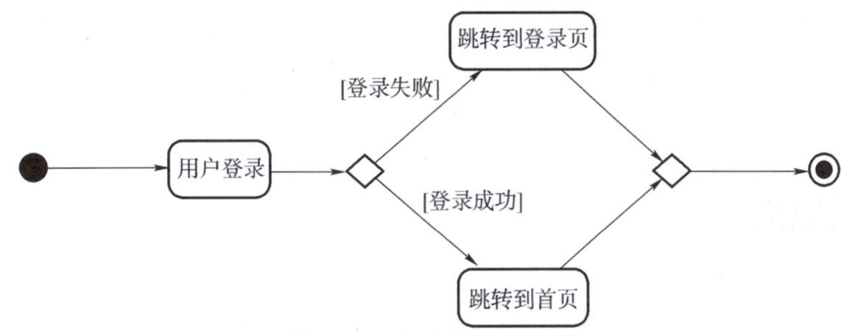

图 7-8　合并节点的表示

分支节点和合并节点的表示方法相同，所以有图 7-9 所示的分支合并节点，表示任一输入控制流如果到达节点后输出满足条件的输出控制流。

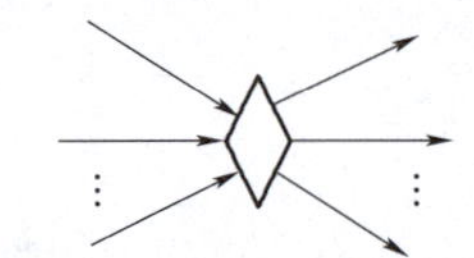

图 7-9　分支合并节点的表示

7.2.7　并发节点和收束节点

分支节点和合并节点只有逻辑上的意义，并没有时间和数据上的意义。而并发节点和收束节点具有时间和数据上的意义。

并发和收束使用粗实线表示，并发表示一个输入控制流和多个同时流出的输出控制流；收束表示只有当多个输入控制流都到达收束节点，才会产生输出控制流。如图 7-10 所示，活动“打开首页”执行完后到达并发节点，经过该节点后，同时执行 3 个活动，即“获取用户关注列表”“获取推荐列表”“获取热门列表”。这 3 个活动执行完后会陆续到达收束节点，但是，先到达的活动需要等待其他活动到达，只有当这 3 个活动都执行完后，才会离开收束节点。这里的“同时”和“等待”就是并发节点和收束节点的时间和数据上的意义。

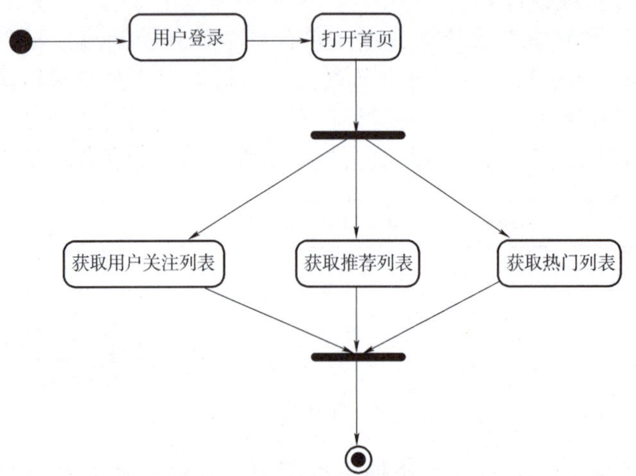

图 7-10　并发节点和收束节点的表示

并发节点和收束节点的表示方法相同，所以有图 7-11 所示的并发收束节点。它既是并发节点，又是收束节点，表示输入控制流在节点处收束，并且输出并发的输出控制流。

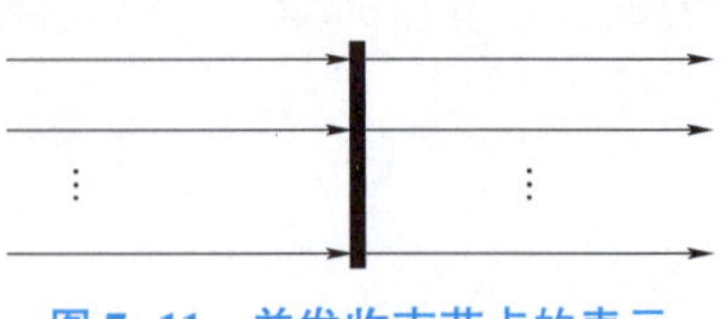

图 7-11　并发收束节点的表示

7.2.8　泳道

泳道（Swimlane）是活动图中的区域划分，根据每个活动的职责对所有活动进行划分。每个泳道代表一个责任区。泳道和类并不是一一对应的关系，泳道关心的是其所代表的职责。一个泳道可能由一个类实现，也可能由多个类实现。不带泳道的活动图在需求分析中建模，用于

刻画一个用例的用例描述；带泳道的活动图在系统分析及设计中建模，用于刻画一个用例的用例描述中的步骤如何落实到对象上，关心的是不同对象在这个用例执行时是如何分工的。

泳道分为纵向泳道和横向泳道，如图 7-12 所示。

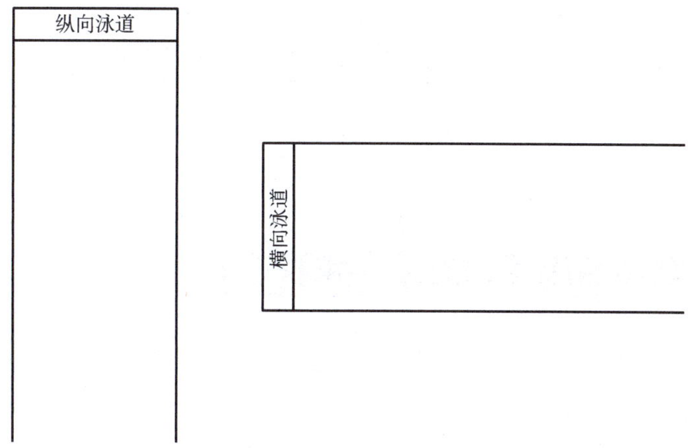

图 7-12　泳道的表示

图 7-13 描述了教务管理系统中的“选课”功能，在活动图中加了泳道，可以很好地建模该功能执行过程中学生、教务、教师 3 个参与者是如何分工协作的，以及各自负责的活动。

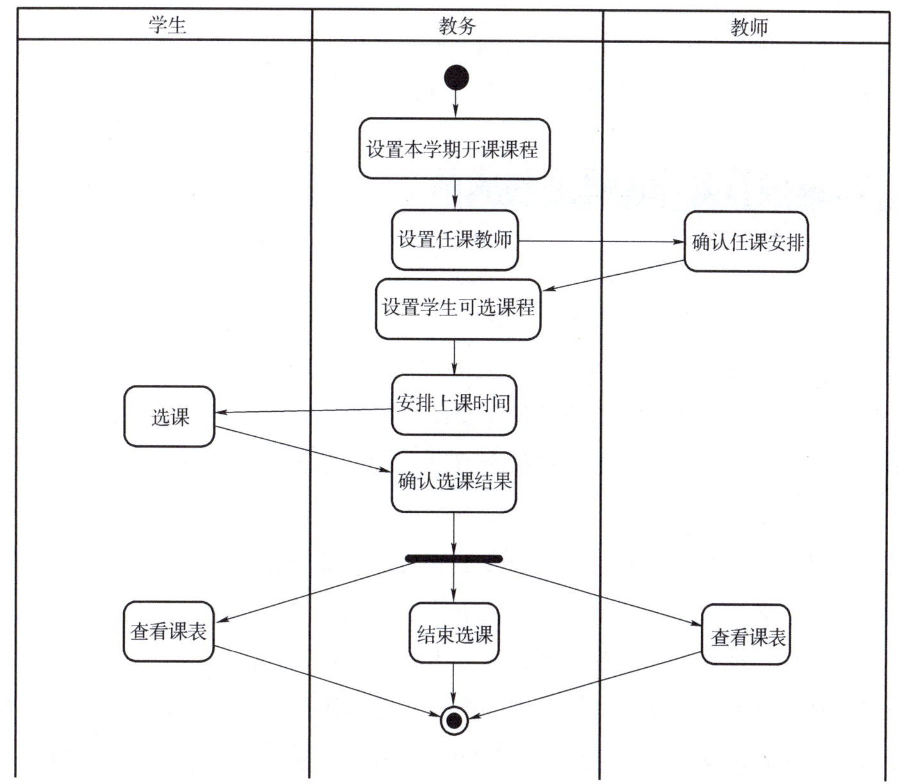

图 7-13　“选课”活动图

活动的分组除了按照参与者分组，还可以按照执行活动的对象分组，也可以按照对象的某个属性值分组。

7.3 活动图中常见的问题

7.3.1 活动图和流程图的区别和联系

活动图和流程图都可以建模系统的顺序、选择、循环的控制流程，但它们之间也有区别，具体体现在以下几个方面：

（1）流程图着重描述处理过程，主要控制结构是顺序、分支和循环，各个处理过程之间有严格的顺序和时间关系；而活动图描述的是对象活动的顺序关系所遵循的规则，着重表现系统的行为，而非系统的处理过程。

（2）活动图是面向对象的图形，而流程图不是。活动图更适合建模复杂流程，支持自顶向下逐步求精的方法。

（3）活动图和流程图都可以建模控制流，但是活动图还可以建模对象流。

（4）活动图可以建模并发的控制流，而流程图不行。

7.3.2 4 种行为图的区别和联系

UML 中的图分为结构图和行为图两大类。活动图、顺序图、状态机图、通信图都是行为图，其中顺序图和通信图是交互图。“交互”指的是对象之间收发消息，所以顺序图和通信图都是从对象、消息（调用对象所属类型的方法即为发送消息）的角度来建模系统行为的。也就是说，交互图是从计算机的视角建模系统行为。通过交互图可以知道某个功能的执行过程中有哪些对象参与其中、发送了什么消息（调用了这些对象的什么方法）、这些消息之间的控制流是什么。

活动图也是建模系统行为的，但是通常是从用户的视角建模用户行为，目的是建模系统用例的执行过程。通过活动图，可以知道某个功能的执行过程中有哪些活动，活动之间的控制流是什么。这里的活动可以简单地理解为分为哪些步骤。

状态机图和活动图、交互图不同。活动图和交互图建模的是某个功能执行的过程。而状态机图建模的是状态的变化，通常是一个类的某个属性所有可能的取值，一个取值就是一个状态。那么状态机图就是建模系统对这个属性是如何维护的。活动图侧重从行为的动作来描述活动；而状态机图更侧重从行为的结果来描述状态。

7.4 活动图建模

7.4.1 活动图建模的步骤

活动图建模是一个反复的过程，建模活动图时可以按照以下步骤来进行：

（1）确定活动图要建模的业务流程。一般来说，一个活动图只用于描述一个业务流程，避免因活动图规模太大而降低模型的可理解性。

（2）确定该业务执行过程中参与的对象有哪些，并为每个对象建立一个泳道。

（3）确定初始节点和终止节点所处的泳道。

（4）确定初始节点的前置条件和活动结束的后置条件，确定该工作流的边界，这样可有效实现对工作流的边界建模。

（5）从初始节点开始，按控制流顺序识别活动及活动间的关系。

（6）将复杂的活动或多次出现的活动归集到一个活动节点，并对每个这样的活动节点提供一个可展开的单独的活动进行表示。

（7）识别活动图中并发和收束的控制流。

（8）如果工作流中涉及重要的对象，则也可以将它们加入活动图。

7.4.2 活动图建模举例

以在线商城系统中的订单管理为例，创建活动图，如图 7-14 所示。

订单管理的活动由普通用户发起，所以初始节点在普通用户泳道内。一个订单可以有 3 种终止方式：第 1 种是没有支付，由用户取消订单；第 2 种是支付订单并评价订单后，订单正常完结；第 3 种是用户在支付订单后发起退款，商家同意退款后，结束订单。因此，在图中有两个终止节点，分别隶属于两个泳道。用户创建订单后，会输出对象流流向数据存储对象“订单”，表示一个订单对象会持久化存储到数据库中。创建订单对象后，有 3 个并发的活动，表示创建订单对象后用户可以取消订单、支付订单，商家可以修改订单价格。这 3 项活动之间没有控制流上的先后顺序，且未输出至同一收束节点，即这 3 项活动不是都要执行完才能进行后续操作。

需要注意的是，实际的订单管理功能可能还包括仓库、快递员等更多的角色，这里为了方便省略了。

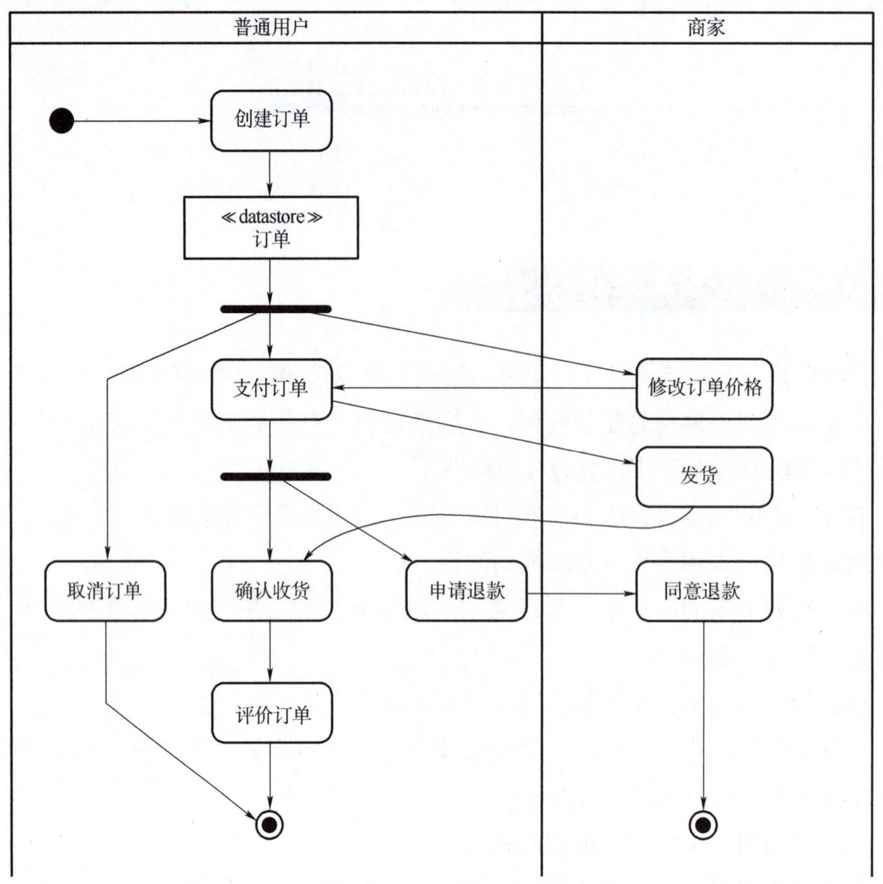

图 7-14　订单管理的活动图

7.5　使用建模工具绘制活动图

7.5.1　创建活动图

在模型资源管理器中右击 Process View 文件夹，在出现的快捷菜单中执行 Add Diagram→Activity Diagram 命令，即可新建一个活动图，并在导航栏的编辑器（EDITORS）区域设置该活动图的名称为“在线商城系统订单管理”。

7.5.2　绘制活动图的元素

在工具箱（TOOLBOX）中列出了活动图所有的元素和关系，如图 7-15 所示。

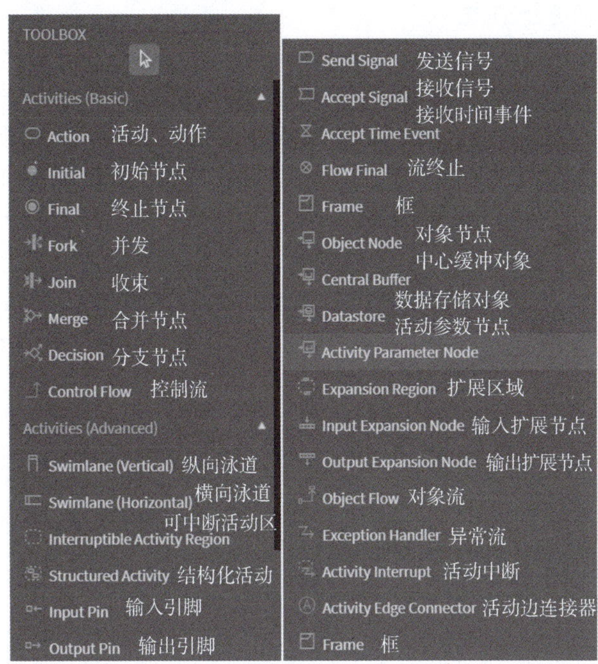

图 7-15 活动图元素、关系一览

7.5.3 在绘图区绘制活动图

1. 绘制泳道

在绘图区中添加两个泳道，并命名为“普通用户”和“商家”。

在工具箱（TOOLBOX）中单击 Swimlane（Vertical），然后在绘图区的空白区域单击，即可添加一个纵向泳道。按住鼠标右键拖动泳道，使两个泳道横向排列。双击泳道即可为泳道命名，如图 7-16 所示。

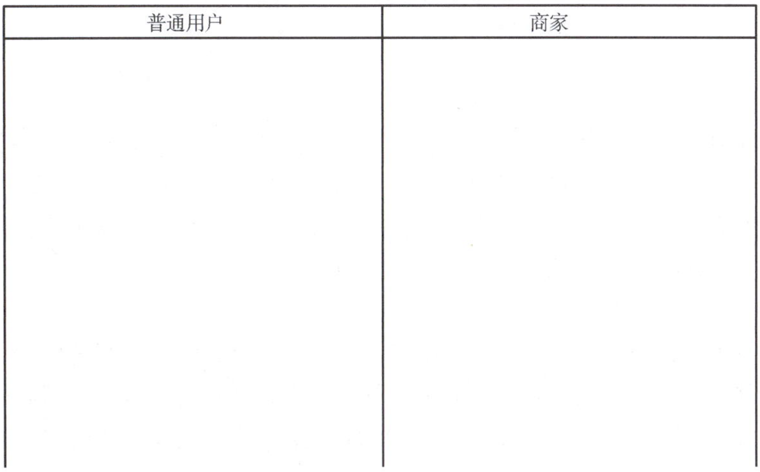

普通用户	商家

图 7-16 绘制泳道

2. 绘制初始节点和终止节点

在工具箱（TOOLBOX）中单击 Initial 和 Final，然后在绘图区的空白区域单击，即可添加初始节点和终止节点。在“普通用户”泳道添加初始节点，在“普通用户”和“商家”泳道分别添加一个终止节点，如图 7-17所示。

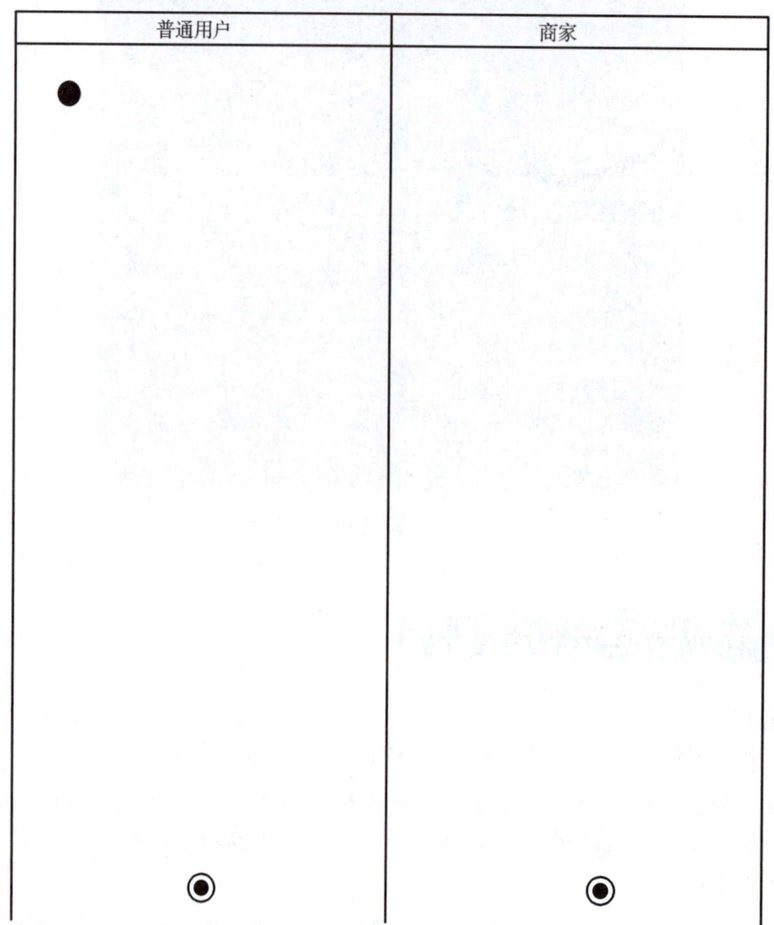

图 7-17　绘制初始节点和终止节点

3. 绘制活动

在工具箱（TOOLBOX）中单击 Action，然后在绘图区的空白区域单击，即可添加活动。双击活动即可修改活动名称。在“普通用户”泳道中添加“创建订单”“支付订单”“取消订单”“确认收货”“评价订单”“申请退款”等活动；在“商家”泳道中添加“修改订单价格”“发货”“同意退款”等活动，如图 7-18 所示。

4. 绘制控制流

在工具箱（TOOLBOX）中单击 Control Flow，然后在绘图区中连续单击控制流两端的节点，即可绘制控制流。根据活动之间的先后顺序绘制初步控制流，再调整活动的位置，由上至下、由左至右按顺序分布活动，并尽量减少控制流的交叉，如图 7-19 所示。

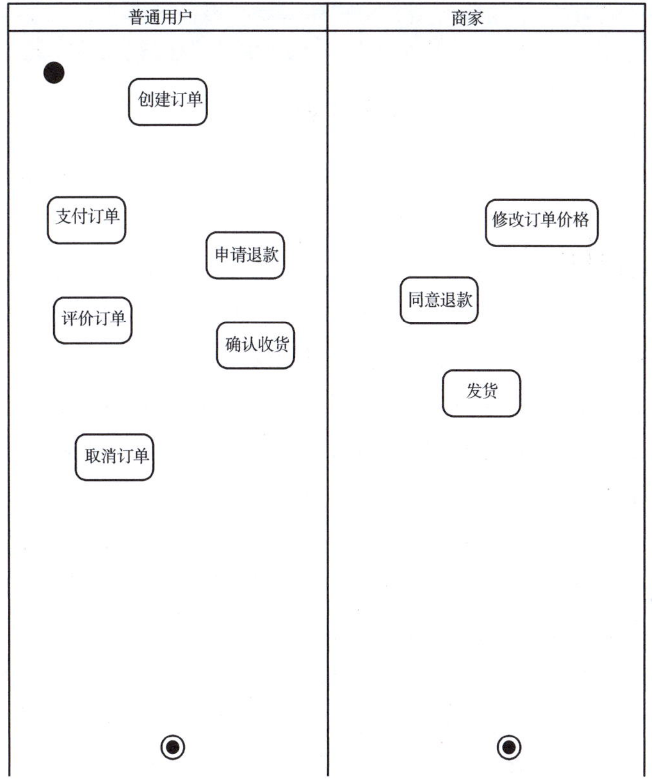

图 7-18　绘制活动

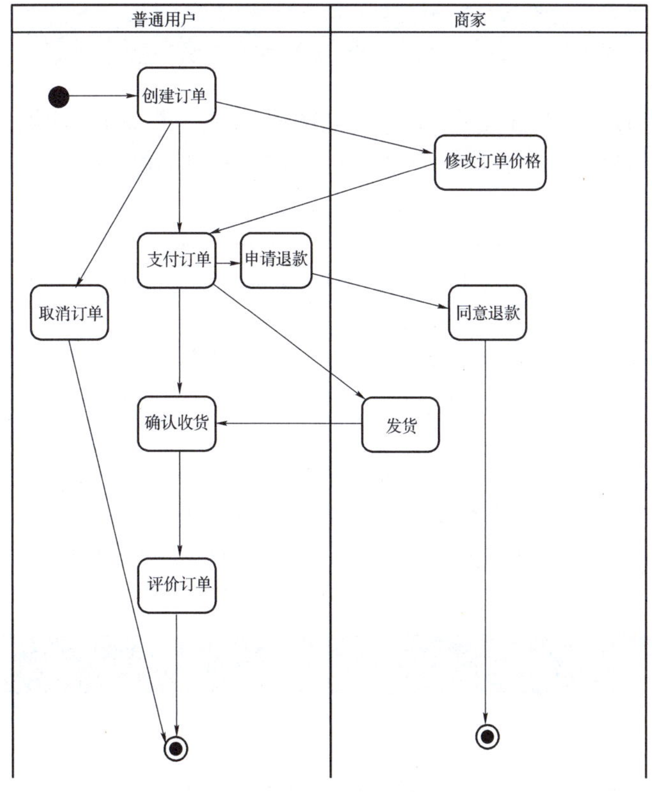

图 7-19　绘制控制流

拓展阅读

面向对象建模

在面向对象建模过程中，一般要建立 3 种模型，分别是描述系统数据结构的对象模型、描述系统控制结构的动态模型和描述系统功能的功能模型。这 3 种模型都与数据、控制和操作有关，但各自描述的侧重点不同。

对象模型描述了从现实世界中抽象出来的“类与对象”之间的关系，是对系统的一种静态数据结构建模。我们通常采用类图来表示对象模型。

动态模型描述了客观世界中实体之间的相互作用，或者相互作用时的时序关系，是对系统的一种动态行为建模，如用户与系统之间的交互、系统执行时的控制过程等。我们通常采用顺序图、活动图和状态机图来表示动态模型。

功能模型描述了系统中数据间的相互依赖关系，以及相关数据的处理功能。我们通常采用数据流图来表示功能模型。在数据流图中，“处理”对应状态机图中的活动或操作，“数据”流对应对象图中的对象或对象的属性。

这 3 种模型分别从不同角度描述了要开发的系统，它们之间既相互联系，又相互补充。对象模型定义了现实世界中的实体对象；动态模型定义了系统怎么做事情；功能模型定义了系统在做事情的时候是怎么做的。

知识小结

本章对 UML 中的活动图进行了介绍。活动图用于软件动态行为建模，是 4+1 视图中过程视图的主要组成部分之一。表 7-1 列出了活动图中所有的元素和关系。

表 7-1　活动图小结

定义	建模系统的动态行为特性，包括控制流、对象流及它们的顺序和条件
元素	活动、对象、引脚、初始、终止、分支、合并、并发、收束、泳道
关系	控制流、对象流
用途	从用户视角建模用例执行过程，通过活动图，可以观察到在这个用例执行过程中哪些对象参与其中、每个对象负责的活动是什么、这些活动的执行顺序是什么

习　题

一、填空题

1. 活动图属于 UML ________的一种，用于建模系统的____________，包括________或

________及它们的________和________。

2. 活动图在4+1视图中，属于____________下的图形。

3. 活动图中的节点包括________、________、________。

4. 活动节点在图例上的表达方式和动作节点相同，使用____________表示。对象节点用于____________________，作为活动的____________________，用____________表示。

5. 活动图中必须________________初始节点，一般________________终止节点。

6. 控制流负责当一个动作或活动节点执行完毕后，将执行主体从当前已执行完毕的节点转移到过程的下一个动作或活动节点，使用________________连接两个节点。

7. ____________也称判断节点，是活动图中进行逻辑判断并创造分支的一种方法。

8. 分支节点和合并节点只有____________的意义，并没有____________的意义。而并发节点和收束节点具有____________的意义。

二、简答题

1. 泳道的作用是什么？

2. 活动图和流程图的区别和联系是什么？

3. 活动图是交互图吗？为什么？

4. 活动图和顺序图的区别和联系是什么？

第 8 章　组件图

本章导读

组件图主要是对系统的物理结构进行建模。本章将首先介绍组件图的基本概念，然后介绍组件图中的组件、组件之间的关系、组件的类型等，最后以在线商城系统为例，介绍如何使用 StarUML 绘制组件图。

本章学习目标

能力目标	知识要点	权重
了解组件图的基本概念；对组件图的使用有一个初步的认识	组件图的基本概念；建立组件图的时机	15%
熟悉组件图中所包含的元素的基本概念及元素之间的关系	组件、组件之间的关系、组件的类型	50%
熟悉组件图建模的步骤	识别组件图模型中的各个元素	15%
通过分析一个比较典型的组件图模型，具备独立建模的能力	通过一个案例具备独立建模的能力	20%

在软件的设计和开发过程中，随着开发的软件功能越来越多，系统规模也越来越大。那么，已经开发出的软件中的功能能否被直接使用呢？也就是说，正在开发的软件系统的某些功能模块，是否可以由他人已经完成的相同功能模块替代？如果可以，就能大大节省开发时间。另外，是否考虑将这些已经开发完成的功能模块封装起来，以便在将来进行更新和迭代。

在这种思想指导下，就引入了“组件”的概念。组件就是一个被封装起来的软件逻辑部件，它通过接口与其他组件进行交互。组件内部具有高内聚，组件之间则具有低耦合性，从而为系统的可扩展性和后续维护提供了便利。

8.1　组件图的基本概念

组件图（Component Diagram）就是用来描述组件之间关系的模型，它在宏观层面上展示了系统的某一特定方面的实现结构，如图 8-1 所示。

在 UML 2.0 及以上规范中，把组件定义为一个独立的封装单元，并向外提供接口。这样组件就可以把代码细节封装起来，并且可以通过接口组成更大的功能单元。

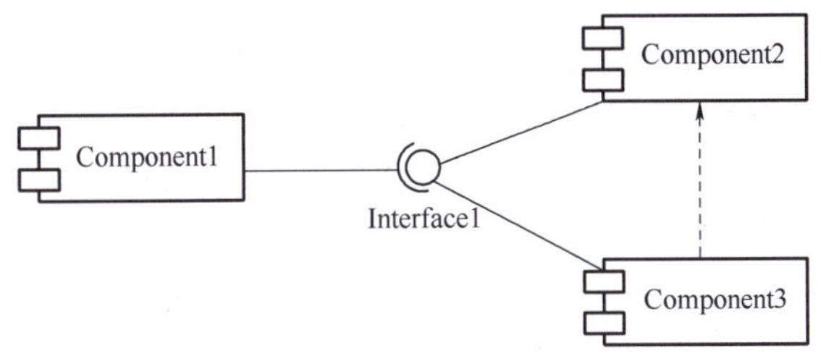

图 8-1　组件图的表示

组件图在面向对象设计过程中起到了非常重要的作用，它明确了系统的设计结构，降低了沟通成本，还降低了系统和子系统之间的耦合度，并提高了软件代码的可重用性。

8.2　组件图的组成元素

组件图中的主要元素包括组件、接口和端口，以及组件之间的关系。

8.2.1　组件

组件（Component）也称为构件，是被封装起来的物理实现单元。它对外隐藏了内部细节的具体实现细节，但提供具有自己身份标识和定义明确的接口。组件的具体实现过程独立于外部元素，所以组件具有良好的可替换性。

组件与类的概念相似，都是一个封装好的物理单元，但组件的粒度通常比类大，一个组件内可能包含一个或多个类。根据建模的需要，组件的大小和复杂度也有很大差异。

1. 组件的表示法

组件表示为一个左侧带两个小矩形条的矩形框，如图 8-2 所示。

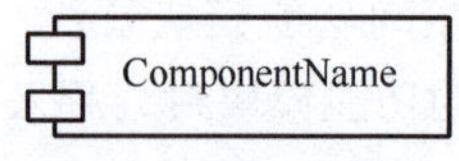

图 8-2　组件的表示

2. 组件的接口——供接口和需接口

组件内部封装了多种方法与功能。如果外部的类要使用这个组件中的某个方法或功能，则需要通过接口来访问组件内部的方法或功能。

由于组件是被封装起来的物理单元，所以当组件内部的具体方法发生变化时，外部的类是不需要了解这些变化的具体实现细节。因此，组件内部可以灵活变化，但接口则相对固定。

组件对外通常有两种接口：供接口和需接口。

供接口表示组件向外部提供的功能。通过供接口，组件外部的用户可以使用该组件。组件的供接口至少有一个，图形上用一条直线连接一个圆圈表示。

需接口是指组件从外部获得服务的接口。需接口往往表示该接口是组件的成员变量或其类的成员变量所依赖的接口。图形上用一条直线连接一个半圆圈表示。

例如，在图 8-3 中有两个组件和一个接口。组件 ComponentName1 和组件 ComponentName2 通过一个接口连接。组件 ComponentName2 连接的接口是一个供接口，表示组件 ComponentName2 对外提供了服务。组件 ComponentName1 连接的接口是一个需接口，表示组件 ComponentName1 需要通过接口从组件 ComponentName2 中获取服务。

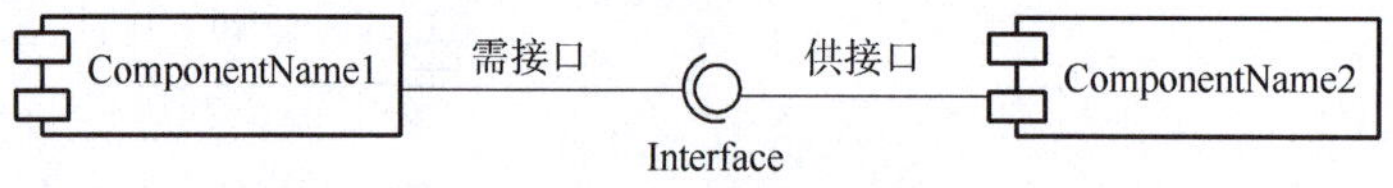

图 8-3　供接口和需接口

3. 实现组件的类

组件内部包含一些类，通过这些类来实现组件的功能，可以在组件内绘制这些类及其之间的关系，如图 8-4 所示。

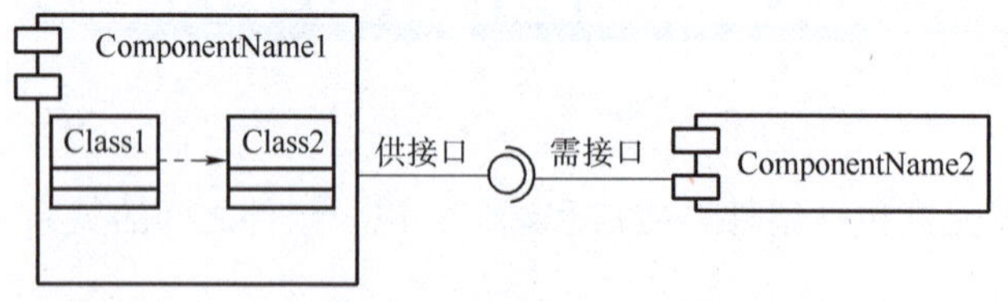

图 8-4　实现组件的类

4. 组件的外部接口——端口

组件外部接口通过添加在组件矩形框上的小矩形框表示，称为端口（Port）。端口是 UML 2.0 规范中引入的一个概念，在 UML 1.0 规范中没有这个概念。

组件的端口是组件与外部进行交互的通道。组件的内容被封装在其内部，与外部之间的联系需通过端口实现，如图 8-5 所示。

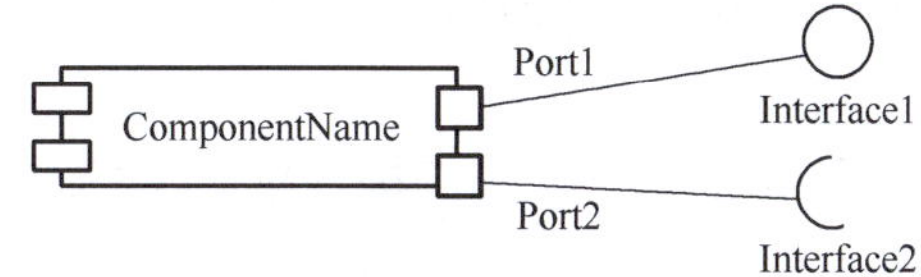

图 8-5 组件的端口

端口表示为在组件边界上的小矩形框，供接口和需接口都附着在端口上。每个端口都有一个名称作为其标识，一个组件可以有多个端口。

在图 8-5 中，组件 ComponentName 有两个端口 Port1 和 Port2，端口 Port1 连接了一个供接口，端口 Port2 连接了一个需接口。

5. 组件的连接器

连接器（Connector）就是把一个组件提供的供接口与另一个组件所需的需接口连接在一起，从而完成了功能的实现。在 UML 2.0 规范中，提供了代理连接器和组装连接器两种类型的连接器。

代理连接器（Delegation Connector）：用来连接外部接口的端口和内部接口。

组装连接器（Assembly Connector）：用来连接组合组件内部的类或组件之间的关系，一端连接供接口，另一端连接需接口。

如图 8-6 所示，在组合组件 Component1 内包括了 Component2、Component3 和 Component4 这 3 个子组件。组合组件 Component1 内部的 3 个子组件通过接口 Interface1 和接口 Interface2 完成了功能的实现，Interface1 和 Interface2 这两个接口是内部子组件通过供、需接口完成的，称为组装连接器。在组合组件 Component1 矩形框上有两个端口 Port1 和 Port2，通过使用这两个端口，可以从外部的供、需接口获得组合组件所需要的服务，或者向外部提供服务，称为代理连接器。

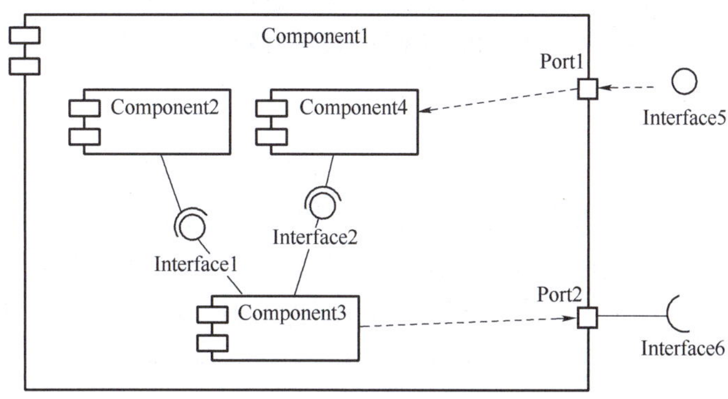

图 8-6 组件连接器

8.2.2 组件之间的关系

组件图中的关系主要是依赖关系和包含关系。

1. 依赖关系

组件提供了供接口与需接口，用于与外部元素发生关系。通过逻辑关系可以知道，一个组件的需接口中定义的操作肯定会出现在其他组件的供接口中，这样，这个组件就依赖它的需接口提供操作的那些组件。

如图 8-7（a）所示，组件 Component2 的需接口中定义的操作在组件 Component1 的供接口中。

组件之间通过接口的供需关系就是一种依赖关系。在建模时还可以省略接口，直接建立这两个组件之间的依赖关系，如图 8-7（b）所示。

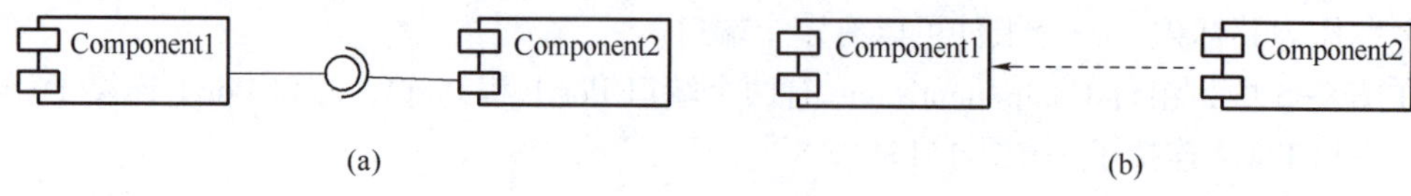

图 8-7　依赖关系

（a）依赖关系 1；（b）依赖关系 2

组件之间的关联关系也可以表示为一种依赖关系。关联关系描述的是：若一个组件中的子组件与另外一个组件中的子组件存在关联关系，那么这两个组件之间就存在关联依赖关系。

例如，在在线商城系统中，用户与订单是两个类，每个用户都有其相应订单。用户类与订单类之间的关联关系如图 8-8（a）所示。如果把这两个类分别封装到两个组件中，那么“用户”组件与“订单”组件之间就存在关联依赖关系，如图 8-8（b）所示。

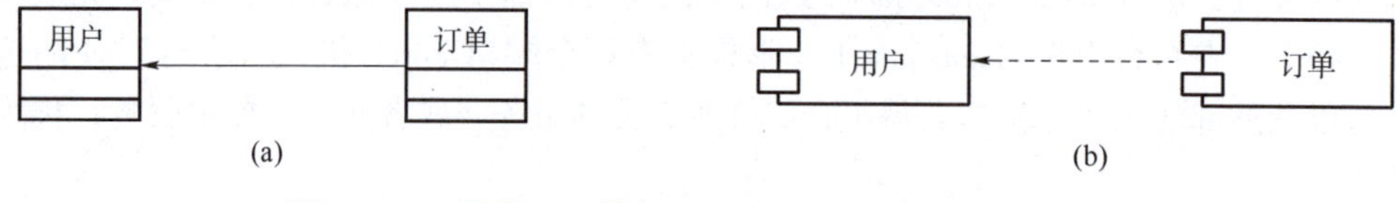

图 8-8　“用户”组件与“订单”组件的关联依赖关系

（a）依赖关系 1；（b）依赖关系 2

2. 包含关系

一个组合组件里面包含多个组件，即在一个组件中可以嵌入其他组件。组件的这种关系就是包含关系。组件的包含关系实际上是一种引用，也就是说，该组件引用被包含的子组件。图 8-9 就描述了组件之间的包含关系。组合组件 ComName1 内包括了 ComName2、ComName3 和 ComName4 这 3 个子组件，被引用的子组件前加“:”表示对组件的引用。

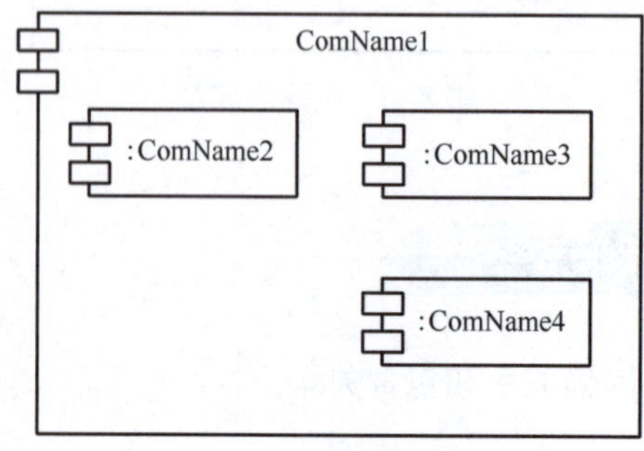

图 8-9　包含关系

8.3 组件图中常见的问题

8.3.1 组件的类型

软件系统的设计通常采用的基本单位就是组件。组件封装了某些实现细节，同时对外提供了接口。组件是软件系统逻辑架构中定义的概念和功能在物理架构上的实现，对应了组成软件系统的目标文件、可执行程序文件、动态链接库文件、数据库文件和 HTML 文件等开发环境中的实现性文件。一个组件还可能包含很多类并实现很多接口。组件模型表明如何把类和接口分配给组件。

组件就是一个实现性文件，可以独立存在并部署在计算机上。它在系统中可以分为以下 3 种类型：

（1）部署组件（Deployment Component）：运行系统需要配置的组件，如 Java 虚拟机、XML 文件、JAR 文件、数据库表等。

（2）工作产品组件（Work Product Component）：主要是开发过程中的产物，是形成配置组件和可执行文件之前必要的工作产品，也是部署组件的来源，如程序源代码、数据文件等。

（3）执行组件（Executive Component）：可运行的系统最终运行产生的运行结果，如动态 Web 页、EXE 文件、COM+对象等。

8.3.2 Rational Rose 组件的类型

根据组件表达的含义不同，组件可以有不同的类型。在 Rational Rose 中使用不同的图形符号表示这些不同类型的组件。

Rational Rose 组件的类型包括标准组件、数据库、虚包、包规范、包体、主程序、子程序规范、子程序体、任务规范和任务体，如图 8-10 所示。

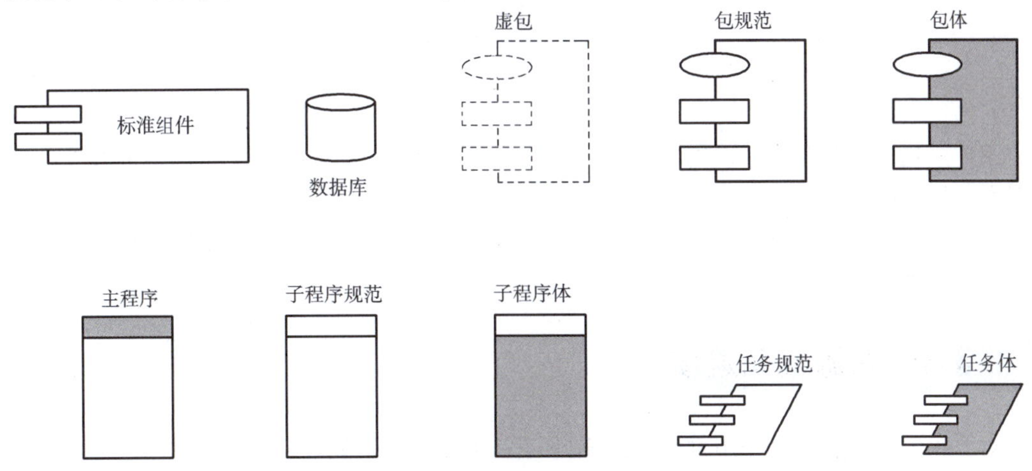

图 8-10 Rational Rose 中的组件类型

数据库表示存储数据的物理单元；虚包表示一个公共视图的包；包规范是存储所有源文件中声明文件的包；包体是存储所有源文件中的实现文件的包；主程序是系统程序的根文件，用于指定系统的入口；子程序规范是源文件中的声明文件；子程序体是源文件代码中的实现文件；任务规范表示拥有独立控制线程的组件的规范；任务体表示拥有独立控制线程的组件的实现体；标准组件是除了这些特殊组件的组件。

8.3.3 组件与类的关系

组件与类图中的类在很多方面相似，例如都有名称，都能实现接口，都可以存在依赖关系、泛化关系和关联关系等。此外，还都可以参与到交互过程中。但两者也有区别，主要表现在以下两个方面：

（1）类是逻辑抽象，组件是物理抽象，组件可以位于节点上。

（2）类有属性和操作，组件只有操作，这些操作只能通过接口使用。

例如，用 C++开发的一个源文件，一个.cpp 源文件可能包含几个类的定义，这个.cpp 源文件就是一个组件，而文件内定义的几个类就是组件包含的元素。

8.3.4 组件与接口的关系

组件是将类和接口等逻辑元素封装到一起的物理模块，接口是组件提供给其他组件的一组操作。在组件重用和组件替换上，接口就很重要了。

如果在软件开发过程中构造出通用的、可重用的组件，并且这些组件清晰地定义了接口的信息，那么组件的替换和重用就变得方便了。

例如，目前流行的基于组件的系统如.NET、CORBA 和 JavaBeans，就是用接口把组件绑定在一起的。这样，在设计组件的接口时，就要综合考虑子系统间的接口、子系统与外部系统的接口。

一个组件可以实现多个接口，也可以使用多个接口，当然这些接口需要其他组件实现。

8.4 组件图建模

组件图建模，就是在系统的物理层次或实现层次上进行静态建模，可以帮助开发团队加深对系统组成的理解。

组件图可以用于多种系统建模场合，下面举例说明组件图建模的几个应用场合，以及在不同场合中如何进行组件图建模。

8.4.1 对源代码建模

对源代码建模，就是用组件图描述文件与文件之间的关系。对源代码建模，一般会考虑以下问题：

(1) 找出源文件中的文件或文件集合，把文件或文件集合作为组件进行建模。

(2) 如果系统是一个复杂的系统，则可以使用包图将源文件进行分类，组织成不同的文件集合，再将其作为组件进行建模。

(3) 使用依赖关系来描述这些文件之间的编译依赖关系。

(4) 若有需求，还可以使用约束或注释添加作者、版本号等信息。

(5) 检查组件图的合理性与组件之间的关系，为软件开发提供指导。

(6) 还可以使用 Rational Rose 提供的源程序组件进行建模。

图 8-11 所示的组件图中包含 3 个源文件，其中，a. h 是该系统的头文件，该头文件被 b. cpp 和 c. cpp 两个源文件使用，则 a. h 与 b. cpp 和 c. cpp 之间存在依赖关系。若头文件 a. h 发生改变，就会导致 b. cpp 和 c. cpp 源文件重新进行编译。

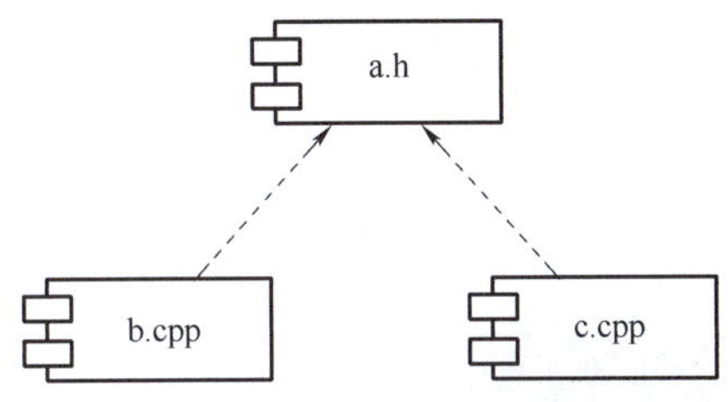

图 8-11　对源代码建模的组件图

8.4.2　对可执行程序文件建模

组件图还可以用来对各个可执行程序文件、动态链接库文件、资源文件等运行文件进行建模。对可执行程序文件进行建模，可以帮助开发团队规划出系统的工作成品或中间成品等。对可执行程序文件进行建模，一般会考虑以下问题：

(1) 找出程序中的可执行程序，或者找出相关的可运行程序，把这些程序作为组件进行建模。

(2) 识别组件的类型。例如有可执行组件、库组件、表组件、文档组件等，可以使用 UML 的扩充机制为这些不同类型的组件提供可视化表示。

(3) 对识别出的组件建立它们之间的关系。

例如，在图 8-12 中，对识别出的两个动态链接库组件进行建模。

图 8-12　对可执行程序文件建模的组件图

8.4.3　对数据库建模

对数据库进行建模时，一般要考虑以下问题：

(1) 识别出模型中代表逻辑数据库模式的那些类。

(2) 确定这些类映射到数据库的表，考虑数据库中的表的分布。

(3) 确定包含表的组件，并分析这些组件之间的关系，完成对数据库的建模。

(4) 如果允许，使用工具将逻辑设计转换为物理设计。

图 8-13 描述的就是将类映射为相应的数据库组件与表组件的组件图。在该组件图中，包含数据库组件 university_db 和 4 个表组件：department、course、student 和 teacher。

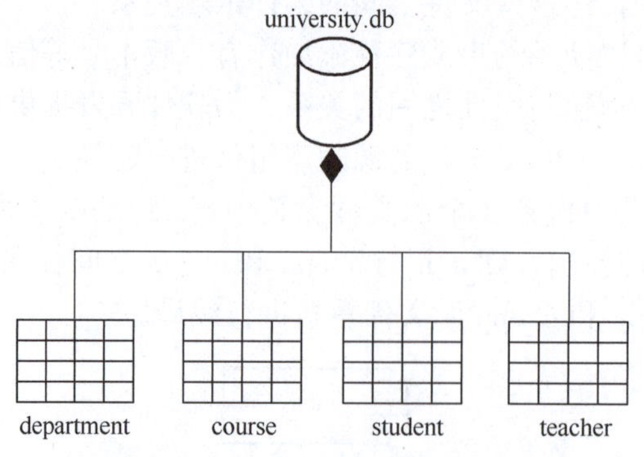

图 8-13　对数据库建模的组件图

8.4.4　对自适应系统建模

对自适应系统进行建模时，一般要考虑以下问题：

(1) 考虑从一个节点迁移到另一个节点的组件的物理分布。在物理分布中，可以使用位置标记值来标记组件实例的位置。

(2) 描述组件的迁移。使用不同位置标记值的同一个组件实例在该组件图中出现多次来表示组件的位置变化，通过组件之间的关系来表示迁移的活动。

在图 8-14 所示的组件图中，有两个组件 DB1 和 DB2，通过组件之间的≪copy≫依赖关系表示了 DB2 是 DB1 的复制。

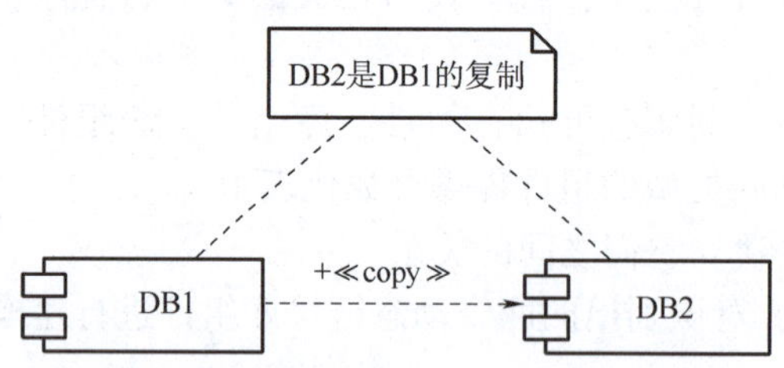

图 8-14　对自适应系统建模的组件图

8.4.5　组件图建模举例

组件图就是在系统的物理层次或实现层次上进行建模。根据前面用例图对在线商城系统的分析，该系统分为以下几个子系统：登录子系统、商品管理子系统、商品分类管理子系统、购物车子系统、订单子系统、品牌管理子系统、评价管理子系统。在本系统中考虑对源代码建模，把各个子系统的源文件进行集合并建模为组件，这样可以确定该系统的主要组件有组件“用户端程序”、组件“管理员端程序”、组件“服务器端程序”、组件“数据库操作”及组件“数据库”，如图 8-15 所示。

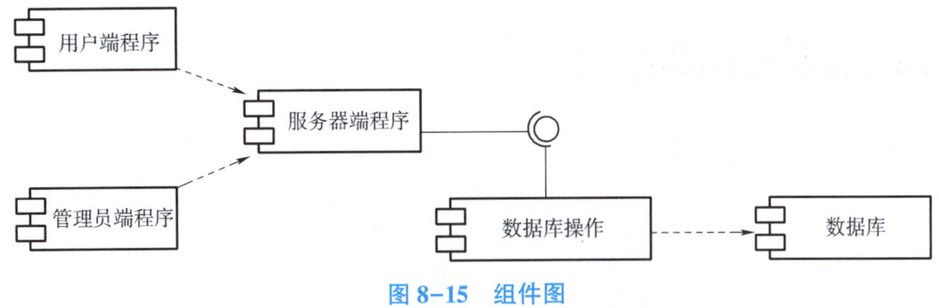

图 8-15 组件图

在本系统中，用户需要登录服务器，管理员也需要登录服务器，所以组件“用户端程序”与组件“服务器端程序”是依赖关系，组件“管理员端程序”与组件“服务器端程序”也是依赖关系。服务器端程序通过组件“数据库操作”来操作存储的组件“数据库”，服务器端程序使用组件“数据库操作”提供的接口来完成。

8.5 使用建模工具绘制组件图

8.5.1 创建组件图

在模型资源管理器中右击 Development View 文件夹，在出现的快捷菜单中执行 Add Diagram→Component Diagram 命令，就会新建一个组件图，如图 8-16 所示，并在导航栏的编辑器（EDITORS）区域设置该组件图的名称为“在线商城系统”。

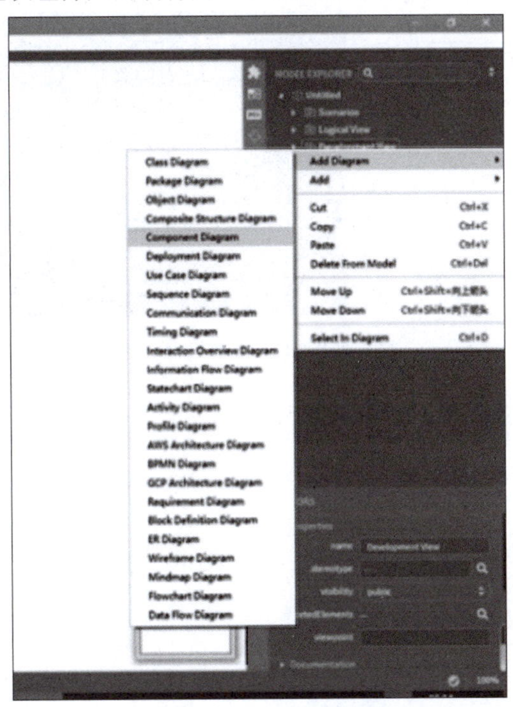

图 8-16 创建组件图

8.5.2 绘制组件图的元素

在工具箱（TOOLBOX）中列出了组件图中所有的元素和关系，如图 8-17 所示。

图 8-17　组件图元素、关系一览

8.5.3 在绘图区绘制组件图

1. 绘制组件

在工具箱（TOOLBOX）中单击 Component，然后在绘图区的空白区域单击即可添加组件。在导航栏的编辑器（EDITORS）区域内可以设置组件的属性，包括组件名。如图 8-18 所示，设置组件名称为“用户端程序”。

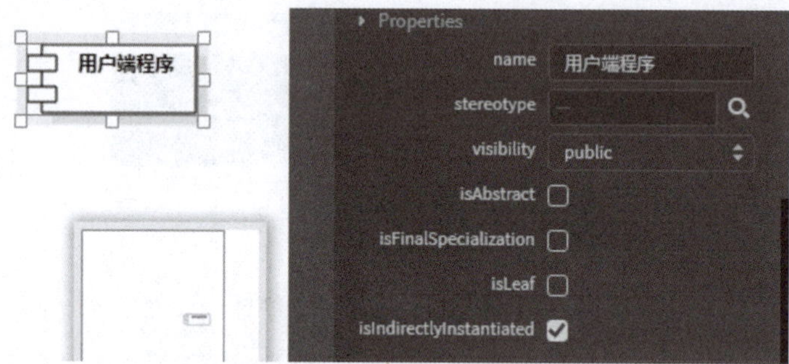

图 8-18　绘制组件

按照上述方法在绘图区添加其他组件与接口，如图 8-19 所示。

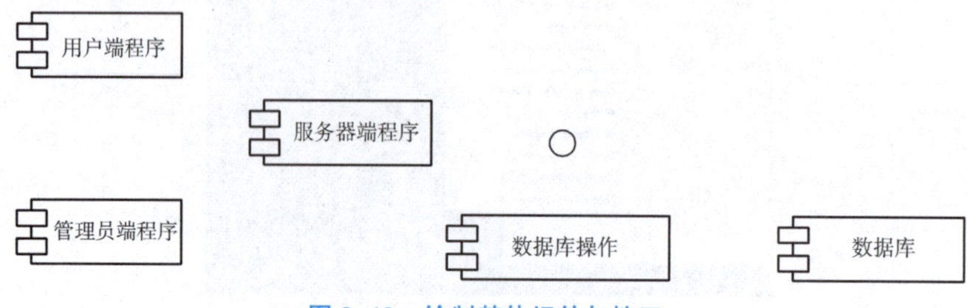

图 8-19　绘制其他组件与接口

2. 绘制关系

在工具区（TOOLBOX）选择需要的关系，在绘图区单击关系两端的元素即可添加关系，如图 8-15 所示。

知识小结

本章主要介绍了组件图的基本概念，以及组件图中包含的主要元素等。

组件是封装起来的软件逻辑部件，通过接口向其他组件提供服务，也可以通过接口获取其他组件提供的服务，所有接口可以分为供接口和需接口。

组件的端口是组件与外部发生关系的通道。外部的组件就是通过该组件的端口与该组件发生关系的。

组件之间的关系有依赖关系、实现关系和包含关系。

组件之间通过连接器相连，组件的连接器分为代理连接器组装连接器两种。

组件图建模可以应用于源代码建模、可执行程序文件建模、数据库建模和自适应系统建模等场景。

习　题

一、填空题

1. 组件也称________，是被封装起来的软件________部件。

2. 组件通过________向其他组件提供服务，获取其他组件服务的接口被称为________。

3. 组件之间的关系有________、________和________关系。

4. 组件图中的组件可以是源文件、二进制文件、可执行文件或________等。

二、选择题

1. 下面关于组件图的说法中，不正确的是（　　）。

A. 内容可以向外展现　　B. 被封装起来

C. 是软件的逻辑部件　　D. 通过接口与外界联系

2. 下列不属于组件的特性的是（　　）。

A. 协作性　　B. 复用性　　C. 封装性　　D. 自含性

3. 下面可能出现在组件图中的关系是（　　）。

A. 泛化关系　　B. 关联关系　　C. 实现关系　　D. 依赖关系

4. 当需要说明系统的静态实现视图时，应该选择（　　）。

A. 组件图　　B. 协作图　　C. 状态图　　D. 部署图

5. 组件图中的视图主要支持系统部件的配置管理，通常可以采用 4 种方式来完成。下面哪种不是其中之一（　　）。

A. 对源代码建模　　B. 对事物建模

C. 对数据库建模　　D. 对自适应系统建模

6. (　　) 的基本元素是组件。

A. 状态图　B. 活动图　C. 组件图　D. 部署图

7. (　　) 是软件系统体系结构中定义的概念和功能在物理体系结构中的实现。

A. 组件　B. 节点　C. 软件　D. 模块

8. (　　) 是复用的，可提供明确接口完成特定功能的程序代码块。

A. 模块　B. 软件组件　C. 函数　D. 用例

9. (　　) 是被节点执行的事物。

A. 包　B. 组件　C. 接口　D. 节点

10. (　　) 用来反映代码的物理结构。

A. 组件图　B. 用例图　C. 类图　D. 状态机图

三、简答题

1. 简述类与组件之间的主要区别。

2. 与组件相关的接口有哪两种类型？它们各自与组件之间是什么关系？

第 9 章　部署图

本章导读

部署图是 UML 结构图的一种，是 4+1 视图中物理视图中的重要组成部分。本章首先介绍部署图的基本概念，然后介绍部署图中节点、工件的含义，表示、识别方法，以及它们之间的关系。最后以在线商城为例，介绍如何使用 StarUML 进行部署图建模。

本章学习目标

能力目标	知识要点	权重
熟悉部署图和软件建模的关系、部署图的基本概念	部署图属于 4+1 视图中的物理视图、UML 结构图的一种；部署图的基本概念	10%
掌握部署图的基本元素的定义及其表示方法	节点、制品	25%
掌握部署图的元素间关系的定义、表示方法、区别	通信关联关系、依赖关系、部署关系	25%
掌握部署图的建模步骤		20%
掌握使用 StarUML 绘制部署图的方法	元素的绘制及其属性的设置	20%

9.1 部署图的基本概念

部署图（Deployment Diagram）是UML结构图的一种，在4+1视图中，属于物理视图下的图形，用于建模部署目标之间的关系和系统的部署对象。部署目标就是系统的物理元素，即系统的硬件。部署对象是安装在硬件上的软件和中间件。

部署图就是建模如何把部署对象部署到部署目标上的模型。通过部署图，可以明确如何启动系统。

部署图的部署对象和部署目标之间的部署关系可以在“类型”级别（规范级别）和“实例”级别上定义。“类型”级别部署图显示了部署对象到部署目标的一些概述，而没有指定具体的部署对象和部署目标，只是指定它们的类型或类别。“实例”级别部署图会限定具体的部署对象和部署目标，而不是泛指。例如，“类型”级别部署图可能会将“服务器”与“用户管理程序”连接起来。相比之下，在“实例”级别部署图上，会指定把“用户管理程序”连接到具体的3台“服务器”，每台“服务器”上部署两个“用户管理程序”，这样共有6个“用户管理程序”被部署。

部署目标通常用一个节点来表示，该节点可以是硬件设备，也可以是一些软件执行环境。节点可以通过通信路径连接，以创建任意复杂的网络系统。

9.2 部署图的组成元素

9.2.1 部署目标——节点

部署目标通常用一个节点来表示，显示为多维数据集的透视图，并标记有冒号前显示的部署目标的名称。如图9-1所示，节点使用长方体表示，节点名的格式同对象图中对象名的格式。通过冒号分格，冒号前表示节点名，冒号后表示节点类型。“:APPServer”表示匿名节点，仅指定节点类型；“Tomcat7”省略冒号及之后的类型，表示节点名。

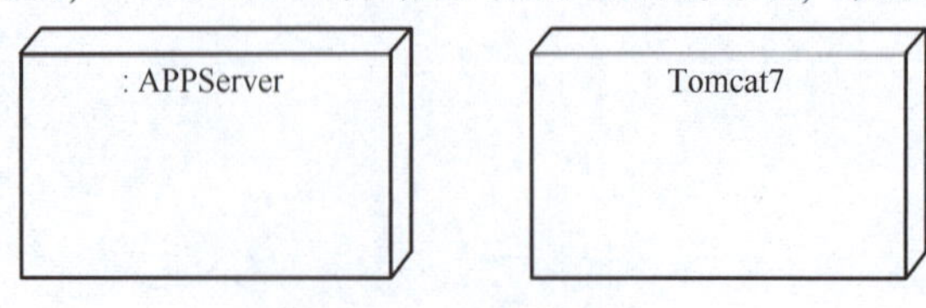

图9-1 节点的表示

9.2.2　部署对象——工件

工件（Artifact）也可称为制品，指的是一种软件开发的副产品，是任何创建出来用以开发一套软件的一类东西，这其中也许包含了数据模型、图表、启动脚本等。工件的表示如图 9-2 所示。

图 9-2　工件的表示

组件被直接部署到 UML 1. x 部署图中的节点。在 UML 2. x 中，工件被部署到节点，工件可以显示（实现）组件。组件通过工件间接部署到节点。如图 9-3 所示，组件 Order 编译为可执行文件工件 Order. jar。它们之间的关系用“显示”来表示。

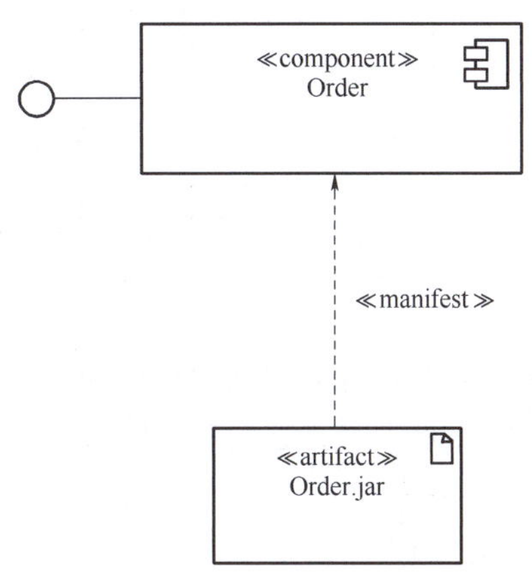

图 9-3　工件和组件的区别

9.3　部署图中的关系

9.3.1　通信关联关系

通信关联是两个部署目标能够交换信号和消息的路径，是一种特殊的关联关系，用实线表示。图 9-4 表示 Node1 和 Node4 之间可以通信——数据传输，在关联关系上可以注明通信的协议，如 TCP/IP 等。当然，通信路径也可以是单向的。

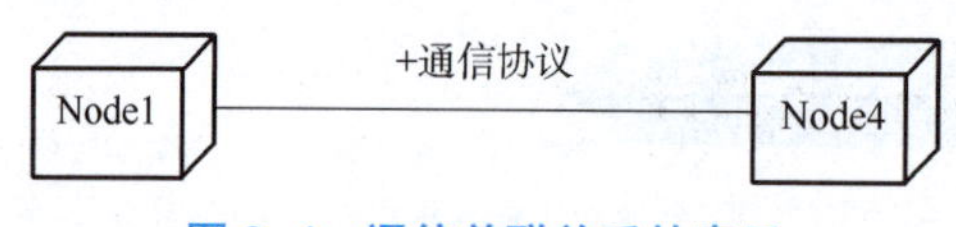

图 9-4　通信关联关系的表示

9.3.2　部署关系

部署关系是工件和节点之间的关系，表示把工件部署到节点上。部署关系是一种特殊的依赖关系。

如图 9-5 所示，部署关系可以用 3 种方法表示：第 1 种是直接把工件放在节点中；第 2 种是通过工件和节点之间的 deploy 连线表示（依赖关系扩展型）；第 3 种是在节点中用文本列表的方式列出部署的工件。

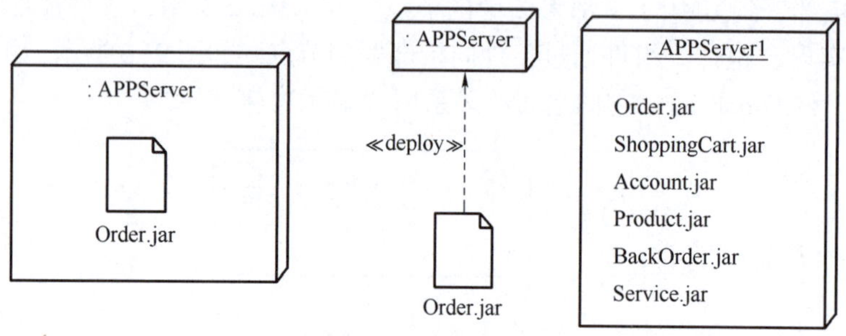

图 9-5　部署关系的表示

如图 9-6 所示，组件 Order 编译为可执行工件 Order. jar，它们之间的关系用“显示”来表示。工件 Order. jar 部署到节点 Node1 上，它们之间的关系用“部署”来表示。

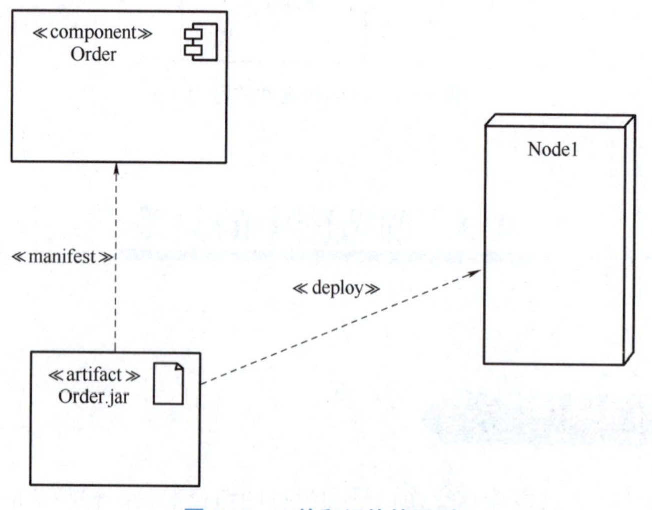

图 9-6　工件和组件的区别

9.3.3　依赖关系

如图 9-7 所示，Order. jar 依赖 MySQL，表示 Order. jar 调用 MySQL。那么在部署时需要先部署 MySQL，再部署 Order. jar。

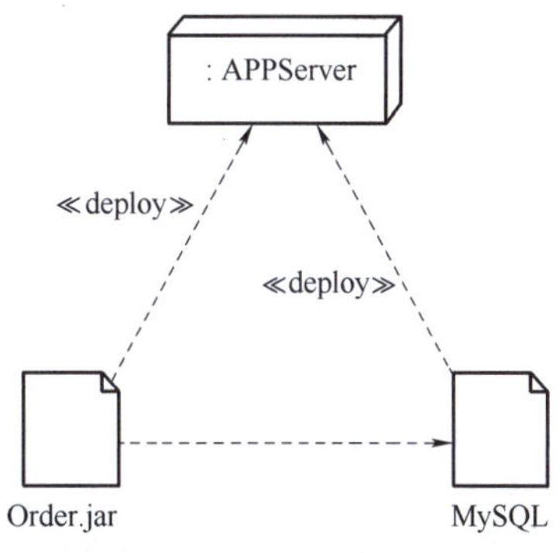

图 9-7　工件之间的依赖关系

9.4　部署图建模

9.4.1　部署图建模的步骤

部署图用于显示系统编译、运行时软件和硬件组件之间的调用关系——部署关系。部署图建模的步骤如下：

（1）识别节点：硬件组件和处理单元。

（2）识别制品：分析软件系统，并找出系统的软件制品、后端数据库服务器。

（3）识别制品和节点之间的部署关系，什么制品部署到什么节点上。

（4）识别制品之间的依赖关系，制品之间的调用关系。

（5）识别节点之间的通信关联关系，明确节点之间的通信协议。

（6）绘制部署图，并调整布局。

9.4.2　部署图建模举例

部署图主要观察的是物理节点之间的网络关系，以及物理节点和软件制品之间的部署关系。

如图 9-8 所示，在线商城系统是前后端分离的架构，前端服务器上部署前台商城子系统和后台管理子系统。前端服务器和后端服务器之间有一个负载均衡节点 Nginx 作为代理。它们之间的通信都是 HTTP 的通信。后端服务器和数据库服务器之间通过 TCP/IP 通信。数据库包括 4 种，分别是 MySQL、Redis、MongoDB、Elasticsearch。

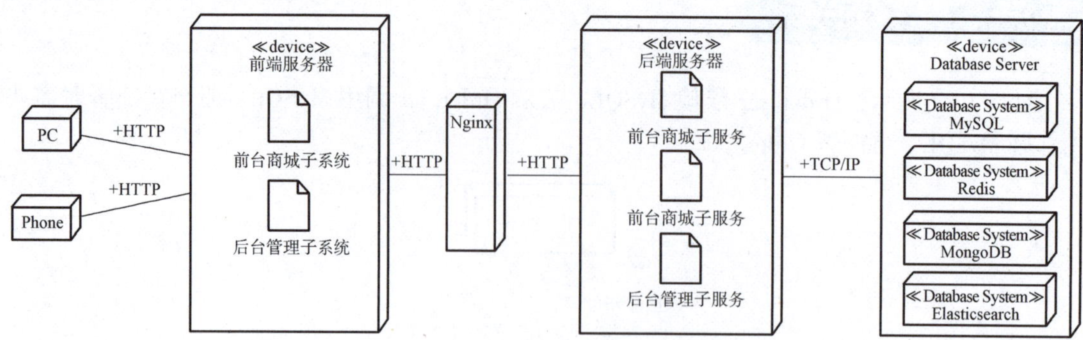

图 9-8　在线商城系统的部署图

9.5　使用建模工具绘制部署图

9.5.1　创建部署图

在模型资源管理器中右击 Physical View 文件夹，在弹出的快捷菜单中执行 Add Diagram→Deployment Diagram 命令来创建一个新的部署图，如图 9-9 所示。

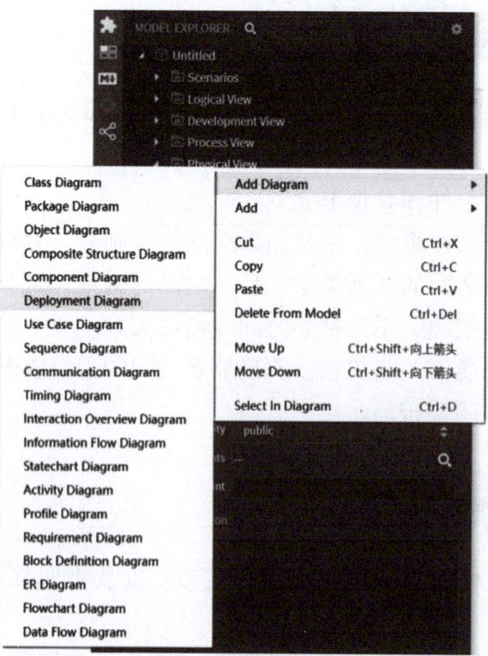

图 9-9　创建部署图

9.5.2　绘制部署图的元素和关系

在工具箱（TOOLBOX）中列出了部署图中所有的元素和关系，如图 9-10 所示。

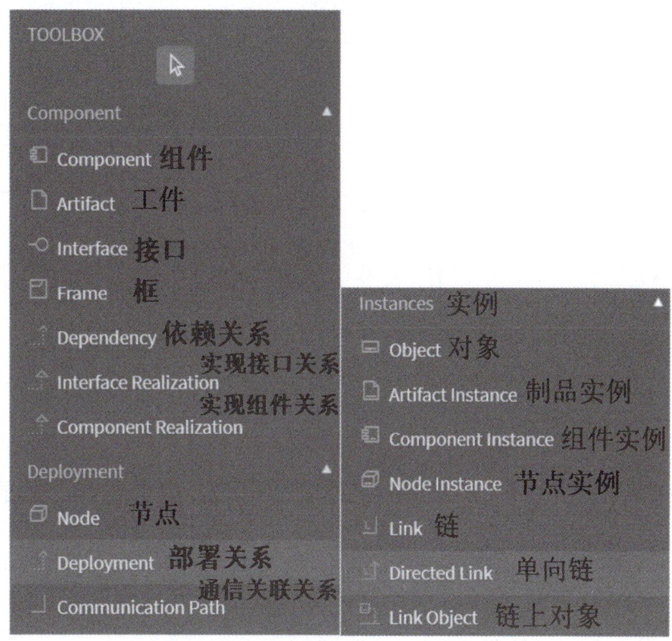

图 9-10　部署图元素、关系一览表

9.5.3　在绘图区绘制部署图

1. 绘制节点

在工具箱（TOOLBOX）中单击 Node，然后在绘图区的空白区域单击即可添加节点，在导航栏的编辑器（EDITORS）区域内可以设置节点的属性，包括节点名和扩展型。如图 9-11 所示，设置节点名为“前端服务器”，设置扩展型为 device。device 表示硬件设备，除 device 外还可以设为 Execution Environment 和 Database System，表示执行环境和数据库操作系统。

图 9-11　绘制节点

按照前述方法在绘图区添加节点 PC、前端服务器、后端服务器、数据库操作系统 MySQL，如图 9-12 所示。

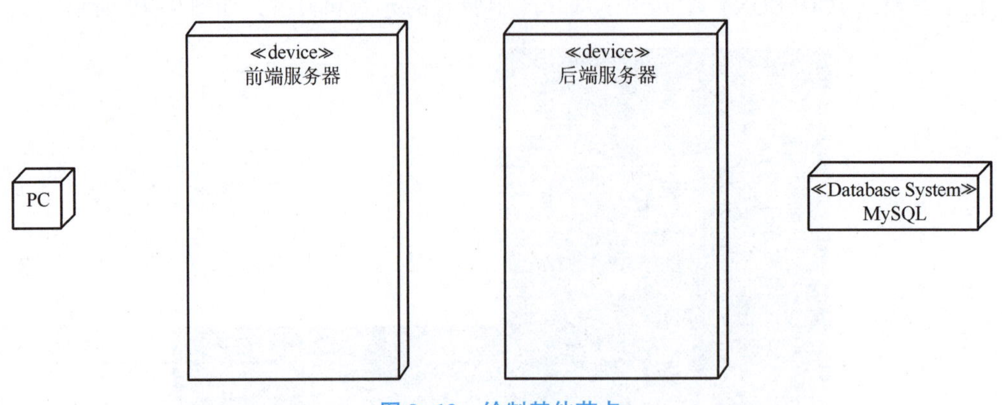

图 9-12 绘制其他节点

2. 绘制制品

在工具箱（TOOLBOX）中单击 Artifact，然后在绘图区单击要部署到的节点，即可把制品添加到节点上。双击制品可以进行重命名，如图 9-13 所示。

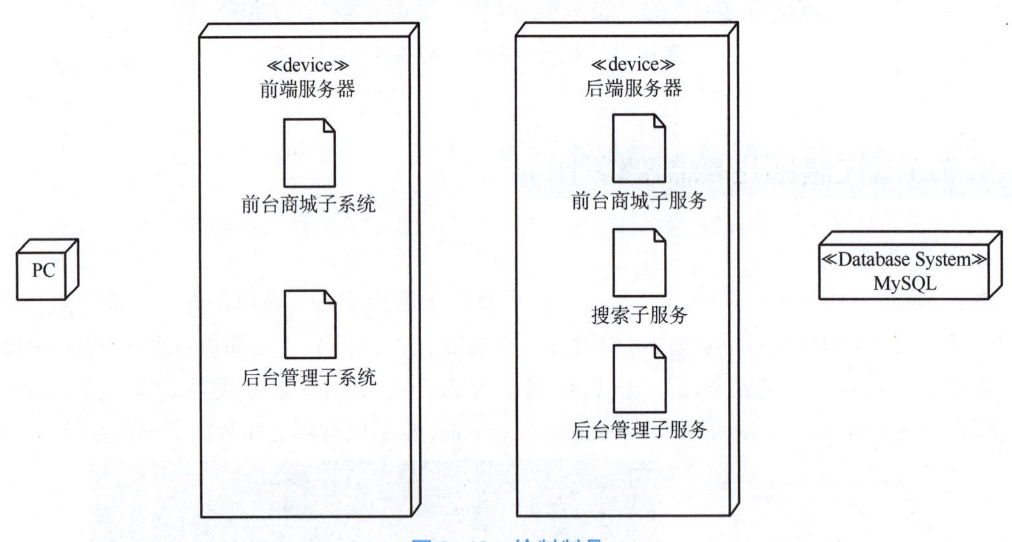

图 9-13 绘制制品

3. 绘制关系

在工具区（TOOLBOX）选择需要的关系，在绘图区单击关系两端的元素即可添加关系，如图 9-14 所示。

通信关联关系是特殊的关联关系，可以像类图中的关联关系一样设置角色名、关联名、多重性等关系的属性。

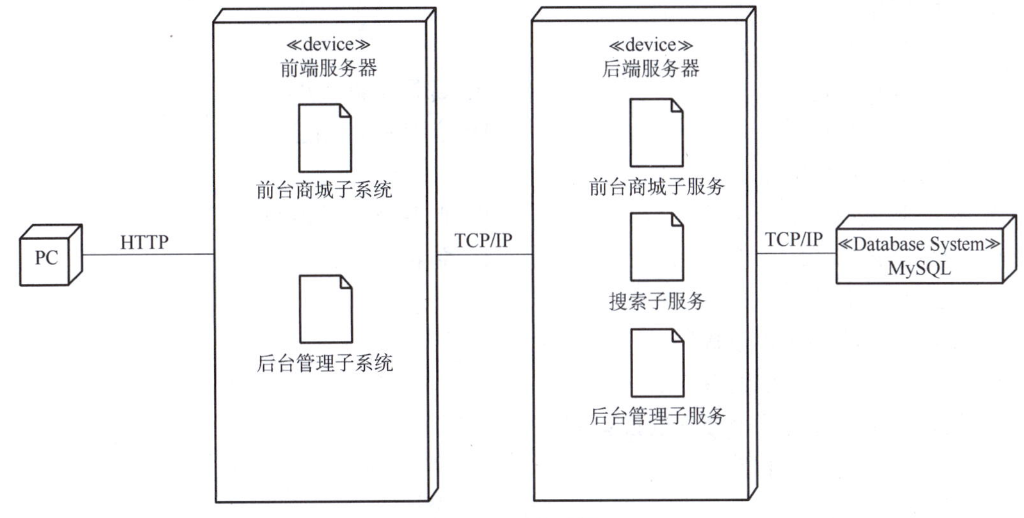

图 9-14　绘制关系

知识小结

本章对 UML 中的部署图进行了介绍。部署图用于软件物理结构建模，是 4+1 视图中物理视图下的主要图形。表 9-1 列出了部署图中所有的元素和关系。

表 9-1　部署图小结

定义	建模如何把部署对象部署到部署目标的模型上
元素	节点、工件
关系	部署关系、依赖关系、通信关联关系
用途	通过部署图，可以显示系统物理结构，了解如何启动软件系统，需要什么样的设备，设备上需要什么环境，设备上要启动什么工件

习　题

一、填空题

1. 部署图属于 UML ________的一种，在 4+1 视图中，属于________下的图形，用于建模系统的部署对象和部署目标之间的关系。

2. 部署目标通常用一个________来表示，该节点可以是________，也可以是一些________________。

3. 节点使用________表示，节点名的格式同对象图中对象名的格式。

4. ________指的是一种软件开发的副产品，是任何创建出来用以开发一套软件的一类东西。

5. 部署图中的关系有节点和节点之间的________、工件和节点之间的________、工件和工件之间的________。

二、选择题

1. 软件部署是（　　）。

A. 部署软件构件　　B. 部署软件程序

C. 部署软件模型　　D. 部署软件制品

2. 下面说法正确的是（　　）。

A. 制品就是制成品　　B. 制品是软件模块

C. 制品是被部署的软件单元　　D. 制品是软件构件

3. 下面说法正确的是（　　）。

A. 承载表示模型元素依赖制品

B. 节点之间存在通信关系

C. 执行环境一般是一个独立的设备节点

D. 部署也就是复制软件

三、简答题

简述部署图的作用。

四、分析题

Bugzilla（https://www.bugzilla.org）是 Mozilla 公司提供的一款开源的缺陷管理系统。试根据安装说明（https://bugzilla.readthedocs.io/en/latest/installing/）绘制部署图。

第 10 章　包　　图

本章导读

包图是 UML 结构图的一种。本章首先介绍包图的基本概念，然后介绍包图中的元素、关系。最后以在线商城为例，介绍如何使用 StarUML 进行包图建模。

本章学习目标

能力目标	知识要点	权重
熟悉包图和软件建模的关系、包图的基本概念	包图是 UML 结构图的一种；包图的基本概念	10%
掌握包的定义及其表示方法		20%
掌握包图中关系的定义、表示方法	导入关系、合并关系、嵌套关系；能够区别导入关系、合并关系、嵌套关系	20%
了解如何进行分包		10%
掌握包图建模的步骤		20%
掌握使用 StarUML 绘制包图的方法	元素的绘制及其属性的设置	20%

10.1 包图的基本概念

包在 UML 中类似于文件夹，是常用的分组元素。包不仅可以为类分组，也可以为任何 UML 模型元素分组，如接口、组件、节点、用例、图、包等。包图是在包的层次上显示设计的系统结构的 UML 结构图。它是 UML 2.x 新增的图，所以有很多 UML 建模工具暂时还不支持包图。StarUML 支持包图，但是功能上有所出入，详细情况将在 10.6 小节说明。

包图中可以包含包、包中元素、元素导入、包导入、包合并。

10.2 包图中的元素

包图中的元素主要是包和包中元素。

包（Package）是一个名字空间（Namespace），系统中的每个元素都只能属于一个包。一个包可以嵌套在另一个包中。使用包图可以将相关元素归入一个系统。包的表示如图 10-1 所示，使用文件夹的图标，包名可以标注在两个位置：一个是文件夹图标中(如图 10-1(a)所示)，另一个是文件夹选项卡中(如图 10-1(b)所示)。前者一般是在不显示包中元素时使用，显示包中元素时使用后者。

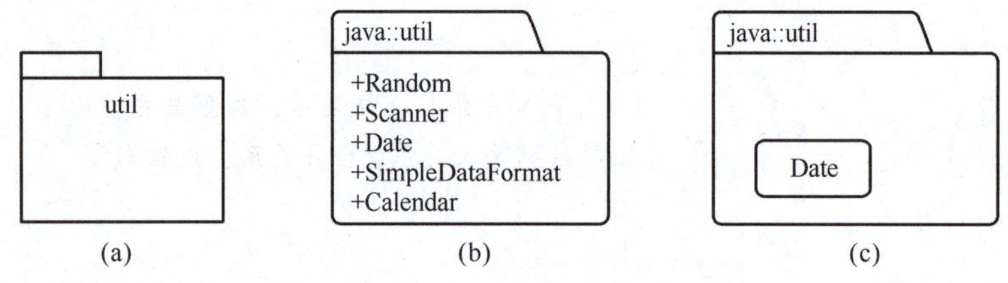

图 10-1　包的表示

(a) 包的简单表示；(b) 包中元素的文本表示；(c) 包中元素的图形表示

包的名称可以使用简单名“util”或包含路径名的“java::util”。包名一般以小写字母开头。

包中元素可以是任何 UML 中的模型元素。图 10-1（b）和图 10-1（c）列出了包中元素。以类为例，图 10-1（b）直接列出了包中元素的名称，图 10-1（c）使用了包中元素的图形表示。前者布局紧密，可以显示更多的包中元素，后者便于表示包中元素的关系。包中元素可以标记可见性，可见性的表示方法和类成员可见性的表示方法相同。

图 10-1（b）表示了 Java 中 util 包的部分结构，由图可知，包 util 包括了 5 个公有的包中元素——类（图中只列出了 5 个），分别为 Random、Scanner、Date、SimpleDateFormat、Calendar。

包中元素的关系和其所属的图中的表示相同。

10.3　包图中的关系

包图中的关系包括合并（merge）、导入（import）、私有导入（access）3 种。3 种关系都是特殊依赖关系，本质上都表示包之间存在代码依赖，都使用依赖关系的扩展型表示。依赖关系可以是依赖于包，也可以是依赖于包中元素。

图 10-2 中共有 3 个包，分别为 view、types、program。该图描述了包 program 和其他包的依赖关系。

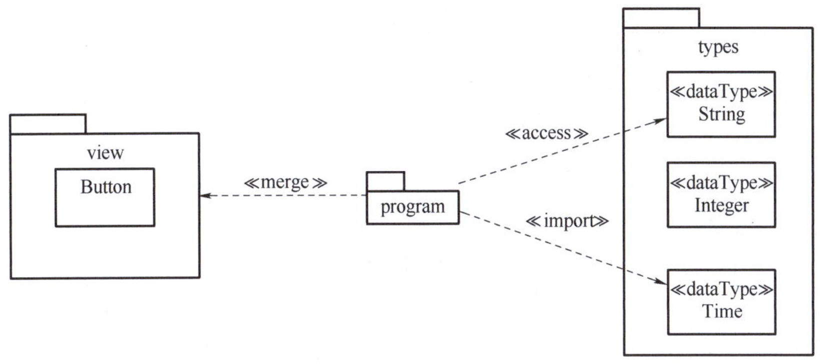

图 10-2　包图中的关系

10.3.1　导入关系

在图 10-2 中，包 program 和包 types 之间是导入关系。包 program 的导入类型为 Time，私有导入类型为 String。导入元素后，允许包 program 直接使用元素名，而不必使用路径名。包 program 中可以直接使用 String、Time 两个类型，但是如果使用 Integer，则需要使用 types::Integer，因为 Integer 没有被导入包 program。String 和 Time 都被导入包 program，但是 String 是私有导入，Time 是导入。当其他包导入包 program 时，可以直接使用元素名 String，但是无法直接使用元素名 Time。也就是对于包 program 来说，String 作为了公有的包元素，而 Time 是私有的包元素。导入关系可以导入包中一个元素，也可以导入整个包。当导入整个包时，表示导入包中所有元素。

10.3.2　合并关系

合并关系是两个包之间的定向关系，表示一个包的内容由另一个包的内容扩展。包合并，类似于类之间的泛化关系，即源元素在概念上将目标元素的特性添加到其自身的特性中，从而生成一个结合了两者特性的元素。包合并可以看作一个操作，它接收两个包的内容，并生成一个新包，该包将合并中涉及的包的内容组合在一起。例如在图 10-2 中，包 program 合并了包 view，表示包 program 合并了包 view 中所有元素。

10.3.3 嵌套关系

嵌套关系也称包含关系，除了使用图 10-1（b）和图 10-1（c）两种方法，还可以使用图 10-3 中的方法，表示包 util 中包括 3 个子包，分别为 concurrent、regex、zip。（实际 java. util 中包括更多的子包，这里只列出了 3 个。）

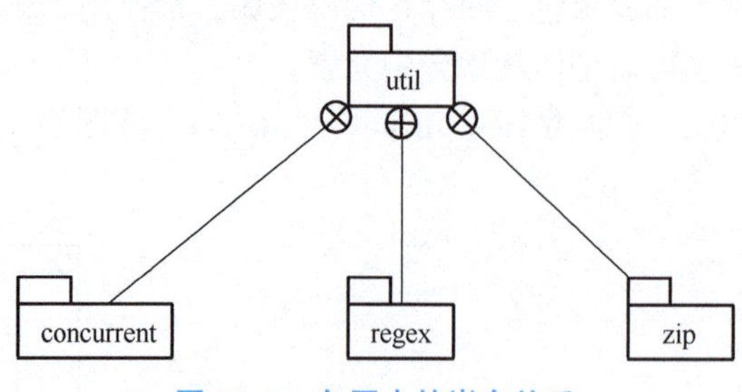

图 10-3 包图中的嵌套关系

10.4 分包的原则

包图中的元素和关系都不难，难在包的划分。合理分包可以有效降低软件项目的难度。在考虑如何对类进行分组并放入不同的包时，主要是根据类之间的依赖关系进行分组的。合理分包就是要使包之间的依赖关系尽量少且简单。衡量包之间关系的两个指标就是内聚和耦合。好的分包应该是包中元素高内聚，包之间的依赖关系低耦合。

分包时应考虑下列原则：

（1）重用发布等价原则（Reuse-Release Equivalence Principle，REP）：指的是把类放入包时，应考虑把包作为可重用的单元。可重用的类存在升级版本，而且会比较快速地更新版本。因此，把这些类放在一个包中，方便对这个包的各个版本进行管理。

（2）共同封闭原则（Common Closure Principle，CCP）：指的是把那些需要同时改变的类放在一个包中。如果一个类的行为或结构的改变要求另一个类作相应的改变，则这两个类应放在一个包中；在删除了一个类后，另一个类变成多余的，则这两个类应放在一个包中；两个类之间有大量的消息发送，则这两个类也应放在一个包中。

（3）共同重用原则（Common Reuse Principle，CRP）：指的是不会一起使用的类不要放在同一个包中。一个包中包含的多个类之间如果关系不密切，改变其中的一个类不会引起其他类的改变，那么把这些类放在同一个包中会对用户的使用造成不便。

（4）非循环依赖原则（Acyclic Dependency Principle，ADP）：指的是包之间的依赖关系不要形成循环。也就是说，不要有包 A 依赖包 B，包 B 依赖包 C，而包 C 又依赖包 A 这样的情况出现。循环依赖会使系统中的每个包都无法独立构成一个可重用的单元，会严重妨碍软件的重用性和可扩展性，导致系统耦合度的提高。

采用以下 3 种方法可以做到高内聚和低耦合：

（1）最小化包之间的依赖关系。

（2）最小化每个包的公共元素和受保护元素的数目。

（3）最大化每个包的私有元素的数目。

10.5 包图建模

以在线商城前台用户子系统为例绘制包图。根据项目顶层目录结构（如图 10-4 所示）可绘制简单的包图，如图 10-5 所示。该子系统共包括 8 个包和 1 个类。需要注意的是，图 10-5 中的包的图例和一般的包的图例不同，在文件夹图标的选项卡中加了图标⼕来标注。这样的文件夹表示特殊的包——子系统（Subsystem）。

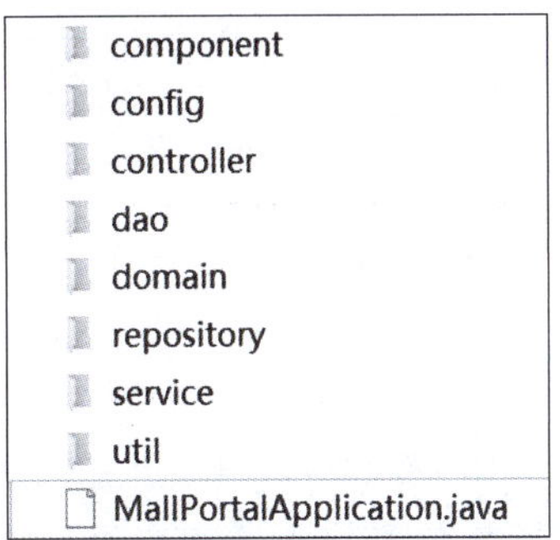

图 10-4 在线商城前台用户子系统的顶层目录结构

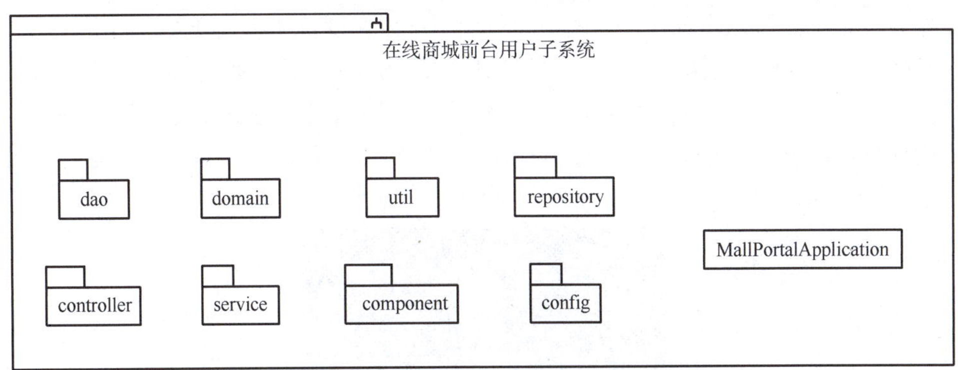

图 10-5 在线商城前台用户子系统的包图 1

得到初步的包图后，根据代码之间的关系识别包之间的关系，例如包 config 中的类的代码中有代码“import com. macro. mall. portal. domain. *;”，表示包 config 导入了包 domain。包 impl 实现了包 service 中定义的接口，所以包 impl 和包 service 之间是合并关系（包 impl 在包 service 中，所以图中包 impl 详细名字为 service. impl），详见图 10-6。

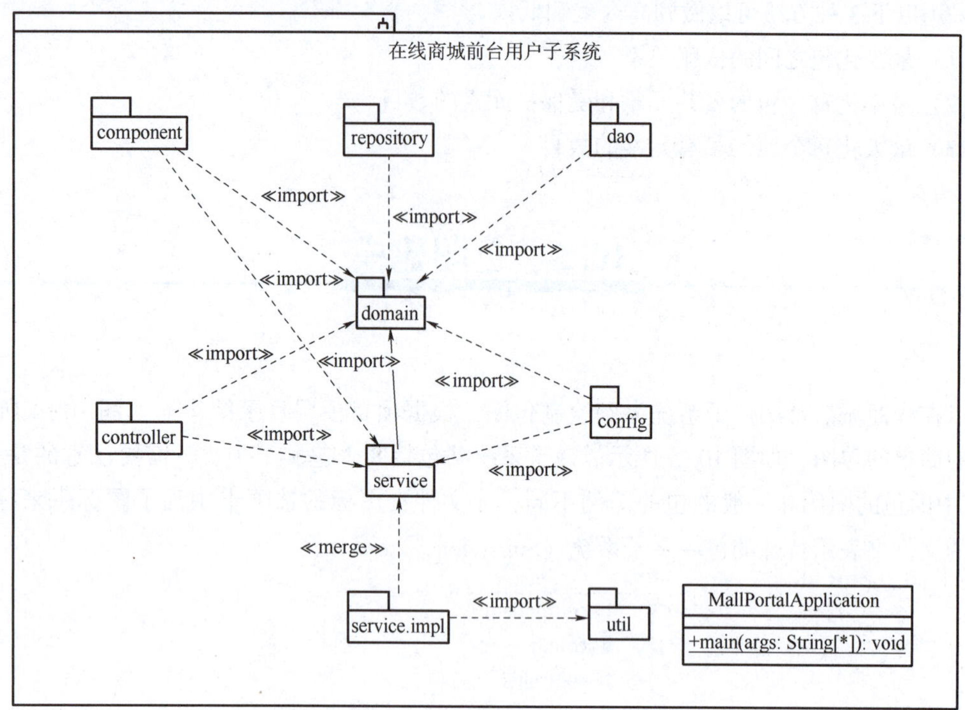

图 10-6 在线商城前台用户子系统的包图 2

10.6 使用建模工具绘制包图

包作为分组工具可以出现在任何图中。包图一般放在逻辑视图或开发视图下。

工具箱（TOOLBOX）中列出了包图中可以使用的元素和关系，如图 10-7 所示。导入关系和合并关系是特殊的依赖关系，需要先建立依赖关系，选中该依赖关系，然后在导航栏的编辑器（EDITORS）区域的 Properties 中设置 stereotype 为 import 或 merge，就可以表示导入关系和合并关系，如图 10-8 所示。

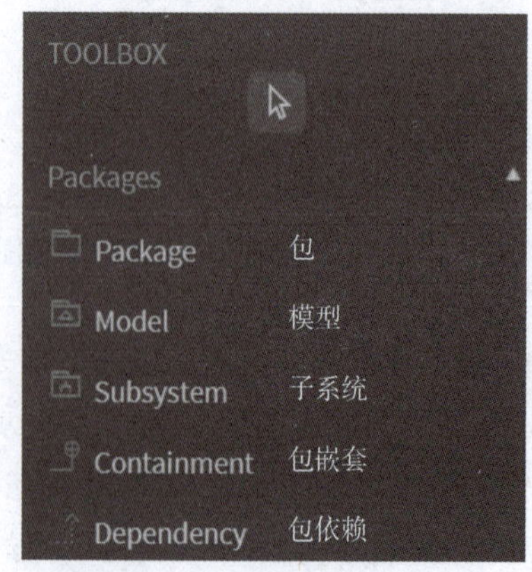

图 10-7 包图元素、关系一览

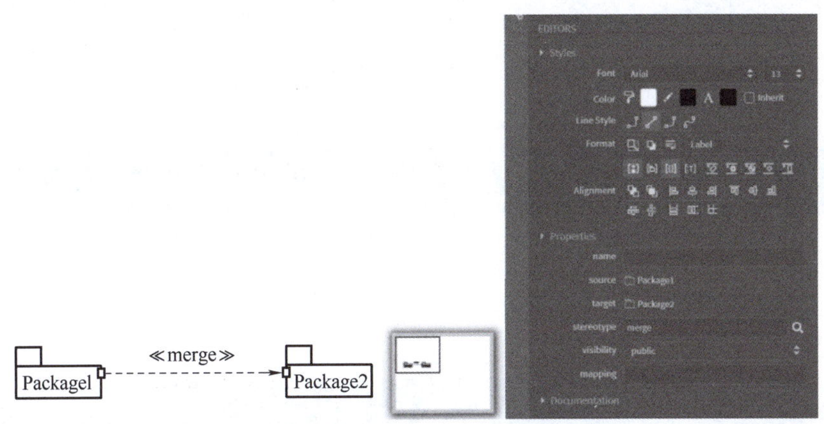

图 10-8　包的导入关系和合并关系

知识小结

本章介绍了 UML 结构图中的包图。包图中的元素——包，是一种分组结构，不仅可以出现在包图中，还可以出现在类图、用例图等其他图中。包图主要建模包及包之间的 3 种关系：导入关系、合并关系、嵌套关系。

习　　题

一、填空题

1. 包是一个名字空间，是常用的________元素。

2. 包图中可以包含________、________、________、________、________。

二、简答题

1. 分包时应考虑的原则有哪些？

2. 分包时如何做到高内聚和低耦合？

三、分析题

Bugzilla（https://www.bugzilla.org）是 Mozilla 公司提供的一款开源的缺陷管理系统。试根据源码绘制包图。

第 11 章 UML 的其他图形*

本章导读

UML 规范定义了两大类图，分别是结构图和行为图。结构图包括 7 种图形，分别是外廓图、类图、复合结构图、组件图、部署图、对象图、包图。行为图包括 7 种图形，分别是活动图、顺序图、通信图、交互概览图、时间图、用例图和状态机图。

我们在前面的章节中详细介绍了用例图、类图和对象图、顺序图、通信图、状态机图、活动图、组件图、部署图和包图。接下来，我们将对剩余的图形进行简单介绍。

本章学习目标

能力目标	知识要点	权重
了解 UML 模型的分类	结构图和行为图	20%
了解外廓图的基本概念及组成元素		20%
了解复合结构图的基本概念及组成元素		20%
了解交互概览图的基本概念及组成元素		20%
了解时间图的基本概念及组成元素		20%

11.1 外廓图

1. 外廓图的基本概念

外廓图（Profile Diagram）也称轮廓图，它提供了一种通用的扩展机制，用于为特定域和平台定制 UML 模型。如果目前所有的 UML 图满足不了业务建模需求，就可以使用外廓图在已有的模型上扩展或减少一些 UML 元模型元素，从而创造出一种新的建模的图形。

例如，在前面我们提到的扩展机制：构造型、标记值、约束等。

2. 外廓图的组成元素

外廓图的组成元素有构造型、元类、外廓、扩展、外廓应用和引用等。

构造型（Stereotype）：定义一种已存在元模型的扩展。

元类（Metaclass）：可被扩展的元素，是外廓图中的基本元模型。

外廓（Profile）：定义了一个外廓包结构，内部可包括构造型、元类等。

扩展（Extension）：构造型到元类之间的关系，表示该构造型可以针对哪些元类进行扩展。

外廓应用（Profile Application）：用户模型到外廓包之间的依赖关系，表明用户模型可以应用外廓包中的扩展。

引用（Reference）：外廓包和外部其他包之间的关系，表明该外廓包应用了哪些外部元素。

外廓图中的元素如表 11-1 所示。

表 11-1 外廓图中的元素

元素名称	图形符号	元素之间的关系名称	图形符号
构造型	≪stereotype≫ Name	扩展	——→
元类	≪metaClass≫ Name	外廓应用	- - - - →
外廓	≪profile≫	引用	- - - - →

在使用外廓应用关系时，应在虚线上方加上≪apply≫；在使用引用关系时，在虚线上方加上≪reference≫。

3. 外廓图建模实例

数据库建模中的主要概念是数据表、字段和关系，但在 UML 标准规范中没有这些模型元素。因此，我们需要用扩展 UML 类图中的相关模型元素来表示数据库中的这些概念，使用 UML 类扩展成为数据表，使用类的属性建立字段模型元素，使用类之间的关联关系建立模型实体间的关系，如图 11-1 所示。

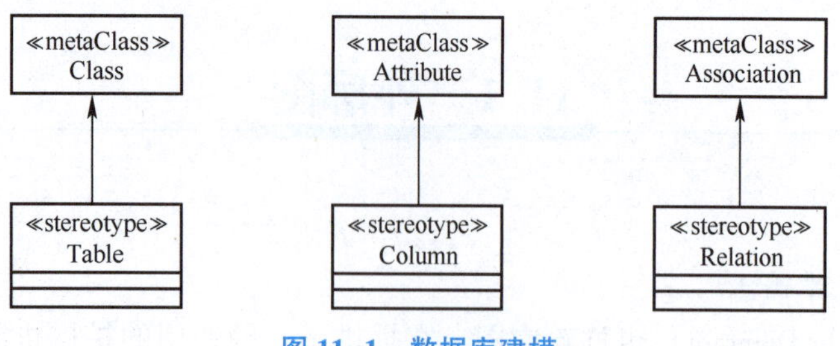

图 11-1　数据库建模

在图 11-1 中，首先使用外廓图定义了 3 个构造型 Table、Column 和 Relation，分别表示数据表、字段和关系，它们各自从 UML 元类中的类 Class、属性 Attribute 和关联关系 Association 上扩展而来。

11.2　复合结构图

1. 复合结构图的基本概念

复合结构图（Composite Structure Diagram）也称组合结构图，它描述了一个“组合结构”的内部结构，以及它们之间的关系。这个“组合结构”可以是系统的一部分，也可以是一个系统的整体。其目的是表示系统中逻辑上的“组合结构”。

复合结构图重点在于展示内部结构和构造内容，主要表示类图的详细内部结构，把类的内部结构使用构件化的方式展示出来，从而进行简单的空间展示，包括外部和内部的连接方式。

2. 复合结构图的组成元素

复合结构图的组成元素包括：类元和成员及它们之间的关系（包括类元与成员之间的连接、成员之间的连接、类元与关联类之间的连接）；组件、部件、接口、端口及它们之间的关系等。

（1）类元：与在类图中的表示方式不同，在复合结构图中，类元以复合元素的方式展示内部结构，例如对外暴露接口、端口或部件等。类元的表示如图 11-2 所示。

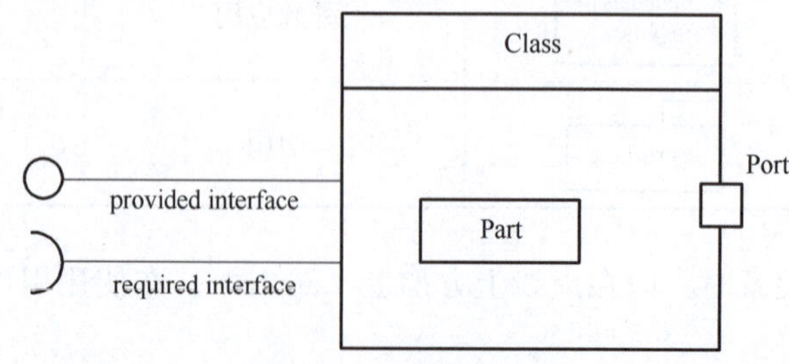

图 11-2　类元的表示

（2）成员：与类元具有组成关系的其他类，一般把成员放到类元的内部结构中。

（3）类元与成员之间的连接：一般表示为一对一或一对多的关系，表示为 {1}、{1.. *}。

(4) 成员之间的连接：成员之间的依赖、泛化、关联、调用关系等使用连接符连接成员，即使用不带箭头的实线连接。

(5) 类元与关联类之间的连接：在类元中使用边框为虚线的矩形标识关联类。

(6) 组件：组件是承担具体功能单元的实际文件，常用的有 LIB、JAR、EXE、DLL 等格式文件。

(7) 部件：类元的一个元素，可能包含一个或多个实例，常用在类或组件的内部。

(8) 接口：操作的集合，为组件提供请求的服务契约。接口分为供接口和需接口两种。

(9) 端口：用在类元与外部部件交互的连接处。

复合结构图中元素之间的关系，包括委托与委托连接器、协作、绑定与角色绑定连接器、表现与表现连接器和发生与发生连接器。

(1) 委托与委托连接器：委托用来定义组件外部接口和端口的工作方式。用带关键字≪delegate≫的实线箭头标识委托连接器，如图 11-3 所示。

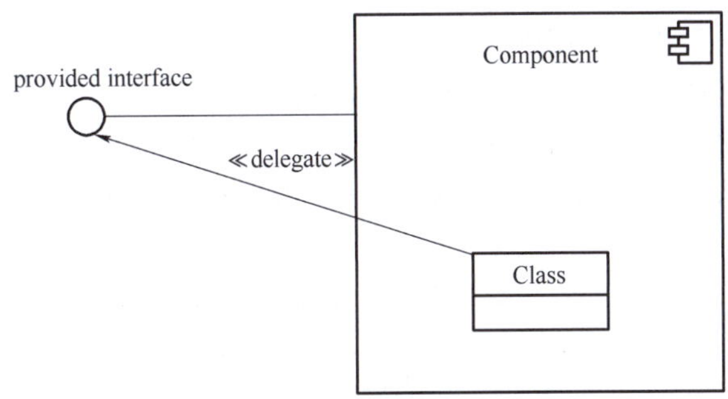

图 11-3 委托与委托连接器的表示

(2) 协作：协作用来定义共同完成一项功能的一系列角色，包括这些角色对应的实体和实体之间的关系。用虚线椭圆形标识协作，如图 11-4 所示。还可以在协作内画出协作的实体及实体之间的关系。

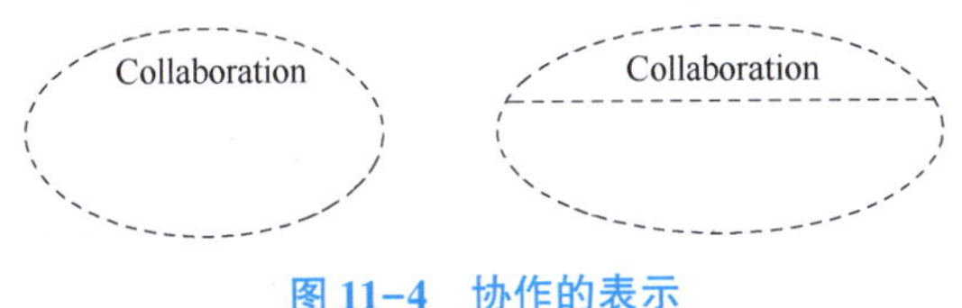

图 11-4 协作的表示

(3) 绑定与角色绑定连接器：绑定用来连接从协作到完成该角色任务的类元。用带关键字≪Role≫的虚线箭头标识角色绑定连接器，并在类元端显示角色名称。

(4) 表现与表现连接器：表现用来连接从协作到使用该协作的类元。用带关键字≪represents≫的虚线箭头标识表现连接器，如图 11-5 所示。

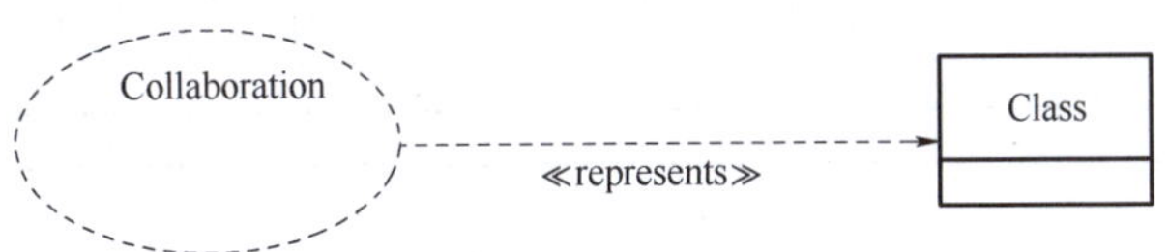

图 11-5 表现与表现连接器的表示

（5）发生与发生连接器：发生用来连接从协作到描述该协作的类元。用带关键字≪occurrence≫的虚线箭头标识发生连接器，如图 11-6 所示。

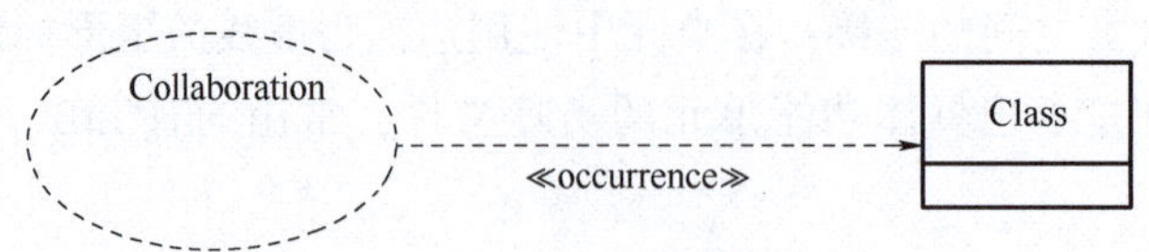

图 11-6　发生与发生连接器的表示

3. 复合结构图建模实例

定义一个银行 ATM 的内部结构，以及 ATM 不同部分之间的关系的复合结构图，如图 11-7 所示。

银行 ATM 通常由几个设备组成，如中央处理器（Central Processing Unit，CPU）、密码处理器（Crypto Processor）、存储器（Memory）、显示器（Display）、功能键（Function Keys）、读卡器（Card Processor）、加密密码板（Encrypting PIN Pad）、打印机（Printer）、保险库（vault）、调制解调器（Modem）。

保险库存储设备包括现金分配机制（Dispensing Mechanism）、存款机制（Deposit Mechanism）和几个安全传感器（Security Sensor）。

ATM 通常通过调制解调器（如拨号或 ADSL）通过公共交换电话线或租用线路与银行或银行间网络相连。

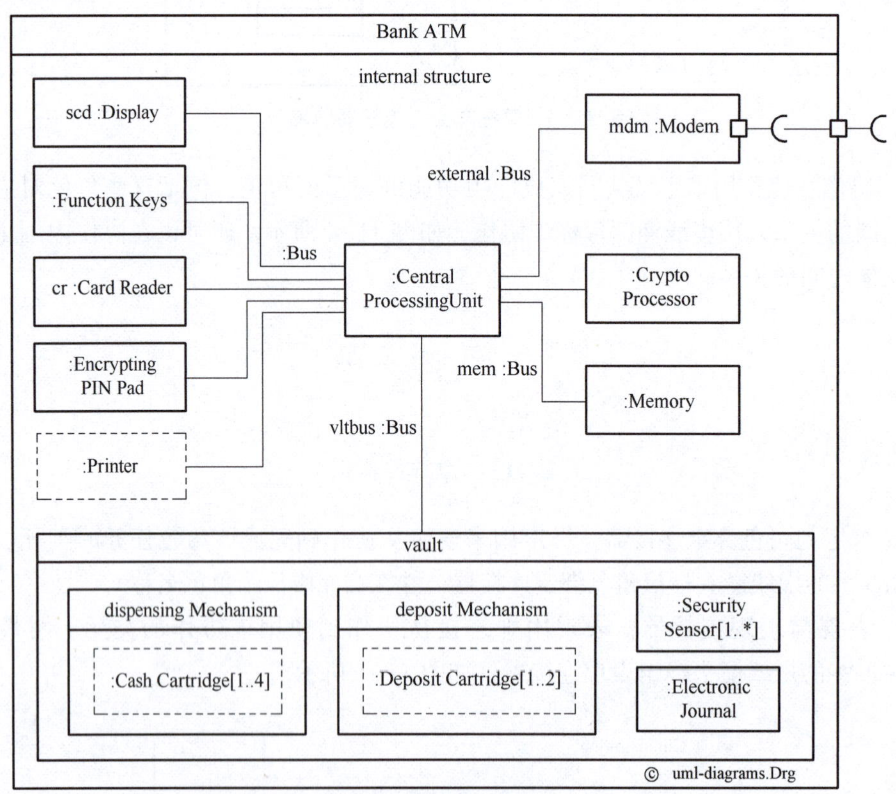

图 11-7　复合结构图

11.3 交互概览图

1. 交互概览图的基本概念

交互概览图（Interaction Overview Diagram）更像是活动图和顺序图的混合，它表示一个功能的实现流程，但参与流程的节点不是一般的动作，而是交互。这个交互经常用活动图或顺序图来表示。

交互概览图可以看作活动图的变体，它将活动节点进行细化，用一些小的顺序图来表示活动节点内部的对象控制流。

交互概览图也可以看作顺序图的变体，它用活动图来对顺序图进行补充。

交互概览图在草图中更加适用，可以先对系统的业务流程进行建模，然后对一些复杂的活动节点进行细化，用顺序图来表示它的对象之间的控制流。

交互概览图的使用会使模型的阅读性降低，所以不建议盲目使用该图。

2. 交互概览图的组成元素

交互概览图的组成元素与活动图相同，包括初始状态、终止状态、分支节点和合并节点、并发节点和收束节点，以及工作流中的交互元素即活动图或顺序图。

3. 交互概览图的形式

交互概览图有两种形式：一种是以活动图为主线，对活动图中某些重要活动节点进行细化，用一些小的顺序图对重要活动节点进行细化，描述活动节点内部对象之间的交互；另一种是以顺序图为主线，用活动图细化顺序图中的某些重要对象，用活动图描述重要对象的活动细节。

4. 交互概览图建模实例

图 11-8 显示了如何使用各种 AJAX 技术将用户对某些文章的评论提交给 Pluck 服务器。

网络用户提交的评论首先被提交给管理评论文章的网站进行验证。DWR 技术（Java 的 AJAX 技术）将用户评论 HTML 表单数据转换为 Java 对象和可能的验证错误，再转换回错误的 JavaScript 回调。

看起来没有错误的评论被提交到了 Pluck 服务器。

该图中还显示了一些持续时间约束。例如，根据图回调，发布评论的等待时间为1~4 s。同时，请求所有发布的评论只需要 100 ms。

在该图中，以活动图为主线，使用顺序图对活动图的内部节点（提交给 Pluck 服务器）进行细节化。

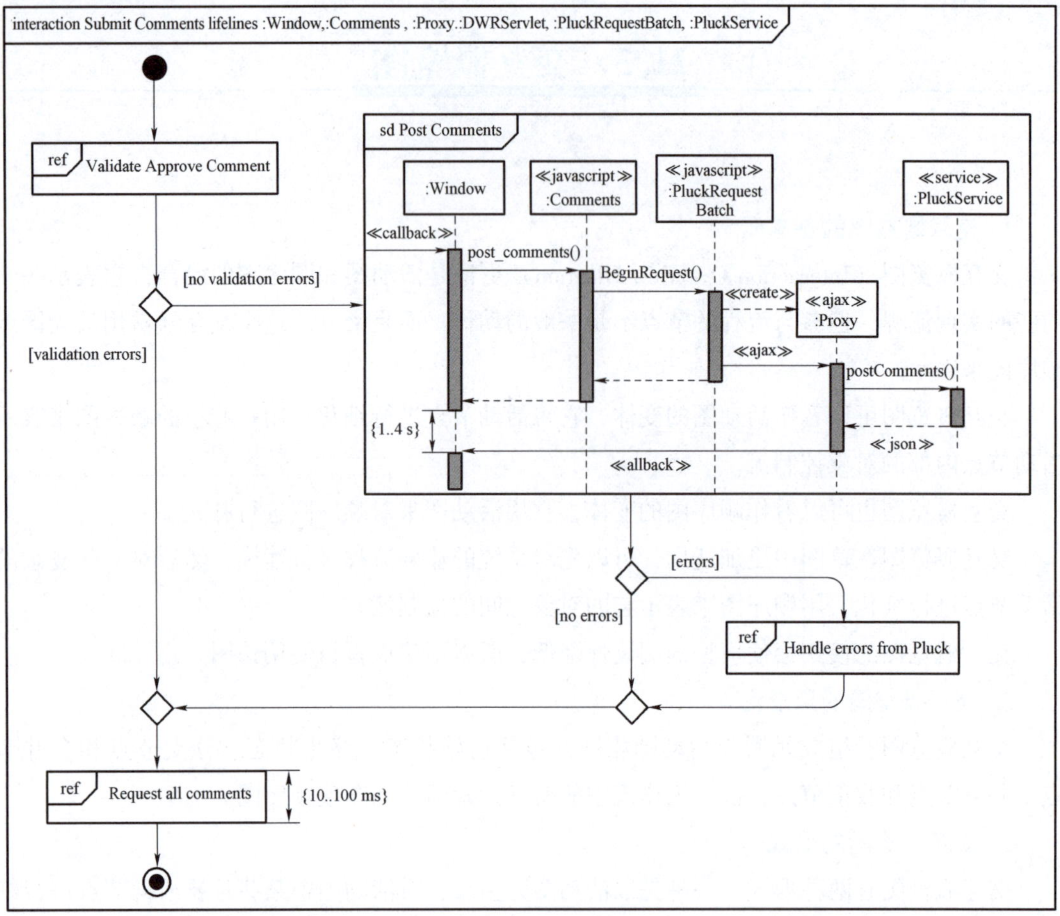

图 11-8　交互概览图

11.4　时间图

1. 时间图的基本概念

时间图（Timing Diagram）也是 UML 2.0 中增加的图，它实际上是顺序图的一种变体，是另一种形式的顺序图。时间图用来描述随着时间的推进，一个或多个实体类的值或状态的变化情况，以及时控事件之间的交互和管理时控事件的时间或期限约束。

在顺序图中，也有时间信息，但时间信息是通过对象/生命线隐式表达的，不能量化时间。在时间图中，可以显式地描述对象/生命线上的状态变化和标度时间。

时间图常用在实时控制系统中。

2. 时间图的组成元素

时间图的组成元素包括对象、状态或条件、生命线、持续时间约束、消息等。

（1）对象：与顺序图中对象的概念相同，表示参与到交互过程中的对象。

（2）状态或条件：表示随着时间的流逝，参与交互的对象的属性的状态，或者一些可测试的条件。

（3）生命线：表示参与交互的对象存在时间，在时间图中，生命线由对象的名称或它所代表的实例来表示，也将它放在图表框架或泳道内。

（4）持续时间约束：指持续时间间隔的间隔约束，用来确定是否得到满足该约束时间。

（5）消息：表示对象之间的通信，使用带箭头的实线表示。

3. 时间图建模实例

图 11-9 显示了一个制作网站的时间图及需要满足的持续时间约束，可用来评估 Web User 应该等待多长时间才能在其显示器上看到呈现的内容。

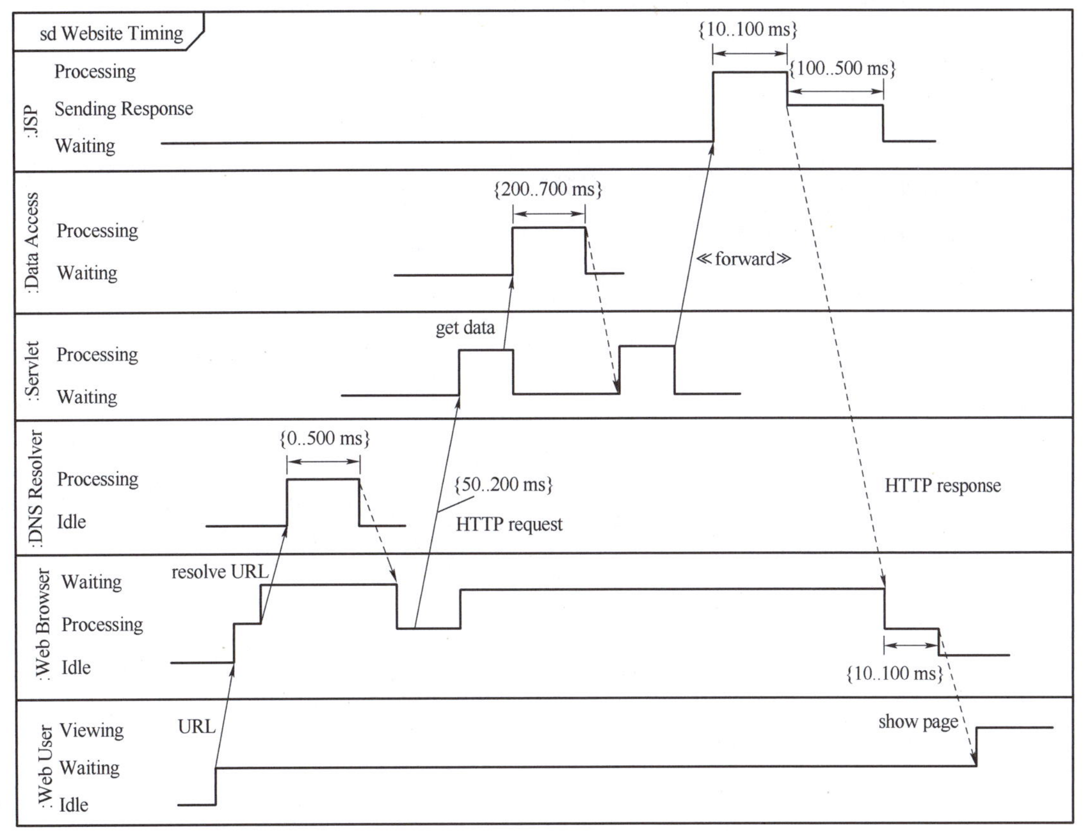

图 11-9　时间图

Web User 输入 Web 页面 URL 后，需要将 URL 解析为某个 IP 地址。DNS 解析会在用户感知到的响应延迟中增加一些实际的等待时间。与 DNS 解析相关的延迟可能从 1 ms（本地 DNS 缓存）到几秒不等；通过简单的模型-视图-控制（MVC）实现，Servlet 获得控制并从“模型”请求一些数据，接收和处理数据后，Servlet 将请求处理转发给 JSP。缓存的 HTTP 响应被发送回浏览器；Web 浏览器需要一些时间来处理 HTTP 响应和 HTML 页面，然后向 Web User 呈现页面视图。

知识小结

本章介绍了 UML 中的 4 种图：外廓图、复合结构图、交互概览图和时间图。对每种图形，均介绍了该图形的基本概念、图形的组成元素，并举例说明了该图的使用。

习　题

填空题

1. 外廓图又称________，它提供了一种通用的________。
2. 我们学到的扩展机制有________、________、________、________。
3. 复合结构图又称________。
4. 复合结构图的重点是展示____________________。
5. 交互概览图是________和________的混合。
6. 交互概览图的两种形式是____________和____________。
7. 时间图是____________的一种变体。

第 12 章　数据建模（实体联系图）*

本章导读

数据模型是为了建模用户对系统的数据要求，数据模型使用的建模工具是实体联系图。本章将首先介绍实体联系图的基本概念，实体、属性、联系的定义和表示，然后以在线商城为例，介绍如何使用 StarUML 进行实体联系图建模。

本章学习目标

能力目标	知识要点	权重
熟悉实体联系图的基本概念	数据模型、实体联系图	20%
掌握实体、属性、联系的定义和表示		30%
掌握实体联系图建模的步骤		25%
掌握使用 StarUML 绘制实体联系图的方法	元素的绘制及其属性的设置	25%

12.1 实体联系图的基本概念

数据模型是为了建模用户对系统的数据要求，包括系统中有什么数据、数据有什么字段、数据之间有什么关系。数据模型使用的建模工具是实体联系图（ER Diagram）。需要注意的是，实体联系图不是UML的图形之一，但是在软件建模时经常使用。不同的软件建模工具使用的表示方法不同，本书以StarUML为例进行介绍。

实体联系图是一种用于数据库设计的结构图，所以可以把实体联系图放在4+1视图的逻辑视图下。

12.2 实体联系图的组成元素

实体联系图中包括实体、属性和联系，如图12-1所示。

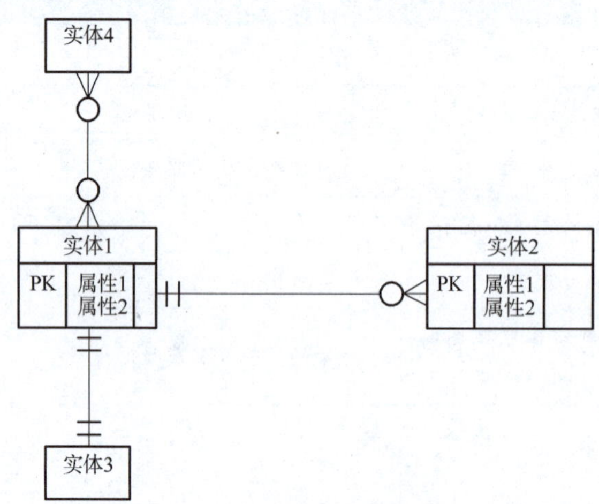

图12-1 实体联系图的表示

（1）实体使用矩形框表示，它是对软件系统中复合信息的抽象。复合信息是指具有一系列不同性质或属性的事物，仅有单个值的事物不是数据对象。

（2）属性表示为实体矩形框中的行，它定义了数据对象的性质。必须把一个或多个属性定义为“标识符”，即当希望找到数据对象的一个实例时，用标识符作为“关键字”（“键”），即属性左侧标记的PK（Primary Key，主键）。应该根据对所要解决的问题的理解，来为特定数据对象确定一组合适的属性；除了PK标记，还支持FK（Foreign Key，外键）、N（Nullable，允许空值）、U（Unique，唯一值）标记。

（3）数据对象彼此之间相互连接的方式称为联系，也称为关系。联系也可能有属性。联系可分为一对一（1：1）、一对多（1：N）、多对多（M：N）3种类型。在图12-1中，

实体 1 和实体 3 之间是一对一的联系，实体 1 和实体 2 之间是一对多的联系，实体 1 和实体 4 之间是多对多的联系。联系也可以有名称。

实体联系图常用作数据库建模的工具。当实体联系图应用于数据库建模时，一个“实体”就相当于某个数据库表中的一条记录，“属性”就是这条记录的字段，“联系”就是数据库表（表内字段）之间的映射关系。

但是软件系统中并不是所有的实体都会严格对应一个数据库表，因为有的实体只存在于内存中，并不会持久化到数据库中，有的实体可能对应了多个数据库表，有的实体可能是数据库表中的某些字段。

【例 12.1】绘制“选课”功能的实体联系图。

如图 12-2 所示，该功能共有 4 个实体，分别为课程、学生、教师、选课记录，课程、教师、学生和选课记录之间都是一对多的关系。该图是使用 StarUML 绘制的实体联系图。但需要注意的是，这种表示方法并不是标准的实体联系图。更常见的表示方法如图 12-3 所示：属性使用椭圆形表示，联系使用菱形框表示。对比图 12-2 和图 12-3 可以发现，标准的实体联系图的属性使用椭圆形（并且属性加下划线）表示，这种方法不利于显示数据库表结构（占空间，当属性比较多时，图变得很大），所以很多软件都把属性直接列在实体内，像 StarUML 一样，但是各个软件的标识略有差异。

另外，标准的实体联系图中，联系使用菱形框表示的好处是可以表示多元的联系，例如图 12-3 中的 3 个实体之间的联系，学生、教师、课程之间存在名为“选课”的联系，在这个联系上有一个属性——成绩。这样的模型在 StarUML 中没有办法表示，StarUML 中使用的是图 12-2 中的表示方法，新建了一个实体“选课记录”，然后建模 3 个实体分别和“选课记录”联系。“选课记录”本质上是用来记录联系的。

虽然图 12-2 和图 12-3 使用了不同的表示方法，但是它们建模的模型是相同的，不会影响我们对数据模型的理解。很多专业的建模软件都采用了类似图 12-2 的表示方法，它的好处是节省空间、直观、更贴近实际的数据库表结构（“选课记录”在数据库中对应了一个表）。

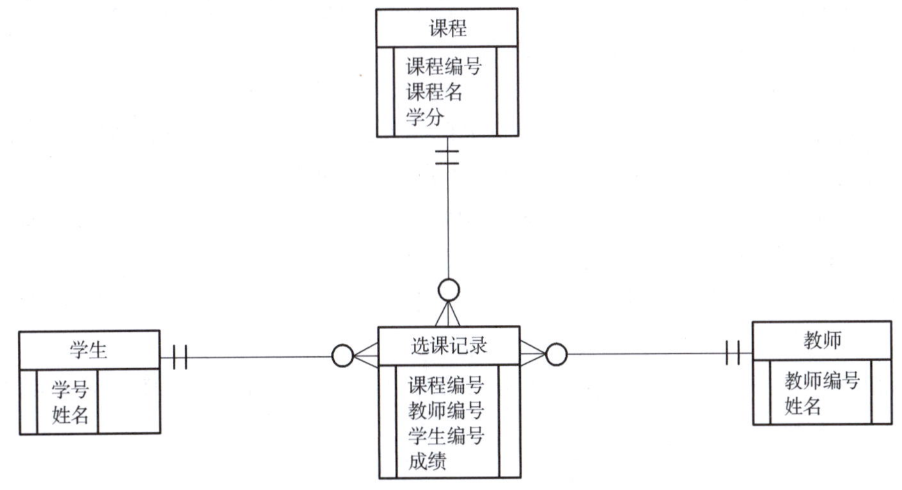

图 12-2 “选课”功能的实体联系图

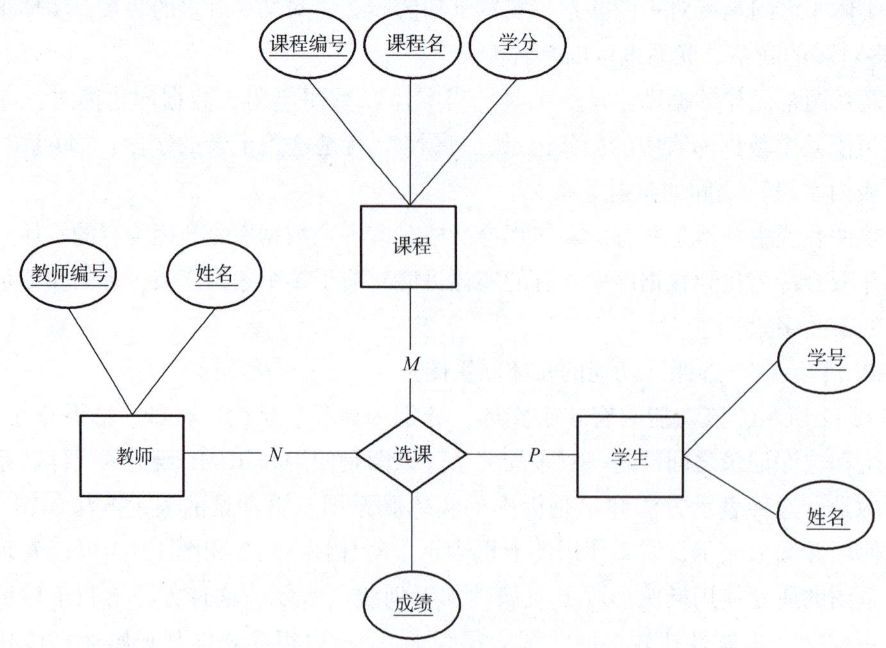

图 12-3 实体联系图的常见表示方法

12.3 实体联系图建模

以在线商城系统的订单管理为例，进行数据库建模。如图 12-4 所示，该模块共涉及 6 个实体，分别是订单、用户、商品、评论、退款申请、发票。订单实体包括编号、创建时间、商品列表、总价、运费、创建者编号、物流信息、订单状态、修改记录、付款记录、收货地址、自动确认时间 12 个属性。其中编号是主键，创建者编号是外键，商品列表是非空的。自动确认时间是整型（以天为单位）；创建时间是时间戳类型；商品列表、物流信息、修改记录、付款记录是打包存储的二进制数组。

注意，对于整存整取的字段，可把内存中的对象直接序列化后存储。例如，订单生成后不会再修改商品列表，也不会单独对其中商品的属性进行查询。“某个商品出现在了哪些订单中”这样的查询就需要对商品列表中的商品编号进行查询，但是本系统并不会。如果把商品列表用商品类型的数组结构存储，表结构就会很复杂，影响数据库操作的性能。因此，对于整存整取的数据，可以直接打包成二进制存储。

用户和订单之间是一对多的关系，1 个用户可以有多笔订单，但是 1 笔订单只能有 1 个创建者。

订单和商品之间是多对多的关系，1 个商品可以属于多笔订单，1 笔订单也可以包含多个商品。

发票和订单之间是一对一的关系。

订单和评论之间是一对多的关系，1 笔订单可以有多条评论（1 笔订单中的 1 个商品

对应 1 条评论，详见 3.6.4 小节，订单和商品的限定关联关系），1 条评论只能属于 1 笔订单。

订单和退款申请之间是一对多的关系，1 笔订单可以有多个退款申请，但是 1 个退款申请只能属于 1 笔订单。

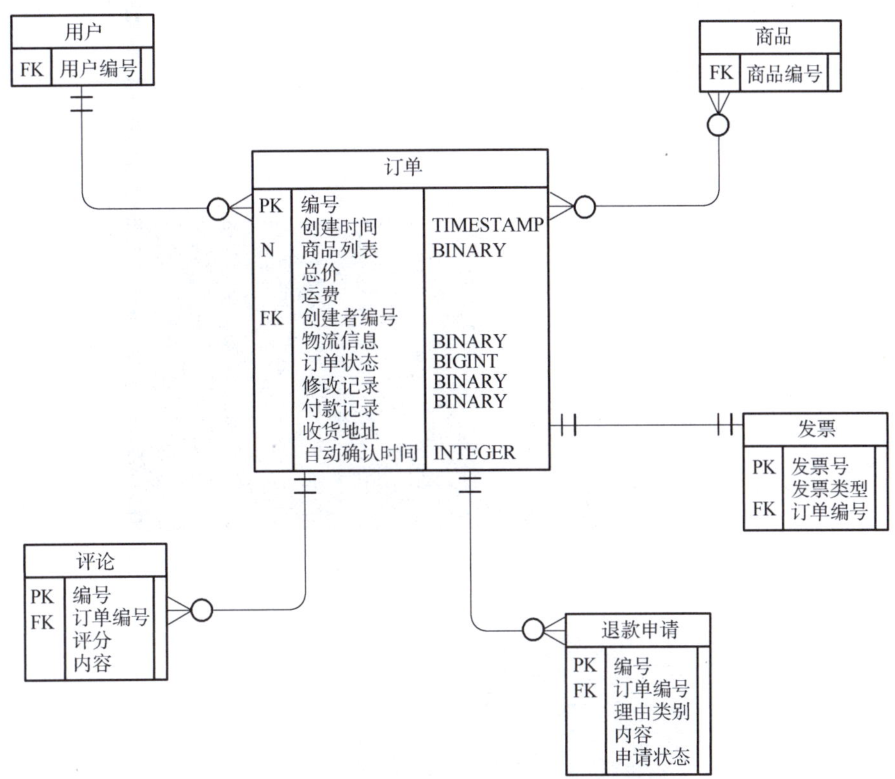

图 12-4　在线商城订单管理模块实体联系图

12.4　使用建模工具绘制实体联系图

12.4.1　创建实体联系图

在模型资源管理器中右击 Logical View 文件夹，在弹出的快捷菜单中执行 Add Diagram→ER Diagram 命令来创建一个新的实体联系图，如图 12-5 所示。

12.4.2　绘制实体联系图的元素和关系

在工具箱（TOOLBOX）中列出了实体联系图中所有的元素和关系，如图 12-6 所示。

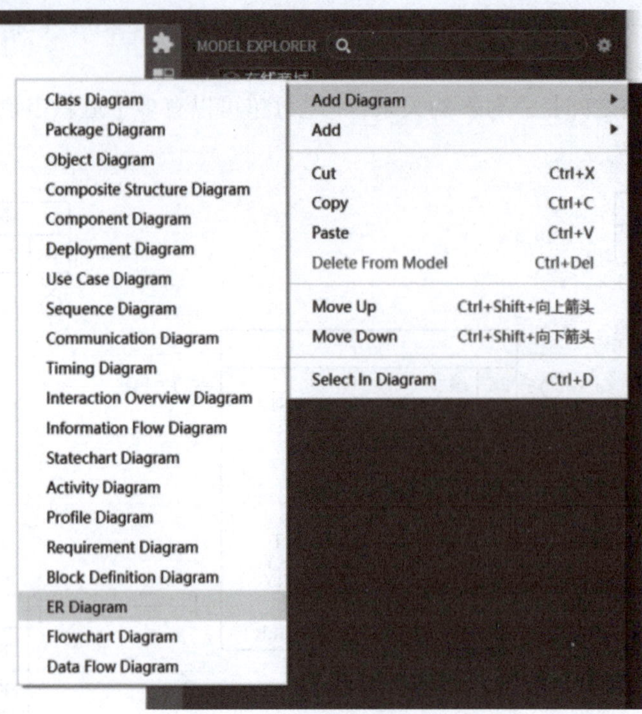

图 12-5　新建实体联系图

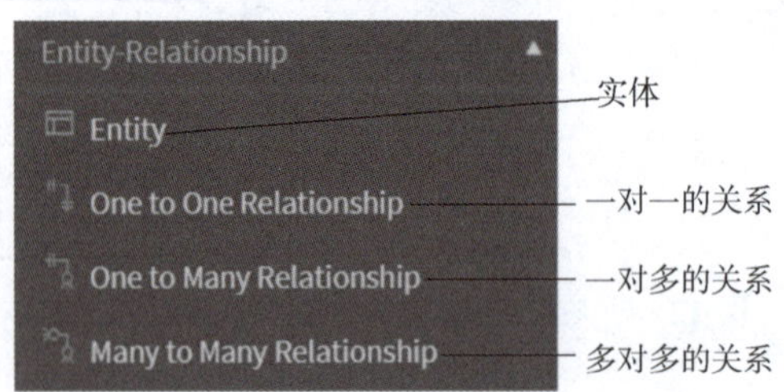

图 12-6　实体联系图元素、关系一览

12.4.3　在绘图区绘制实体联系图

1. 绘制实体

在工具箱（TOOLBOX）中单击 Entity，在绘图区的空白区域中单击即可绘制实体，双击实体即可对它重命名。双击实体时，会弹出快捷图标，如图 12-7 所示。红色箭头所指的是添加属性的图标（Add Column）。

图 12-7　在实体里添加属性

2. 绘制属性

添加属性“编号”后，选中该属性，可以在导航栏的编辑器（EDITORS）区域中设置它的属性，包括属性名、类型、长度、主键、外键、空值、唯一值等，如图 12-8 所示。

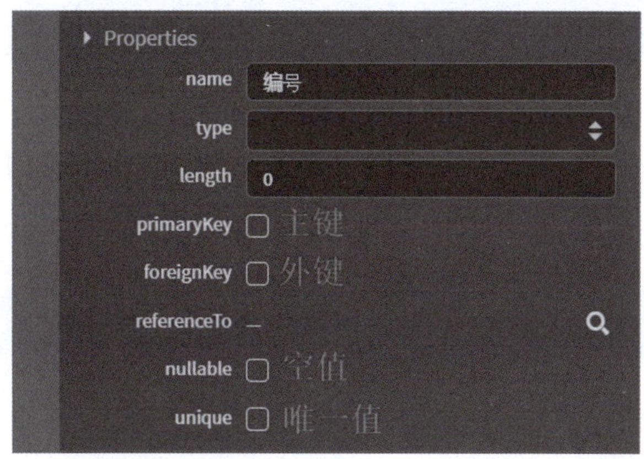

图 12-8　设置属性的属性

属性的数据类型如表 12-1 所示。

表 12-1　属性的数据类型

类型名	说明	类型名	说明
Varchar	可变长度的字符串型	Decimal	用于存储精确的数值数据，适用于货币、科学计算或其他需要高精度计算的场景
Boolean	布尔型	Numeric	用于存储数字，可以是整数或小数
Integer	整型	Float	浮点型
Char	字符型	Double	双精度型
Binary	二进制	Bit	位数据类型
Varbinary	可变长度的二进制	Date	没有时间的日期
Blob	二进制数据类型，通常表示二进制文件、图片、音频或视频等媒体资源	Time	时间的一种数据类型
Text	文本	DateTime	既有日期又有时间的数据
Smallint	短整型	Timestamp	既有日期又有时间的数据
Bigint	长整型	Geometry	空间位置信息
Point	二维平面中的点的坐标	LineString	用于存储和操作几何线的字段类型。它可以用于存储一系列的坐标点，以便表示一条线或一条曲线
Polygon	几何空间数据类型，用于存储多边形或多边形集合		

3. 绘制联系

在工具箱（TOOLBOX）中选择需要的联系类别，在绘图区单击两个实体即可创建联系。

知识小结

本章介绍了用于数据库设计的结构图——实体联系图。实体联系图，也称为 ER 图，图中包括实体、属性和联系。由于不是 UML 的图形，因此实体联系图在各个软件中的表示略有差异。

习　题

一、填空题

1. 数据模型是____________________，使用的建模工具是________，也称为________。

2. 实体联系图是一种用于________的结构图，所以可以把实体联系图放在 4+1 视图的________下。

3. 实体联系图的主要元素包括________、________、________。

二、分析题

在图书管理系统中，读者可以查询图书，读者拿着借书证通过图书管理员进行借书和还书。图书管理员可以办理借书证，也可以办理借书、还书。借书时系统检查该读者已借书数量是否超过上限，只有不超过上限方可借书；还书时检查是否逾期，如果逾期则缴纳罚金。根据前述需求，绘制该系统的实体联系图。

附录　习题解答

第 1 章　绪论

一、选择题

1~5：ADBBC

6~10：ACBBC

二、简答题

1. 面向对象方法就是以对象为核心进行软件分析和设计，它把数据及对数据的操作作为一个整体——对象进行分析，把具有相同数据和操作的对象封装起来作为类。它具有与人类的思维方式一致、稳定性好、可重用性好、较易开发大型软件产品、可维护性好的优点。

2. 模块化就是把程序划分成若干个模块，每个模块完成一个子功能，把这些模块集总起来组成一个整体，可以完成制定的功能，满足问题的要求。一个大型程序如果仅由一个模块完成它将很难被人理解，但是如果把复杂问题分解成许多容易解决的小问题，那么原来的问题也就容易解决了，这是模块化的根据。但是，随着模块数量的增加，设计模块间接口所需要的工作量也将增加。因此，模块规模和数量适中的模块化是最优的。

3. 4+1 视图中的“1”指的是用例视图，“4”指的是逻辑视图、过程视图、开发视图、物理视图。

4. UML 中的图分为结构图和行为图，结构图包括了 7 种图形，分别是外廓图、类图、复合结构图、组件图、部署图、对象图、包图。行为图包括了 7 种图形，分别是活动图、顺序图、通信图、交互概览图、时间图、用例图、状态机图。

5. 略。

三、操作题

略。

第 2 章　用例图

一、填空题

1. 参与者用例 用例关系

2. 人 外部设备 外部系统 时间

3. Actor 角色

4. Use Case 用况 用案

5. 泛化关系 包含关系 扩展关系

6. 用例视图

7. 包含用例

8. 基用例

9. 基本事件流　扩展事件流

10. 系统边界

二、选择题

1~5. DCBCA

6~10. DBCAC

三、简答题

1. 泛化关系是将一般用例与特殊用例联系起来，特殊用例是子用例，一般用例是父用例。子用例继承父用例的属性、操作及行为序列，子用例也可以增加新的属性、操作和行为或覆盖父用例中的属性和操作等，是一种“is a”的关系。

包含关系指的是两个用例中的一个用例（基用例）的行为包含另外一个用例（包含用例）的行为，即包含用例的行为被插入基用例的行为。当基用例被执行时，包含用例一定会被执行，是一种“has a”的关系。

扩展关系指的是一个用例（扩展用例）的行为是对另一个用例（基用例）行为的增强。当基用例被执行时，扩展用例可能被执行也可能不被执行，是一种“is a”的关系。

2. 当有两个或多个用例在行为、结构或目的等方面有共性时，就可以建立参与者之间的泛化关系，即把共性的部分抽象出来，使用用例来描述这些共性部分，这个新用例就是父用例。

3. 系统边界就是系统与系统之间的界限。建立系统边界，把属于这个系统的元素放到边界内，参与者放到边界外，即把系统的功能放到边界内。

4. 用例粒度就是用例的规模。在一个用例中，用例的主事件流和子事件流的综合步骤构成了用例的规模。事件流中动作步骤越多，表明用例粒度越大，将来对应的代码越长。用例粒度的大小决定了用例规模的复杂度，也决定了用例之间进行通信的成本，进而决定了系统耦合复杂度。

四、分析题

1. 略。

2. （1）登录系统、教师成绩管理、生成成绩单。

（2）该系统的用例图如下图所示。

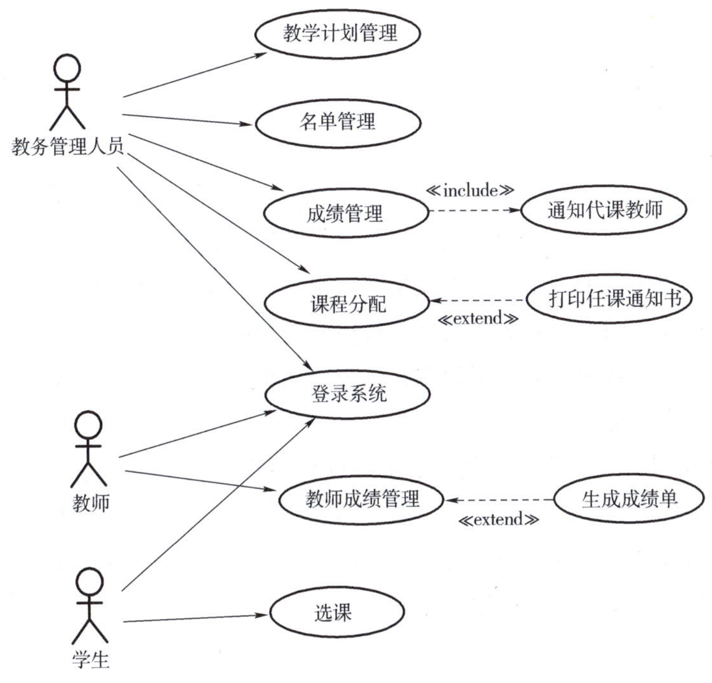

第 3 章　类图和对象图

一、填空题

1. 逻辑

2.

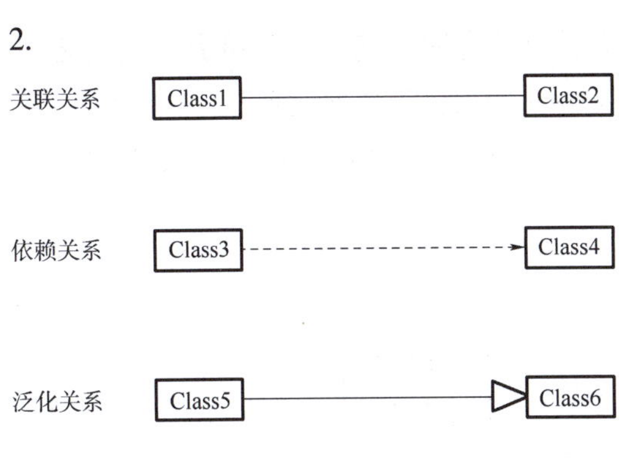

3. 对象　链

4. 类

5. 公有的(+)　私有的(-)　受保护的(#)　包可见的(~)

6. 属性　方法

二、单选题

1~5. AAABC

6~10. DCACC

11~12. CC

三、简答题

1. 聚合关系表示一个整体与部分的关系，通常在定义一个整体类后，再去分析这个整体类的组成结构，从而找出一些成员类，该整体类和成员类之间就形成了聚合关系。在聚合关系中，成员类是整体类的一部分，即成员对象是整体对象的一部分，但是成员对象可以脱离整体对象独立存在。组合关系表示类之间整体和部分的关系，但是组合关系中部分和整体具有统一的生存期。一旦整体对象不存在，部分对象也将不存在，部分对象与整体对象之间具有“同生共死”的关系。

2. 领域模型类图产生于分析阶段，由系统分析师绘制，主要作用是描述业务实体的静态结构，即系统的静态领域结构。领域模型类图表达业务领域中的一个静态结构，类的属性与操作也仅关注与业务相关的部分。实现类图产生于设计阶段，以领域模型类图为基础，目的是描述系统的架构结构、指导程序员编码。

3. 略。

4. 该模型共包括 4 个类，分别为 ClassA、ClassB、ClassC、ClassD，其中 ClassA 包括两个私有的属性 Attribute1 和 Attribute2。Attribute1 为 ClassC 类型，Attribute2 为整型，默认值为 1。ClassA 包括一个公有的方法 Operation1( )，他的参数为 b，b 的类型是 ClassB。图中有两个错误：ClassA 依赖 ClassB，箭头指向错误；Operation1( ) 的参数表错误，应该是 Operation1(b:ClassB)

5. 该模型包括 3 个类，分别为公司、人、劳动合同。其中，公司类和人类之间存在“雇佣”的关联关系，在“雇佣”关系中，公司端 的角色为“雇佣者”，人端的角色为“被雇佣者”，并且 1 个人只能被 1 个公司雇用，1 个公司可以雇用 0~n 个人。在雇佣关系上有一个关联类——“劳动合同”。

四、分析题

1. 该子系统的类图如下图所示：

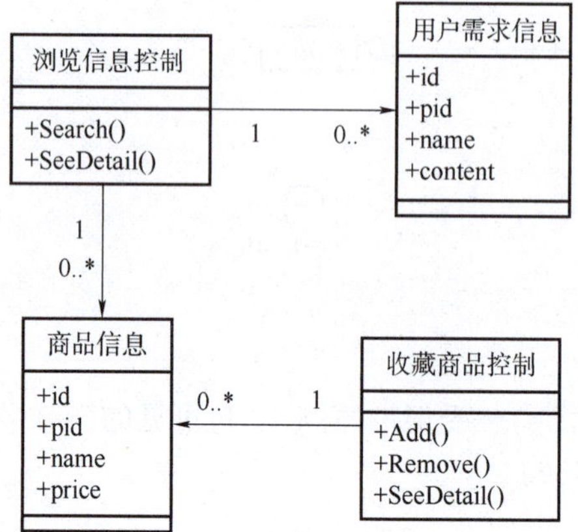

2. 该系统的类图如下图所示：

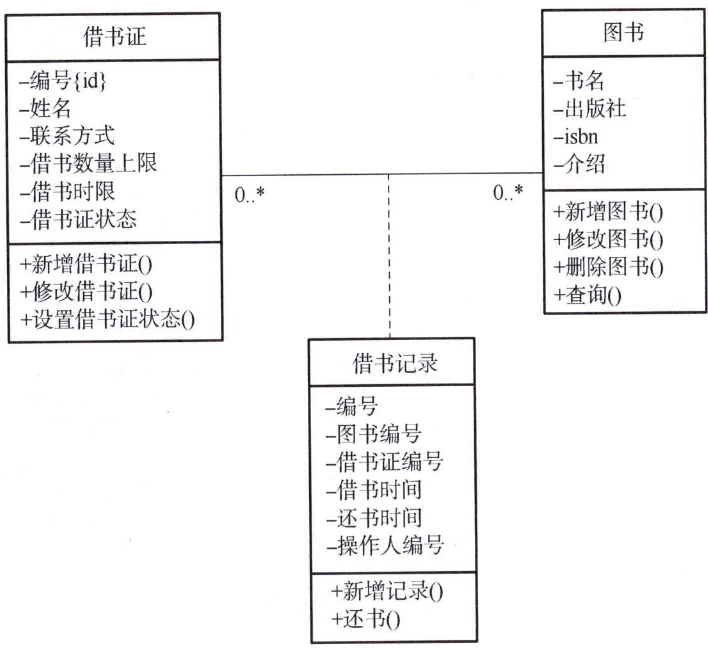

3. 该小程序的类图如下图所示：

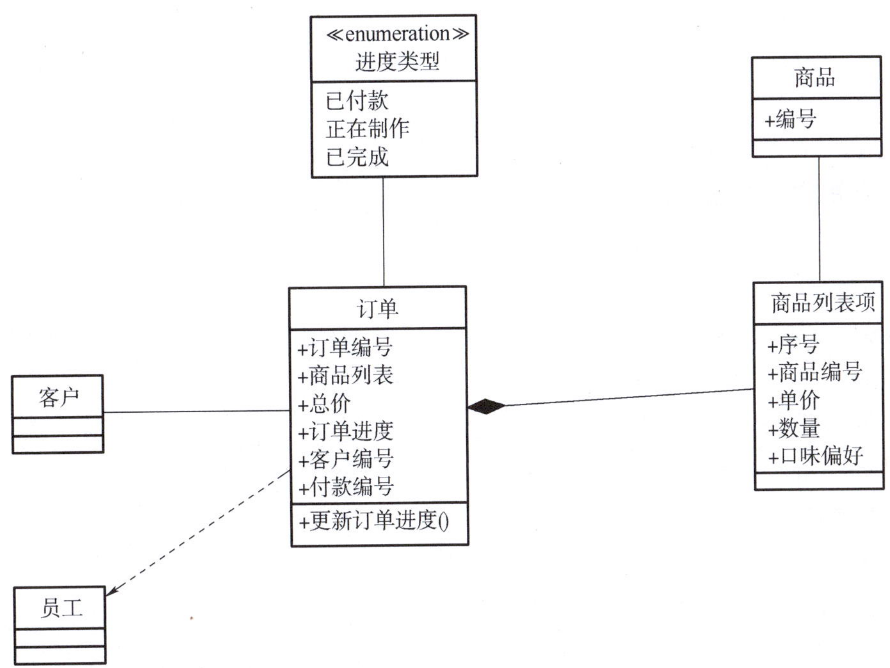

4. 该系统的类图如下图所示：

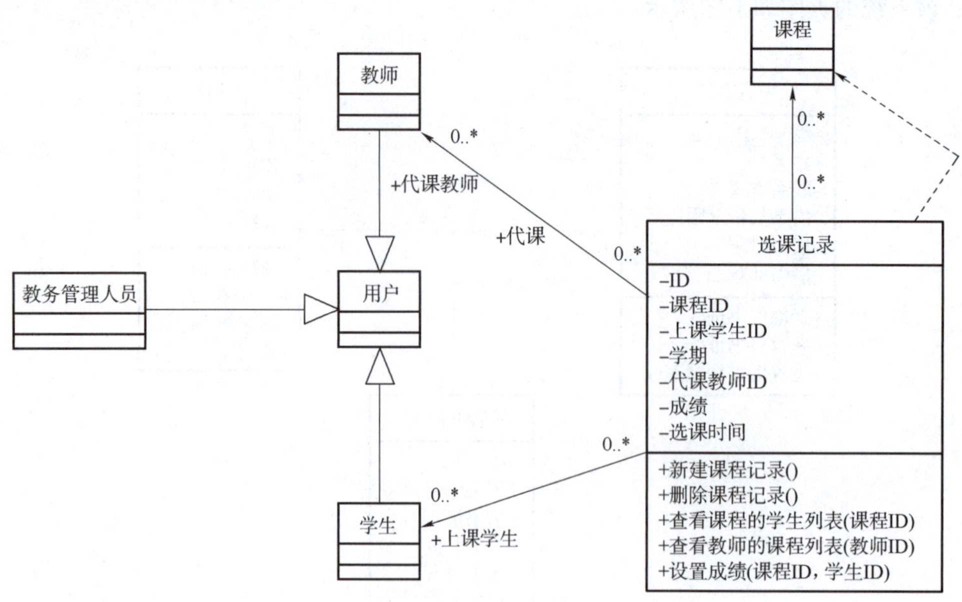

第 4 章　顺序图

一、填空题

1. 顺序图　协作图

2. 对象　消息

3. 顺序图　对象　时间轴

4. 对象　生命线　执行规范　消息

5. 对象实体　消息的时序

6. 生命线

7. 控制焦点

8. 消息　返回消息　创建消息　销毁消息　自我调用消息　异步消息　无触发消息　无接收消息

9. 普通嵌套　递归嵌套

10. loop　opt　par

二、选择题

1～5. ABCBB

6～10. DABDD

三、简答题

1. 调用消息是发送者把控制流传递给消息的接收者，然后停止活动，等待消息的接收者给它发送一个返回信号。因此，在控制流完成期间发送者会中断其原有的活动。

异步消息是发送者把控制流传递给消息的接收者，然后继续自己的活动，不必等待消息的接收者给它返回个返回信号。因此，在控制流完成期间发送者不会中断其原有的活动。

总之，调用消息就是控制流在完成之前需要中断信息，而异步消息是不需要中断控制流信息的。

2. 按时间顺序对控制流进行建模，一般遵循以下原则。

（1）根据当前的交互语境，确定要建模的工作流。

（2）根据当前的场景，识别在当前场景中扮演角色的对象。

（3）为识别出的对象设置生命线。

（4）根据时间顺序对对象间发送的消息进行排序。

（5）确定各条消息的类型。

（6）设置对象的激活期。

（7）若在此交互过程中，需要用到 UML 2.0 的框架来表示条件、循环、结束、引用等，则添加相应的框架片段。

（8）添加约束。

（9）设置前置和后置条件。

3. 类图描述的是类之间的静态结构关系，类之间的关联关系显示了信息之间的静态联系；这些类之间的联系，反映在了程序代码的实现上，没有反映在类方法的调用上。

顺序图描述的是对象之间的动态关系，在顺序图上通过对象之间的消息传递，显示了对象之间的方法上的调用关系及次序（消息的次序）。

4. 用例描述指的是一个参与者与系统是如何交互的规范说明。在用例描述中，最主要的信息是参与者与系统进行交互时，参与者与系统所执行的一系列的动作序列，这个动作系列称为基本事件流和扩展事件流。

顺序图描述的是对象与对象之间交互时的消息传递。

在用例描述中的基本事件流和扩展事件流，在顺序图中通过对象与对象之间的消息发送序列，展示出了事件流的具体的对象的实施方案。

四、分析题

1. 顺序图中的类 Class1 必须实现 create( ) 方法和 operation2( ) 方法，因为参与者 Actor1 给类 Class1 发送了消息 create，类 Class1 给自己发送了消息 operation2。类 Class2 给类 Class1 发送的返回消息不在类 Class1 中实现。

2. 类 XXX 是 Supplier，类 YYY 是 DeliverySchedule。因为在类图中，类 Supplier 和类 Product 有关联关系，因此没有对象：Product 和对象：Supplier 的信息交互，对象：Product 发送消息给对象：Supplier，可以确定类 XXX 是 Supplier。

同理，可以确定类 YYY 是 DeliverySchedule。

另一种答案是类 XXX 是 OneSupplier，类 YYY 是 DeliverySchedule。因为 Supplier 可以替代父类 OneSupper 出现在父类出现的任何地方。

3. 确定正常播放的顺序如下。

（1）当用户单击“播放”按钮时，即向系统发送开始播放媒体文件的信息。

（2）系统（System）发送消息给扬声器（Speaker），扬声器开始播放音乐。

（3）系统（System）向显示器（LCD）发送消息显示播放进度和音量大小。

（4）系统（System）周期性获取电池的电量信息，并向显示器发送显示剩余电量。

（5）用户单击“停止播放”按钮，即向系统发送停止播放消息，系统停止，同时扬声器也停止播放音乐。

顺序图如下图所示：

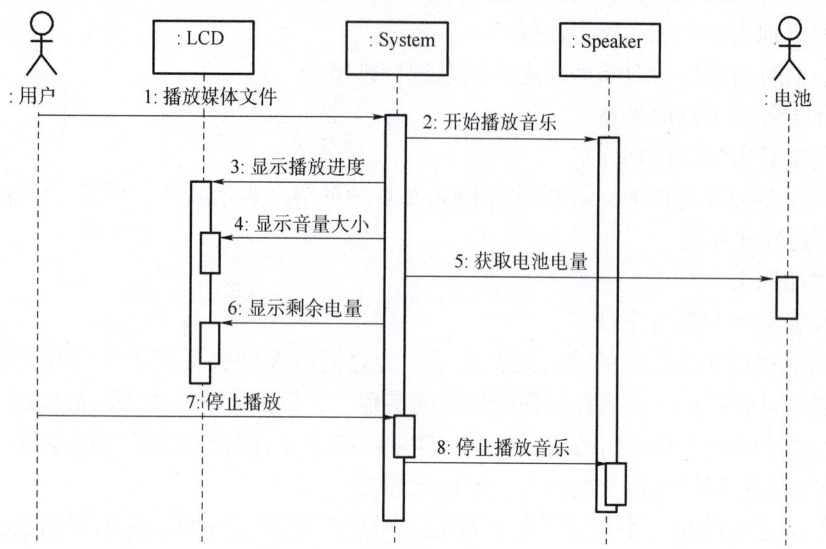

第5章　通信图

一、填空题

1. 发送者　接收者
2. 链
3. 消息
4. 顺序图 通信图
5. 多重对象
6. 主动对象
7. {new}
8. 描述符形式　实例形式
9. {new}　　{destroy}
10. 顺序号

二、选择题

1~5. DBABB

6~10. DBDCC

三、简答题

1. 通信图中的组成元素主要包括对象、链和消息。

2. 相同点：

（1）顺序图与通信图都属于交互模型；

（2）顺序图与通信图中的主要元素相同，都是对象和消息。对象的责任也相同，消息

的类型也相同。

不同点：

（1）顺序图与通信图强调的重点不同，顺序图侧重对象之间交互信息的时间顺序，而通信图侧重的是参与交互对象的组织结构关系，即空间结构关系；

（2）通信图侧重将对象的交互映射到连接它们的链上，这有助于验证类图中对应的类之间关联关系的正确性或建立新的关联关系的必要性，而顺序图侧重描述交互过程中消息传递的逻辑顺序；

（3）顺序图中的消息可以用顺序号表明，也可以按时间顺序从上到下依次排序，省略顺序号，但在通信图中的消息必须表明顺序号；

（4）顺序图显性表现出对象的创建和销毁的过程，而在通信图中是隐性的表现；

（5）顺序图中不能直接显示主动对象和多重对象，而在通信图中可以直接表示；

（6）顺序图中的执行规范表现了对象的活跃期，而通信图无法表达对象的激活情况。

3. （1）用例描述是一个描述参与者与系统是如何交互的规范说明，通信图描述的是参与到一个交互中的多个实体对象之间的结构关系。

（2）通信图可以用来描述用例中的对象与其他对象之间的交互关系。

（3）用例图中描述的是比较复杂的动作序列的用例，表示的事件控制流也比较复杂，可以将这个复杂的事件控制流分解成几个部分，每个部分都可以使用一个通信图来描述对象之间的交互。

4. （1）类图中类的实例就是通信图中的对象，类之间的关系也映射成了通信图中的链。

（2）通信图的动态建模是建立在类图这个静态模型的基础之上的，因此通信图可以看作类图中的某些对象在一定的语境下，为完成某个功能而进行交互的一个实例。类图描述了类的固有的内在属性，而通信图描述了类实例的行为特性。

（3）通信图中的消息反映了类图中类的对象之间的联系，通信图中的消息实质上是类图中的各种关系的具体体现。

5. （1）从结构上来看，通信图和对象图一样，包含了对象及它们之间的“链”连接关系，通信图中的链和对象图中的链的概念和表示形式相同，可以把通信图看作一种特殊的对象图。也就是说，通信图是类图的一个特例。

（2）从行为上来看，对象之间的相互作用是通过消息传递来实现的。因此，在通信图的链上附加了消息，可以把通信图看作链上有消息的对象图。

四、分析题

1. （1）A　　（2）B　　（3）略

2. 车主用车钥匙关车门的通信图如下图所示：

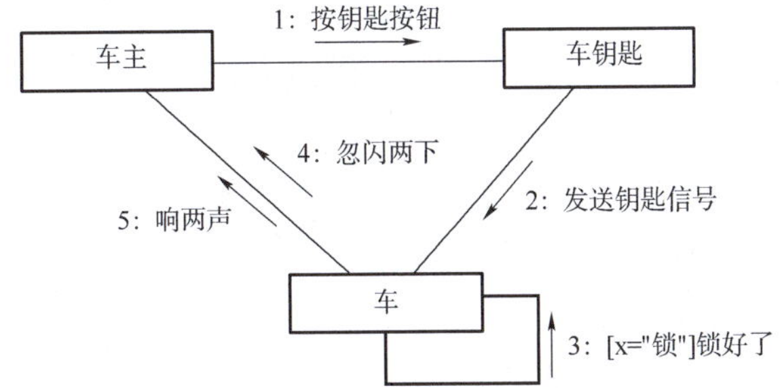

第 6 章　状态图

一、填空题

1. 转换事件　警戒条件　效果列表
2. 事件
3. 入口动作　出口动作　内部执行活动
4. 信号事件、调用事件、时间事件　改变事件

二、选择题

1～5. CDBCB

6～10. ABDCC

三、简答题

1. 状态指事物在其生命周期中满足某些条件、执行某些操作或等待某些事件而持续的一种稳定的状况。

对象的属性表示的是事物的静态特征。

对象的状态是指对象相对稳定的那段持续的时间内表现出来的状态，而对象的属性是对象所具有的特征。

2. 状态机图由状态及状态转换组成。

状态转换的要素包括转换名称、事件名称、参数列表、警戒条件和效果列表。

四、分析题

1. 略
2. 该 POS 机响应的状态机图如下图所示：

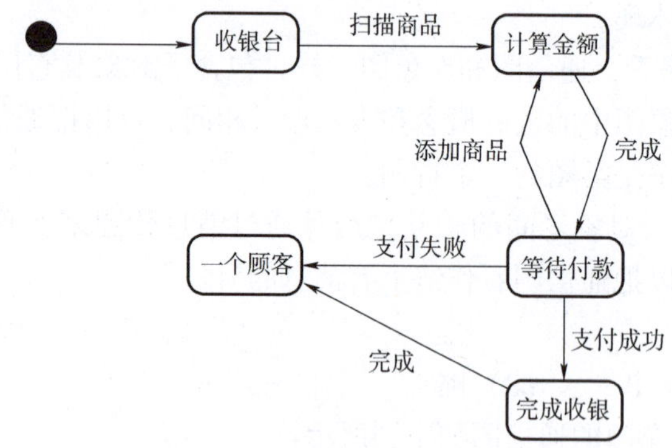

第 7 章　活动图

一、填空题

1. 行为图　动态行为特性　控制流　对象流　顺序　条件
2. 过程视图
3. 活动节点　控制节点　对象节点

4. 圆角矩形　在活动的执行过程中保存数据　输入或输出　矩形框

5. 有且仅有一个　至少有一个

6. 实线加箭头

7. 分支节点

8. 逻辑上　时间和数据上　时间和数据上

二、简答题

1. 泳道是活动图中的区域划分，根据每个活动的职责对所有活动进行划分，每个泳道代表一个责任区。带泳道的活动图，在系统分析及设计中建模，用于刻画一个用例的用例描述中的步骤如何落实到对象上，关心的是不同对象在这个用例执行时是如何分工的。

2. 活动图和流程图都可以建模系统的顺序、选择、循环的控制流程。但是，它们之间也有区别，具体体现在以下几个方面。

（1）流程图着重描述处理过程，它的主要控制结构是顺序、分支和循环，各个处理过程之间有着严格的顺序和时间关系。而活动图描述的是对象活动的顺序关系所遵循的规则，它着重表现的是系统的行为，而非系统的处理过程。

（2）活动图是面向对象的图形，而流程图不是。

（3）活动图和流程图都可以建模控制流，但是活动图还可以建模对象流。

（4）活动图可以建模并发的控制流，而流程图不行。

3. 活动图不是交互图。交互图是建模对象间交互的模型，而活动图中的对象是活动之间传递的数据。

4. 活动图、顺序图都是行为图。但是顺序图是交互图，而活动图不是。顺序图是从对象、消息（调用对象所属类型的方法即为发送消息）的角度来建模系统行为。也就是说，交互图是从计算机的视角建模系统行为。通过顺序图可以知道某个功能的执行过程中有哪些对象参与其中，发送了什么消息（调用了这些对象的什么方法），这些消息之间的控制流是什么。活动图也是建模系统行为，但是通常是从用户的视角建模用户行为，目的是建模系统用例的执行过程。通过活动图，可以知道某个功能的执行过程中有哪些活动，活动之间的控制流是什么。这里的活动可以简单地理解为分为哪些步骤。

第 8 章　组件图

一、填空题

1. 构件　逻辑

2. 供接口　需接口

3. 依赖关系　实现关系　包含关系

4. 数据库文件

二、选择题

1～5. AADAB

6～10. CABBA

三、简答题

1. 类是逻辑抽象，组件是物理抽象。类可以有属性和操作，组件只拥有可以通过其接口访问的操作。

2. 供接口和需接口。

供接口是实现关系，需接口是使用关系。

第 9 章　部署图

一、填空题

1. 结构图　物理视图

2. 节点　硬件设备　软件执行环境

3. 长方体

4. 工件

5. 通信关联关系　部署关系　依赖关系

二、选择题

1 ~ 3. DCB

三、简答题

部署图就是建模如何把部署对象部署到部署目标的模型上，通过部署图，可以明确如何启动系统。

四、分析题

略。

第 10 章　包图

一、填空题

1. 分组

2. 包　包中元素　元素导入　包导入　包合并

二、简答题

1. 重用发布等价原则（REP）、共同封闭原则（CCP）、共同重用原则（CRP）、非循环依赖原则（ADP）。

2. 最小化包之间的依赖关系、最小化每个包的公共元素和受保护元素的数目、最大化每个包的私有元素的数目。

三、分析题

略。

第 11 章　UML 的其他图形 *

填空题

1. 轮廓图　扩展机制
2. 轮廓图　构造型　标记值　约束
3. 组合结构图
4. 内部结构和构造内容
5. 活动图　顺序图
6. 以活动图为主线　以顺序图为主线
7. 顺序图

第 12 章　数据建模（实体联系图）*

一、填空题

1. 为了建模用户对系统的数据要求　实体联系图　ER 图
2. 数据库设计　逻辑视图
3. 实体　联系　属性

二、分析题

该系统的实体联系图如下：

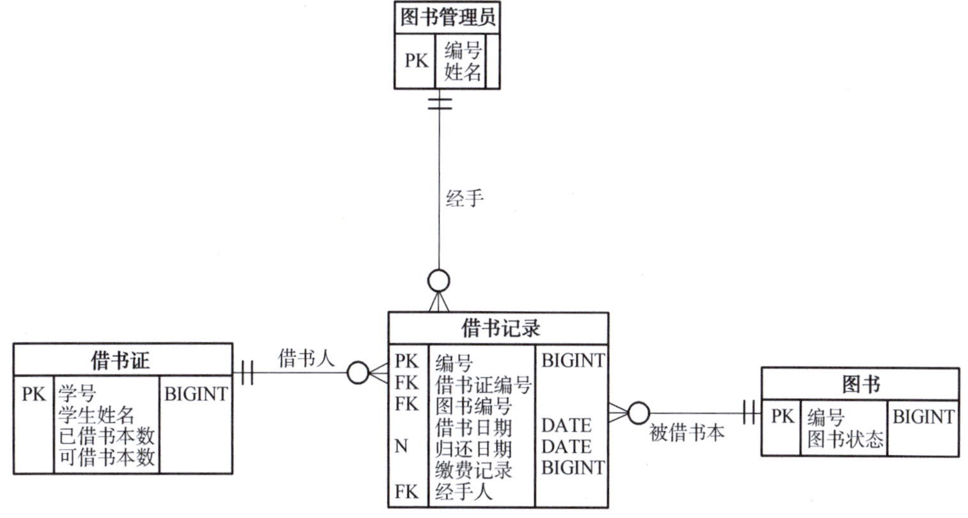

参考文献

[1] 吕云翔，赵天宇，丛硕. UML 与 Rose 建模实用教程［M］. 北京：人民邮电出版社，2016.

[2] 冀振燕. UML 系统分析与设计教程［M］. 北京：人民邮电出版社，2014.

[3] 卫红春. UML 软件建模教程［M］. 北京：高等教育出版社，2012.

[4] 李美蓉，何中海. 软件需求分析（微课版）［M］. 北京：人民邮电出版社，2024.

[5] 袁涛，孔蕾蕾. 统一建模语言 UML［M］. 2 版. 北京：清华大学出版社，2014.

[6] 吕云翔. 实用软件工程［M］. 2 版. 北京：人民邮电出版社，2020.

[7] 吕云翔. 实用软件工程［M］. 3 版. 北京：人民邮电出版社，2024.

[8] 谭火彬. UML2 面向对象分析与设计［M］. 2 版. 北京：清华大学出版社，2018.

[9] D JEYA MALA，S GEETHA. UML 面向对象分析与设计［M］. 马恬煜，译. 北京：清华大学出版社，2018.

[10] 吕云翔，赵天宇，丛硕. UML 面向对象分析、建模与设计［M］. 北京：清华大学出版社，2018.

[11] 潘志安，袁瑛. UML 与 Rose 建模应用［M］. 北京：中国铁道出版社，2011.

[12] 邹盛荣. UML 面向对象需求分析与建模教程［M］. 北京：科学出版社，2015.

[13] 侯爱民，欧阳骥，胡传福. 面向对象分析与设计（UML）［M］. 2 版. 北京：清华大学出版社，2022.

[14] 陆鑫，苏生，周瑞. 面向对象系统分析与设计［M］. 北京：人民邮电出版社，2021.